·四川大学精品立项教材·

现代治河工程

Xiandai Zhihe Gongcheng

周宏伟　费文平　鲁功达　主编

四川大学出版社

项目策划：唐　飞
责任编辑：唐　飞
责任校对：蒋　屿
封面设计：墨创文化
责任印制：王　炜

图书在版编目（CIP）数据

现代治河工程 / 周宏伟，费文平，鲁功达主编. —成都：四川大学出版社，2019.6
ISBN 978-7-5690-2908-6

Ⅰ. ①现… Ⅱ. ①周… ②费… ③鲁… Ⅲ. ①治河工程 Ⅳ. ①TV8

中国版本图书馆 CIP 数据核字（2019）第 101992 号

书名　现代治河工程

主　　编	周宏伟　费文平　鲁功达
出　　版	四川大学出版社
地　　址	成都市一环路南一段 24 号（610065）
发　　行	四川大学出版社
书　　号	ISBN 978-7-5690-2908-6
印前制作	四川胜翔数码印务设计有限公司
印　　刷	成都金龙印务有限责任公司
成品尺寸	185mm×260mm
印　　张	13
字　　数	333 千字
版　　次	2019 年 8 月第 1 版
印　　次	2019 年 8 月第 1 次印刷
定　　价	40.00 元

扫码加入读者圈

◆ 读者邮购本书，请与本社发行科联系。
电话：(028)85408408/(028)85401670/(028)86408023　邮政编码：610065
◆ 本社图书如有印装质量问题，请寄回出版社调换。
◆ 网址：http://press.scu.edu.cn

四川大学出版社
微信公众号

前　言

总结以往的河道治理工程经验，不免发现传统的治河工程过于重视堤防等人工建筑对河流的干涉。为了追求工农业生产效率和经济发展，最大限度地获取水资源，人们对河流系统的可持续发展并未引起足够的重视，这往往导致流域生态环境的恶化，周边湿地环境的退化。

编者面对传统河道治理的诸多问题，已经意识到以往河流治理工程的各种不足。现代河流系统的治理，并非传统的河道治理，因为河流治理不能只是考虑治理河道本身，而应该清楚地认识到对河流的治理是一个综合性的概念。在满足河道行洪等基本要求之上，不仅要考虑整个河流系统的健康，使河道治理与河流系统的生态建设有效结合，还要更多地考虑整个河流系统与周边环境的衔接统一，以满足和谐发展的需要。近年来，西方发达国家已经开始着重于“与自然亲近的治河工程”，更加倾向于“保护自然”以及“恢复自然”，这也是现代河流系统治理的必然趋势。

河流系统的治理，首先要从河流健康状况的评价做起，在运用科学手段了解河流的基本现状后，分析其潜在的问题并对症下药地制订河流治理的措施，针对河流的不同特点进行专项治理。在总体规划之下进行有针对性的河流治理，这正是本书所要介绍的主要内容。

本书通过文字说明辅以模板化的设计图和丰富而直观的景观照片，增强了可阅读性，通过表格形式对各种设计类型进行分类总结，提高了参考的便捷性，为河流管理和河道治理的设计人员、高校师生、水务管理者提供了通用的参考材料。

本书共9章，分为教学篇和拓展篇两个部分，教学篇适合水利类本科阶段学生学习，拓展篇适合水利学者及广大设计者开阔视野及学习参考。各章的编写分工为：第1章周宏伟；第2章周宏伟和王子豪；第3章费文平和周宏伟；第4章费文平和王佳美；第5章费文平和周宏伟；第6章周宏伟和姜蕊；第7章周宏伟和梁煜峰；第8章鲁功达和廖海梅；第9章鲁功达和王佳美。全书由周宏伟统稿。在本书的编写过程中，四川大学的杨兴国教授、李艳玲教授、李洪涛教授、周家文教授等专家学者提出了宝贵的意见和建议，在此表示感谢！同时本书的部分图片来源于多种渠道，在此对相关作者表示感谢。

鉴于编者水平有限以及时间仓促，本书难免存在错误和缺点，恳请各位读者不吝批评指正。

编者

2019 年 4 月

前言

目　录

第1章　绪　论

1.1　传统河道治理存在的问题

总结以往的河道治理工程经验，不免发现传统的治河工程过于重视堤防等人工建筑对河流的干涉。为了追求工农业生产效率和经济发展，最大限度地获取水资源，人们对河流系统的可持续发展并未足够重视，这往往导致流域生态环境的恶化，周边湿地环境的退化。其具体表现为如下几点：

（1）直线河道，截弯取直。截弯取直本是平原河流特有的平面形态演化过程，是河流在侧向侵蚀和侧向沉积的长期作用下，河流中泓线逐渐变弯，相邻凹岸逐渐靠近，最终使原先的弯曲河道被废弃形成牛轭湖的自然现象，其过程如图1.1－1所示。现代景观生态学的研究证实了弯曲的水流既有利于生物多样性的保护，也有利于消减洪水的灾害性和突发性[15]。而在河流治理的过程中，截弯取直变成了一种人为的工程手段，即将弯曲的原河道拉直，从而节省大量土地资源用于其他方面的社会建设。虽然此举放大了河道的纵比降，可加快水流速度，有利于减少河道沉积物，但是改道的河流泄洪能力骤降，不得不加高堤防的高度。最关键的是，截弯取直的河流完全违背了原来河流的走势，导致原来河床被废弃，丧失大量水面与水边环境，使景观性大打折扣（见图1.1－2），而且人为的截弯取直在自然界演变过程中是一个瞬时过程，这对以原河段为栖息环境的动植物来说更是致命的打击，会导致原河段的生物群落的种类和数量锐减，甚至区域性灭绝[1]。

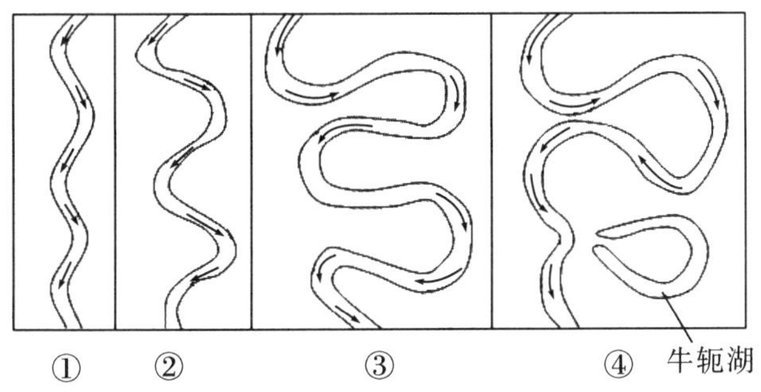

图1.1－1　天然河道的截弯取直

图 1.1－2 人工截弯取直

(2) 束窄河道，侵占滩地。随着城市和村镇的发展，河岸空间寸土寸金，有些地方在河流治理的过程中逐渐侵占了河道，与水争地。更有甚者，一些环境意识较差的居民还会在缺乏监管的情况下长年累月在滩涂堆放垃圾，侵占河道的同时带来了污染（见图 1.1－3）。束窄河道会使原河流的防洪能力明显下降，而且侵占河道会使得原有的河岸带缩减，原河流河边生态环境的恶化，生物多样性明显下降。此外，由于河道被束窄，绿化面积和绿化效果都受到很严重的影响，美观性变差。

图 1.1－3 堤防侵占河道滩地

(3) 河渠硬化，水质恶化。采用石材或混凝土等材料将河渠硬化，是传统河道治理中最常用的方式。诚然这样的方式简单而可靠，但是以现代的、环境发展的长远眼光再去审视这样的治理模式，会发现这样硬化的河渠已经无法再称之为“河流”，而只是能够流水的通道而已。硬化的河道几乎完全阻隔了河流中水体与河岸系统间物质能量的交换，使原生态平衡被破坏；而硬化河渠中的水体由于无法与周边的地下水进行水体交换，自净功能消失，而且河道内无法形成良性而稳定的生态系统，长此以往导致水质恶化，发黑发臭（见图 1.1－4）。有的地方甚至采用盖板的形式将原河道盖住形成地下暗河，更是直接剥夺了原河流的水面环境，活生生的河流就被治理成了臭水沟，但这终究只是回避了污染的问题而已，同时还加重了河流的污染（见图 1.1－5）。

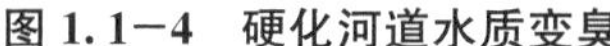

图 1.1－4　硬化河道水质变臭

图 1.1－5　盖板暗河

(4) 堤防单一，形式枯燥。一方面，堤防工程设计形式单一。回顾已有的堤防工程，传统的河道治理总是采用单一的堤防形式，类似于“复制—粘贴”的模式，将河流人工变为了一成不变的水道。虽然这种方式利于防洪与泄洪，施工方便，但忽略了河流在人们生活中还有美观和绿化的重要作用，单一形式的堤防十分枯燥，式样呆板，毫无生机，无法给人带来心灵上的愉悦。另一方面，调洪设施单一落后，基本无生态可言，而且硬化的河道也容易带来河流生态系统的问题。总之，传统的河道治理在观念上较为落后，治理方式单调，难以自成系统。

(5) 河道冲刷，下切严重。因为缺乏相应的固床措施，传统的河道治理往往重视河岸堤防的硬化，却忽视了对河床的治理。特别是采砂严重的河段，河流自身稳定性平衡难以得到保持，在每年洪水期的冲刷中均会造成不同程度的下切。比如岷江干流金马河段由于河道下切，已导致近年来河床高程降低约 3 m。一方面，水流淘刷堤脚，容易造成桥梁、码头、取水口和排水口等建筑物的基础外露，稳定性降低，严重者甚至会影响河流下穿隧道或管线电缆的安全；另一方面，河床高程由于下切而降低，严重影响灌渠的取水保证率，且非平衡河床内水流的含沙量较高，导致取水水质降低，直接影响两岸的生活用水，增大处理难度[1]。

1.2　现代河流系统的治理思路

面对传统河道治理的诸多问题，我们已经意识到以往河流治理工程的各种不足。现代河流系统的治理，并非传统的河道治理，因为河流治理不能只是考虑治理河道本身，而应该清楚地认识到对河流的治理是一个综合性的概念，在满足河道行洪等基本要求之上，不仅要考虑整个河流系统的健康，使河道治理与河流系统的生态建设有效结合，更要考虑整个河流系统与周边环境的衔接统一，以满足和谐发展的需要[11]。近年来，西方发达国家已经开始着重于“与自然亲近的治河工程”，更加倾向于“保护自然”以及“恢复自然”，这也是现代河流系统治理的必然趋势。

河流系统的治理，首先要从河流健康状况的评价做起，在运用科学手段了解河流的基本现状后，分析其潜在的问题并对症下药地制订河流治理的措施，通过河流的不同特点进行专项治理。在总体规划之下进行有针对性的河流治理，正是本书所要详细介绍的主要内容。现代河流系统的治理，需要从以下几点进行转变和重视：

（1）河流系统治理需从治河理念上有所转变。以往的河道治理工程过度讲求“三化”，即河流形态直线化、河道断面规则化、护岸材料坚硬化。传统的理念虽在设计和施工方面经验丰富，但在工程的实际应用中存在诸多不足，忽视了水陆的连续性，成为原有河流生态系统极大的隐患。在现代河流系统的治河理念中，更加强调了河岸岸线的自然利用、非固化（植物）材料的使用、河道与周边水体的交叉互补、河岸游憩空间的设计与应用等方面，这是今后河流系统综合治理发展的方向。

（2）注重美观、舒适。例如，随着成都区域定位的明确和经济实力的提升，水利项目设施建设也日渐完善，河流系统的治理如今强调更多的是人水和谐以及水景观的打造，为市民提供更多的休憩娱乐的亲水空间，让成都的水文化在现代河流系统的治理下重新发扬光大。相信不久的未来，河流治理工程不再像以往呆板而冗长，取而代之的是蜿蜒的河岸线、多样的断面形式、灵活运用的堤防类型，以及富含特色的亲水景观设计，这是今后健康的河流系统所拥有的表现形式，也是相关管理部门所需要达成的目标[1]。

（3）将以往的防止洪水转变为控制洪水。防洪排涝固然是河流治理中十分重要的功能组成部分，但是传统的河道治理只是一味地追求提高防洪标准，从而在设计上增加堤防高度，以期达到防止洪水的目的和效果[12]。这样的做法不但工程量巨大，而且巨大的高差将生硬地隔离开河道与周边环境，难以满足市民的亲水需求。洪水作为不可避免的自然现象，管理部门需要改变以往的治洪理念，将传统的防止洪水变为现代化的控制洪水，适时地允许超标洪水过境，在确保不会造成人员伤亡和重大财产损失的前提下，允许洪水短期淹没河岸周围的部分区域，而非无止境地提高防洪标准。

（4）注重河流系统的综合功能，将以往河道的治理转化为河流系统的治理。传统河道治理的治理范围仅限于河道及其涉水的建筑物，而现代河流系统的治理则着眼于包括河道在内的整个河流系统，即河床及水体、涉河建筑物、河岸带，以及河流系统中的动植物与微生物群等。只有着眼于河流系统的综合治理才是可持续的、长久的。

（5）注重河流系统的生态功能，保留原有河流的文化特色。传统的河道治理只强调满足行洪排涝的要求，而现代河流系统的治理注重河流自然特性的保持以及生物的多样性。现代化的河流系统已经将景观功能与休闲娱乐功能提升至新的高度，在现代河流综合治理之下，不但让河流给人带来休闲体验和美的感受，而且保留河流的文化标识，延续历史，书写未来。

（6）河流系统的综合治理是一个长期的规划、管理和监控的过程。以往的河道治理工作是直观的、表面的，比如等到河堤冲毁了才去修葺，或者河水发臭了才去整治。传统的治理方式无法满足河流系统的长远健康的发展，许多潜在的问题都无法预判，整个治河工程只处于一个浅层的水平。而现代河流系统的治理，应该采用科学的方法，从河流健康的评估开始，定量化地评价河流系统的现状、出现的问题，以及潜在的危险，从而制订专属于每一条河流的综合治理方案，即建立“一河一策”档案。在此基础上，通过现代化的河流治理方法，避免以往的“三化”，着重于美观性与舒适性的打造，并且在河流治理后期的运行中建立长期的管理及监控评价体系[1]。

1.3　现代河流系统理论概述

1.3.1　河流系统概况

河流系统是一个复杂的系统，由诸多部分构成，既包括河岸带、河床和通过的河流水体，也包括依附于河流系统生存和繁殖的各种生物，还包括人类在河流系统中修建的各种涉水建筑物等，甚至包括在整个河流系统演化的过程中被赋予的历史文化和现代文明。因此可将河流系统的组成分为四类：自然结构、生态结构、文化结构和人类工程。其中，自然结构就是指河流系统中的河岸带、堤防、河床、水体；生态结构就是指河流系统中的动植物和微生物，它们之间也具有较为封闭和稳定的食物网链；文化结构就是指在河流系统的发展过程中承载的历史文化和现代文明，代表了既寄托于历史也放眼于未来的水文化；人类工程既包括为了保障安全、利用水资源而修建的各种涉水建筑物，如水坝、水闸、水电站、桥梁、码头、引水工程等，也包括人类为了改善生活环境、满足人们亲水要求而修建的设施，如亲水平台、亭台香榭、河边公园等。

河流系统内部由河流本身、生态环境和人类活动相互耦合作用，具有很强的系统性[1]。总体来看，河流系统具有以下几个特性：

（1）四维的连续性。1980 年，Vannote 等认为由源头集水区的第一级河流起，以下流经各级河流形成的一个连续的、流动的、独特而完整的系统，称为河流连续体[2-7]。按此理论，河流系统中的河流从上游河源到下游河口，其深度、宽度、流量、流速、水温等物理量均有连续变化的特性，即在空间结构内，河流系统是一个三维的连续体。此外，在时间尺度上，在河流系统的长期演化中，虽然其涨落是有周期性的，但河流在历史演化中的动态变化是连续的。

（2）系统的开放性。由于河流系统内水体的流动性，以及河流系统中生态结构的存在，系统中在空间尺度内一直存在着物质和能量的交换以及信息的交互；又由于河流系统中的文化结构，在时间尺度上也一直存在着河流历史与文化的写入，并成为河流系统文化标志的一部分。

（3）系统的封闭性。河流系统的内部处于一种非平衡态的动态过程，河流中的水体和动植物、微生物不管是在时间还是空间的尺度上都存在着内部的自我协调和相互平衡。河流系统内部的径流和泥沙，通过水沙平衡的反馈约束机制达到一种动态的稳定；河流系统内部的复杂的生物组成，构成了完善的食物链网，保持着系统内部的物质能量的交换，各个要素间相互协调相互制约，从而达到动态的平衡，维持河流系统的正常运行并不需要外部力量的介入[1]。从这个方面来讲，整个河流系统是封闭的。

（4）人类活动影响的重要性。在河流系统的结构组成中，人类工程占有不可忽视的地位。比如大江大河上的巨型水利枢纽，满足了人们的引水、灌溉、发电、防洪、通航等需求；又如城市河道上的各种亲水设施和人工水景观，满足了人们对水环境、对美的追求。这些人类工程对天然的河流系统的影响是巨大的，如果对自然资源一味地索取而不重视生态保护，会导致天然河流系统原先平衡的严重破坏，导致其抵抗干扰和自我修复能力的直线下降，并最终造成河流系统和周边生态圈的失衡；反之，如果人类工程按照天然河流的演变规律去规划治理，对自然资源的利用采用有效的、可持续的方法，则可以最大限度地降低对自然环境的损害，保持河流系统的健康，打造人水和谐的双赢局面。

1.3.2　河流系统的功能分类与系统健康

1.3.2.1　河流系统的功能

根据河流系统的结构组成，自然结构表明了其在无机物质和能量方面的组成，生态结构表明了其在有机生物和能量方面的组成，文化结构和人类工程则表明了河流系统和人类活动的重要关系。河流系统的结构组成可反映出河流系统的功能，根据其结构组成的3个方面，可将河流系统的功能分为结构调节功能、环境生态功能和社会服务功能三类[1]。

（1）结构调节功能。根据河流系统的自然结构，河流在自然演变和发展的进程中，在水流和河床的共同作用下，发挥着河流本身的自然调节作用。具体可归纳为以下四个子功能：①水文调蓄，即河道在汛期调蓄分洪，枯期汇集径流，维持地表水与地下水的动态平衡；②输送物质和能量，即河流可以输送水流，并以之为载体输送或沉淀泥沙等物质和能量；③塑造地质与地貌，即河流的水动力冲刷河岸，搬运风化产物，并形成不同河段的地貌特征；④调节周边气候，即河流的水循环作用可改善河流系统周边的小气候，调节空气的温度和湿度等。

（2）环境生态功能。根据河流系统的生态结构，系统中具有丰富的生物组成，而河流是自然界中输送物质与能量的最佳通道，既可以提供动植物及微生物生存的栖息场所，又可以提供足够的物质与能量保证其繁衍。具体可归纳为以下四个子功能：①栖息地功能，即河流以及河岸带为系统中所有的生物群落的提供生存和繁衍的栖息环境；②通道作用，即连通的河流为生物以及其赖以生存的物质和能量提供了迁移的通道；③过滤及屏蔽功能，即河流可吸纳、过滤和稀释污染，降低毒性，保持河流水体及周边土壤环境的良好状态；④汇源功能，即从周围流域吸收生物和物质能量，丰富了生物的多样性，保证了食物链网的可持续演化。

（3）社会服务功能。河流系统的文化结构和各种涉水工程（或设施）都表明了人类活动在河流系统中的重要影响作用，目前绝大多数河流都有人类活动的影响，人类对河流系统的合理干预和可持续治理也是为了人与自然的和谐共处，所以河流既是大自然的血液，也是服务于人类社会的瑰宝，二者既不可分割也互不矛盾。具体可归纳为以下三个子功能：①淡水和水能提供功能，即满足人类饮用生存和能源提供的基本功能；②物质生产和航运功能，即满足人类工农业生存以及交通的需求[1]；③文化服务和休闲娱乐功能，即河流既作为承载人类历史文明的符号，同时也满足人们的亲水娱乐的需求，富有人文情怀[13]。

综上所述，河流三大方面的功能可总结如下：

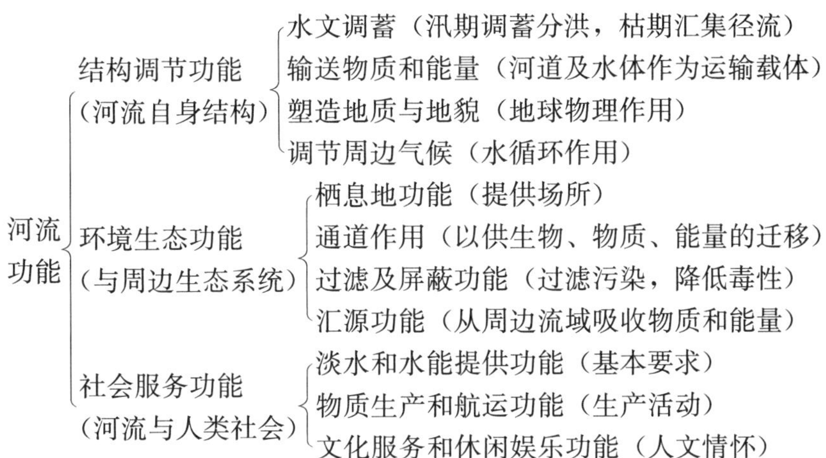

1.3.2.2 河流系统的分类

按照河流系统的功能以及治理重点倾向的不同，河流可分为以结构条件功能为主的河流、以环境生态功能为主的河流和以社会服务功能为主的河流 3 种类型[8]。其中，以结构条件功能为主的河流，其治理注重于河流自身结构稳定性的维持，常见于人类涉足干扰较少的山区丘陵区河流，属于河流中上游；以环境生态功能为主的河流，其治理以构建河流与周边生态系统的和谐共存为主，如城市周边卫星城内的某些田园河流，河流多用于引水灌溉，保持河道原生态景观，并满足一定的亲水性；以社会服务功能为主的河流，则常见于人类活动频繁、人口密集的城市河道，如城市中心城区的某些河流，除了必要的行洪能力需要满足以外，其治理更侧重于河流的亲水性与景观效果的打造[14]。

1.3.2.3 河流系统的健康

河流系统健康是指在各种复杂环境的交互影响之下，河流系统自身的结构和功能保持相对稳定，具有通畅的水体结构、完整多样的生物群落、完善的调节机制、完美的文化彰显，能充分发挥其自然调节、生态服务和社会服务等功能，能保持河流系统的生生不息，支撑社会经济的可持续发展。

由河流系统的结构组成分类可知，河流系统的健康包括 3 个方面，即河流自然结构健康、河流生态结构健康和河流社会服务健康[1]。其中，河流自然结构健康是指河流在自然结构方面拥有良好的水动力条件，水沙冲淤平衡，河道结构稳定，水系畅通，流量和流速满足基本要求；河流生态结构健康是指河流可以为各种动植物和微生物群提供良好的生境，使其拥有复杂完整的食物链或食物网，系统范围内的生态系统具有完备的功能，自我组织能力和恢复能力较强[9]；河流社会服务健康是指对于有特定功能的河流或河段，其功能可以满足人类需求，并且为社会提供良好的自然环境和服务，使人感到惬意与安宁。

1.4 本书内容简介及特点

本书分为教学篇和拓展篇两个部分，对于现代治河工程作了详细的介绍，不同类型的河流，其现状与治理方式具有不同的特色和侧重点，为不同类型、不同河段的河流的现状评价与综合治理提供相应的借鉴模式。全书共 9 章。第 1 章绪论，主要概述了传统河道治理存在的问题、现代河流系统的治理思路和现代流河系统理论；第 2 章介绍了不同功能河道的治理思路；第 3 章介绍了河道整治建筑物设计；第 4 章介绍了拦蓄景观建筑物设计；第 5 章介绍了景观小品设计；第 6 章介绍了湿地、水库保护设计；第 7 章介绍了基于“分类—层次分析法”理论的评价指标体系及方法，为河流的治理重点以及后期监控提供定量化的依据；第 8 章介绍了治河与海绵城市；第 9 章介绍了立体城市防洪减灾环保体系。

本书通过文字说明辅以模板化的设计图和丰富而直观的景观照片，增强了本书的可阅读性，并通过表格形式对各种设计类型进行分类总结，提高了可参考的便捷性，为河流管理和河道治理设计的相关人员提供了通用的参考材料。

思考题

1. 传统河道治理存在哪些问题？
2. 现代河流系统治理的思路是什么？
3. 河流系统的特性有哪些？
4. 河流系统的健康包括哪些方面？

参考文献

[1] 姚睿宸. 项目前评价体系在河流系统治理工程中的应用 [D]. 成都：西南交通大学，2016.
[2] 冯若文. 自然过程连续性导向的秦岭北麓太平河生态修复规划策略 [D]. 西安：西安建筑科技大学，2016.
[3] 吴限. 江北水城建设与生态保护 [J]. 水利科技与经济，2010，16 (11)：1282-1283.
[4] 赵进勇，孙东亚，董哲仁. 河流地貌多样性修复方法 [J]. 水利水电技术，2007，38 (2)：78-83.
[5] 沈杰，唐浩，陈凯. 污染河流生态修复技术研究现状与展望 [J]. 人民长江，2010，41 (s1)：63-66.
[6] 石瑞花. 河流功能区划与河道治理模式研究 [D]. 大连：大连理工大学，2008.
[7] 邢忠. 城市规划区绿色空间规划研究 [D]. 重庆：重庆大学，2016.
[8] 杨文慧. 河流健康的理论构架与诊断体系的研究 [D]. 南京：河海大学，2007.
[9] 石多多. 自然生态保护管理手册 [M]. 北京：中国环境科学出版社，2005.
[10] 山成菊. 河流健康评价研究综述 [J]. 建筑工程技术与设计，2017 (14)：5783.

[11] 彭驰，刘丹，徐建安. 浅谈河道生态治理规划与设计 [J]. 城市建设理论研究，2014（3）：77.
[12] 徐枫. 景观与水利工程融合的河道规划设计研究 [D]. 福州：福建农林大学，2011.
[13] 黎丽雯，代权，游贤成. 城市硬化河道生态修复与管护探析 [J]. 中国水利，2015（12）：40—42.
[14] 汪结春. 上海地区河流整治的成效研究 [D]. 上海：上海交通大学，2006.
[15] 陈尚凤. 城市滨河绿地景观规划探析 [J]. 城市建设理论研究（电子版），2013（15）：112.

第 2 章　不同功能河道治理思路

绪论

本章主要有针对性地介绍不同功能河道的具体治理思路，根据其河道治理侧重点的不同，提供包括断面形式、堤型的选择、可选用的材料的相关参考[1]。

以结构调节功能为主的河流，常见于成都的周边山区和丘陵过渡区，其治理偏重于维护和保持河流自身结构的健康与稳定。其中，山洪多发区河流和清水冲刷不稳定河道的治理是两个重要方面，详见 2.1 节和 2.2 节；以环境生态功能为主的河流，比如成都七大卫星城的乡镇田园河流，其治理偏重于构建和维护河流与周边生态系统的可持续协调发展，其治理及景观打造详见 2.3 节；以社会服务功能为主的河流，如成都中心城区的城市河流，其治理更偏重于自然河流与人类文明社会的衔接，彰显成都作为旅游城市和宜居城市的特性，其中有关宽浅型生态休憩河道和窄深型环境改造河道的治理方式，详见 2.4 节和 2.5 节。

2.0.1　防洪标准和堤线选择原则

堤防应根据防洪规划，并考虑防护区的范围、主要防护对象的要求、土地综合利用、洪水方向、河流变迁、地形、地质、拟建建筑物的位置、施工条件、已有工程状况、征地拆迁、文物保护、行政规划等因素，经过技术经济比较后确定。

根据最新实施的《堤防工程设计规范》（GB 50286—2013），堤线布置应符合下列原则：

（1）堤线布置应与河势相适应，并宜与大洪水的主流线大致平行。

（2）堤线布置应力求平顺，相邻堤段间应平缓连接，不应采用折线或急弯。

（3）堤线应布置在占压耕地、拆迁房屋少的地带，并宜避开文物遗址，同时应有利于防汛抢险和工程管理。

（4）城市防洪堤的堤线布置应与市政设施相协调。

（5）堤防工程宜利用现有堤防和有利地形，修筑在土质较好、比较稳定的滩岸上，应留有适当宽度的滩地，宜避开软弱地基、深水地带、古河道、强透水地基。

在初选堤线阶段，一般用 1∶10000 和 1∶50000 的地形图，而定线测量一般选用 1∶1000～1∶10000 的专用带状地形图，作为确定堤线、计算工程量、统计施工拆迁及场地布置等的基本依据。防洪堤堤线布置的优劣，直接关系到整个工程的合理性和建成后所发挥的功用，尤其对工程投资大小影响重大。堤线布置时，应根据防洪规划，地形、地势、地貌和地质条件，结合现有及拟建建筑物的位置、形式、施工条件和河流历史演变，充分估计下伏层地质状况，经过技术和经济比评后综合分析确定。

结合当地的地形地貌及地质特点，在堤线选择时应注意以下几点：

（1）堤防工程建设必须考虑城市自然条件、社会环境、经济发展等因素[2]。首先，必须服从流域防洪规划，堤岸线的布置应保证排洪的需要；其次，应与城市总体规划协调，服从城市总体规划所赋予堤防的功能任务。

（2）在地形地势上，应避开淤滩泛滩、崩岸、沉积等原因形成的地带。这些地带从实地看一般略高，原为河道过水的一部分，其下伏地层一般由淤泥、砂、卵砾层组成，透水性强，层土较为松散，稳定性低，开挖、压填或防渗处理工程量大，从投资上和处理难度上均不可取。而处于河岸边的阶地，从实地看一般较高，一般黏性土覆盖层较厚，地势较高，土层密实，可考虑作为新筑堤的基础[2]。

（3）在地貌上，由于河堤一般紧排居民集居地，改变堤线比较困难，因此在堤线选择上，既要注意结合堤型的选择，尽量做到少占耕地少拆迁，又要结合防洪留有适当余地，根据河流制导线要求，布置留有适当宽的滩地。由于占地拆迁费用很大，牵扯多，处理复杂，往往会导致工程开工困难和工期拖延，故堤型的选择极为重要。按照因地制宜、就地取材原则，结合地形、地势和地质状况，选择合适的堤型，如钢筋混凝土结构或土堤，或者其他种类堤型等，需作多方案比较，使得堤型和堤线布置均可行[3]。

（4）堤线布置时，应进行实地踏勘，翻阅历史记载，深入实地集居地调查收集洪灾资料，对河道的历史演变、改道、泛滥情况进行充分的调查，尽量避免穿越古河道和历史泛滥区，从而减少堤基处理措施，节省投资[4]。

（5）堤线应力求平顺，避免曲折转点过多，不得采用折线或急弯，转折段连接应平顺圆滑。堤线过长时，可以考虑分段采用不同断面形式，但在不同断面形式衔接部位应有相应的过渡段或过渡部位的处理措施[3]。

（6）在堤线布置需要与城市景观、堤路结合时，应统一规划布置，互相协调，尽量减少堤身、堤顶的附属构筑物。应结合排涝、涵闸及过堤建筑物的需要统一规划布置，合理安排，综合选线[3]。

关于堤距确定，应根据流域防洪规划分河段进行，上下游、左右岸统筹兼顾，设计洪水从两堤之间安全通过[5]。同时堤距的设计也应按照堤线选择的原则，由河道纵横断面、水力要素、河流特性及冲淤变化，分别计算几个不同堤距的河道设计水面线，设计堤顶高程线、工程量及工程投资；根据不同堤距的堤防技术经济指标，综合权衡对设计有重大影响的自然因素和社会因素，并以此确定堤距。此外，如果水文资料系列不足，应考虑其局限性，设计时留有适当余地。一个河段两岸堤防的间距或一岸高地一岸堤防之间的距离应大致相等，不宜突然放大或缩小。

2.0.2　断面形式、堤型分类以及材料选择

城市与乡镇的现代河道治理，河道断面基本分为矩形断面、梯形断面和复式断面 3

种，其中复式断面常见为上下两段的形式。按照坡度的大小不同，又可分为缓坡式断面、陡坡式断面和直墙式断面[1]。具体分类如下：

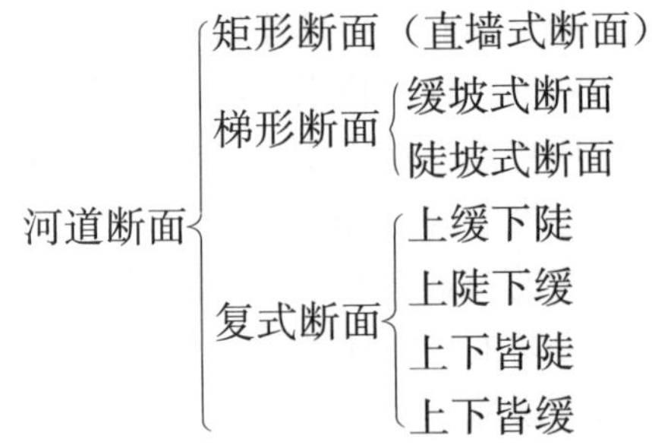

显然，矩形断面和陡坡式断面更适宜于狭窄的河床及两岸空间，而缓坡式断面和含缓坡的复式断面更适于开阔的空间[1]。在原河道范围一定的情况下，若采用直墙式或陡坡式的渠道断面，则可省出更多的两岸空间，因此比较适合寸土寸金的市区或城镇河道。若采用复式断面，则可以达到较好的美观效果和良好的生态效应，比如迎水坡可采用生态材料或采用草皮植被绿化，或者设置行人马道，间隔布置亲水平台。复式断面依据断面坡度的差异可有不同特点的分类，其中上缓下陡的复式断面形式可腾出河道两侧开阔的空间，甚至可以在非汛期供游人在河滩地游憩，充分接近水边（见图 2.0－1a）；上陡下缓的复式断面则具有较宽的水面空间（见图 2.0－1b），营造出静谧而宜居的环境；上下皆陡的复式断面缩小了水面范围，留出河道两侧开阔的空间可植草植树，以供充分的绿化（见图 2.0－1c）；上下皆缓的复式断面占地较大，但可形成十分开阔的视野空间，护坡亦可种植草皮，形成沿河分布的带状公园（见图 2.0－1d）。

(a) 上缓下陡的复式断面

(b) 上陡下缓的复式断面

(c) 上下皆陡的复式断面

(d) 上下皆缓的复式断面

图 2.0－1　复式断面分类实景图

堤防的划分方式各有不同。就堤段的位置重要性来说，可分为城市堤防和农村堤防；就堤防的填筑材料来说，可分为土堤、石堤、土石混合堤、混凝土堤（防洪墙）等；就堤防的断面形式来说，还可分为斜坡式、直立式、混合式等[1]。这些概念之间都是相互跨越的，常见的堤防材料、形式和断面的关系如下：

- 堤防
  - 混凝土堤或石堤
    - 混凝土/砌石面板式（梯形断面）
    - 仰斜式（梯形断面）
    - 重力式（陡梯形/矩形断面）
    - 衡重式/扶壁式（矩形断面）
  - 土堤或土石混合堤
    - 斜坡式（缓梯形/复式断面）
    - 混合式（常见于复式断面）

土堤是堤防中最常用、最广泛、最直接的形式，断面形式一般为梯形或复式断面。土堤可沿河就地取材，省时省力，但是也有诸多问题，如下沉、管涌、滑坡、滑坍等需要注意。土堤一般可采用石材或混凝土面板护坡（见图 2.0−2）。混凝土面板坝也广泛应用于山洪多发区河流，其抗冲刷能力优于浆砌石面板材料。此外还有用生态毯、生态袋等软衬砌护坡的生态斜坡式堤防，可以用于流速低、有生态美观要求的城镇河道，利用其多变的造型和美化的外观满足人们的亲水要求。同时可以改善水生环境，增加人与自然沟通的空间[1]。

(a) 砖石面板护坡土堤

(b) 混凝土面板护坡土堤

图 2.0−2　不同面板材料的土堤

石堤或混凝土堤可更加节省繁华市区的沿岸占地，堤身不透水，多为直立式防洪墙，如重力式、衡重式、仰斜式、扶壁式[1]（见图 2.0−3）。

图 2.0−3　几种不同的石堤/混凝土堤

2.1 山洪多发区河流固土防冲治理

2.1.1 山洪多发区河流特点

山洪多发区河流常见于成都周边山区河流上游以及与之衔接的丘陵区河段，一般分布在成都平原的边缘以外的山区丘陵过渡地带。由于河道集雨面积小、汇流时间短、暴雨集中强度大，所以汛期河流水速较快，水流夹沙冲刷能力很强，在洪水暴发之时经常导致堤防护岸严重损坏甚至损毁，两岸住房、工厂或良田受到严重威胁。特别是洪水挟带推移质多且颗粒较大，进入主河道中难以被带走，从而再形成到滩横流，影响水流冲刷方向，加重对堤护岸的破坏。图 2.1－1 为四川湔江上游段山洪造成的严重水毁。基于山洪多发区河流的洪水特点，其治理应以侧向的固土防冲为主，宜硬化河岸防止洪水挟带泥沙的剧烈淘刷[1]。

图 2.1－1 山洪多发区河流水毁实拍

2.1.2 山洪多发区河流固土防冲治理思路及材料选择

由于山洪暴发时巨大的下泄流量和流速会造成河道侧向的严重淘刷，所以此类河道治理不宜选用复杂的复式生态断面，而建议采用单一的梯形或矩形断面。由于有较高的抗冲刷要求，堤防材料也不宜使用不耐冲的草皮植被或生态材料（生态混凝土、生态袋、生态毯等），而应以简单粗犷的混凝土或砌石材料硬化河道两岸防止冲刷[1]。

山区河道集雨面积小，汇流时间短，暴雨集中强度大，水流速度快且水流夹砂冲刷能力强，所以山洪多发河道适宜修筑抗冲刷能力较强的混凝土堤，堤型可以选择面板式、仰斜式、重力式和衡重式[1]。

面板式堤防较为经济合理，施工速度较快，对基础要求较低，且山洪河道水土流失严重，推移质较多，河床内通常有大量的卵石材料以供就地取材，故可广泛应用（见图 2.1－2）。需要注意的是，设计时应根据当地洪水情况来选择足够厚度的面板，若面板偏薄，则容易被洪水掀翻损坏；堤却必须有足够的埋深，注意加强堤脚的防冲保护并且严格控制施工质量，许多面板式堤防的损坏都是由于堤脚被冲刷损坏，导致混凝土面板的整体性严重破坏，进而被洪水冲毁[1]。

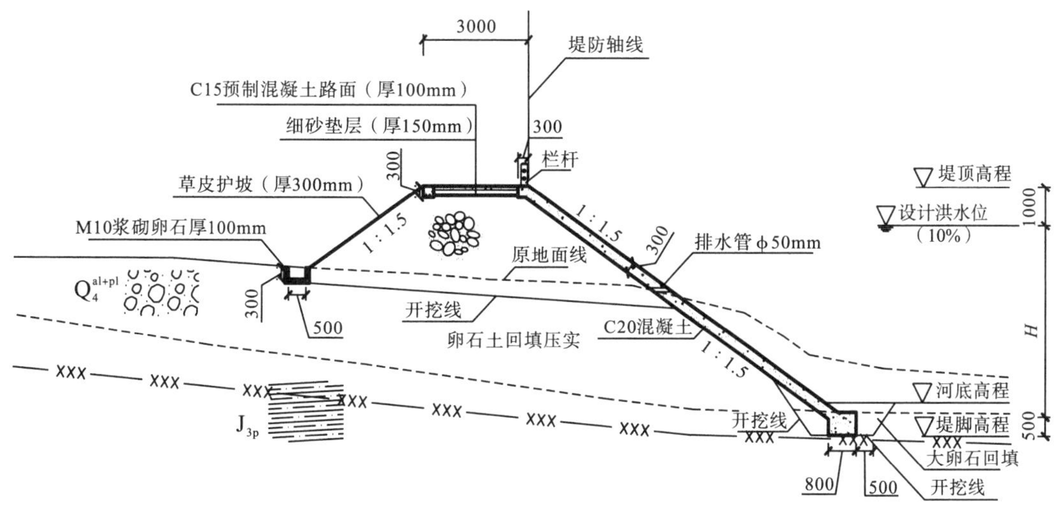

图 2.1－2　混凝土面板式堤防断面图（单位：mm，下同）

混凝土重力式堤防依靠自身的重量平衡稳定（见图 2.1－3a），可以从容面对山洪暴发时巨大的流量及流速，但是由于其自身的体积和重量都较大，对堤基强度提出了较高的要求。混凝土重力式堤防的混凝土用量较大，使得其造价偏高，但是在河道顶冲段、断面束窄的急变段采用混凝土重力式堤防，依旧有着得天独厚的优势。在河岸两侧密集分布有城镇和农田的地段，也可采用仰斜式或衡重式堤防（见图 2.1－3b 和 2.1－3c），可节省开挖工程量和临时占地，同时也节省了混凝土的用量。对于需要治理的山洪多发区河流支沟，由于其河道断面较小，也可采用重力式或衡重式堤防。此类堤防同样需要堤脚有足够的埋深以及严格的护脚工程，以保证洪水期堤防的整体稳定[1]。

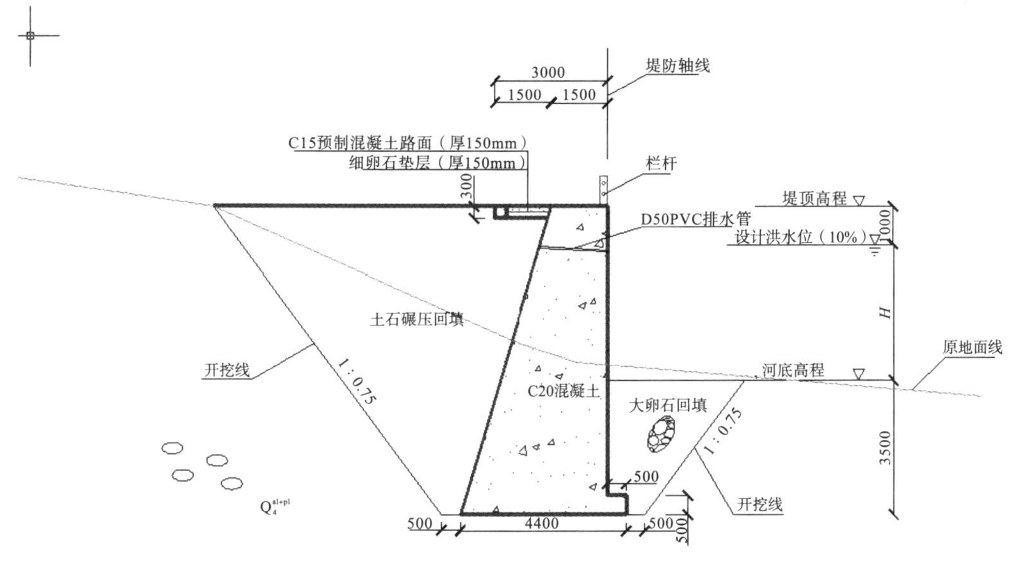

(a) 混凝土重力式堤防断面图

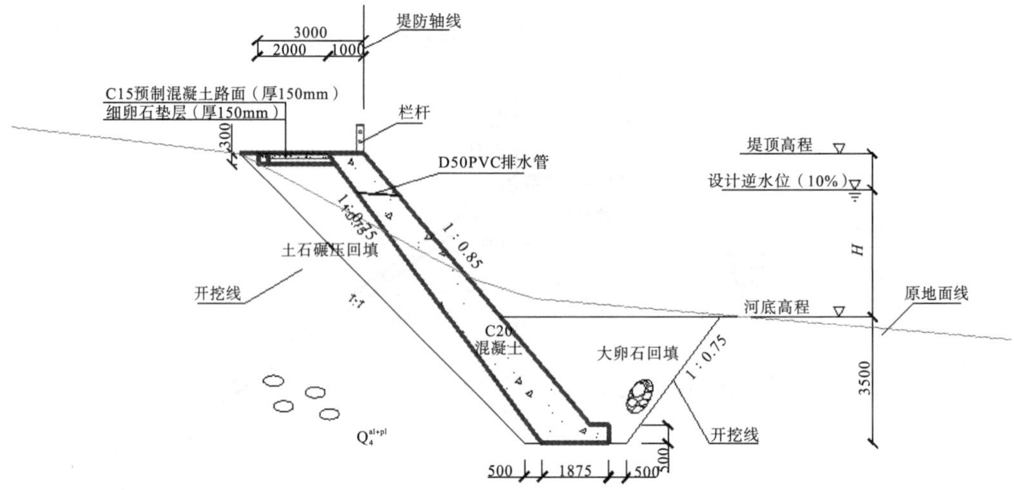

(b) 混凝土仰斜式堤防断面图

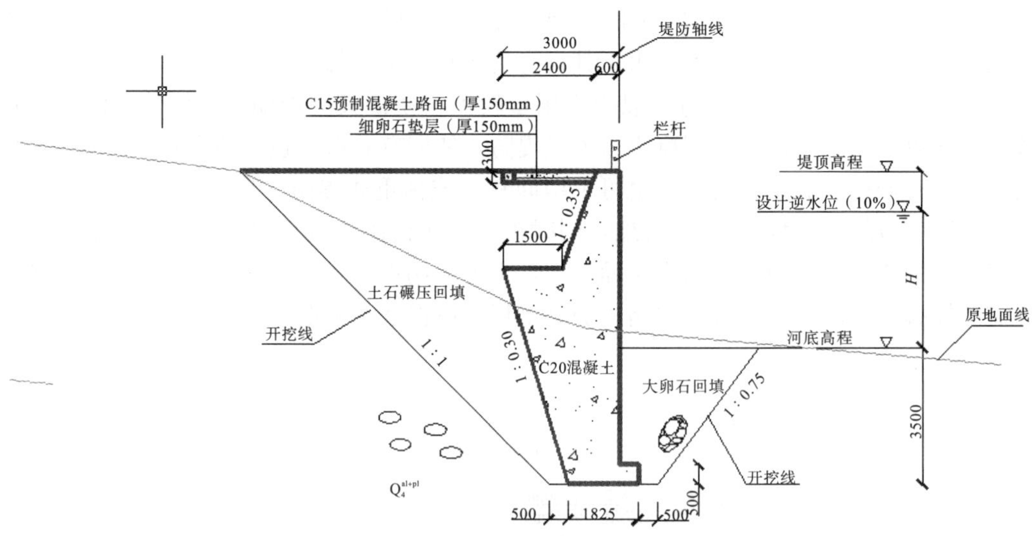

(c) 混凝土衡重式堤防断面图

图 2.1－3　几种混凝土堤防断面示意图

综上所述，山洪多发区河流汇流时间短，暴雨集中强度大，洪水流速较快（3～5 m/s），推移质较多，其治理重点主要在于用常规材料硬化防护，并注意堤脚的防冲保护。山洪多发区河流治理思路见表 2.1－1。

表 2.1－1　山洪多发区河流治理思路一览表

河道类别	山洪多发区河流
特点	山洪多发、推移质多且粒径大
治理方式	固床防冲
采用堤防形式	斜坡式、仰斜式、重力式、衡重式等

续表2.1—1

断面形式	梯形、矩形断面
材料	混凝土、砌石等抗冲耐磨材料
适用流速	<8 m/s

2.2　清水冲刷非稳定河床治理要点

2.2.1　清水冲刷河流特点

河流系统是一个河床、水流、泥沙等相互协调作用的系统，水流和泥沙向下游的输送应处于一种相对平衡的状态。水流在河床中流动会带走河底的泥沙，造成河槽的冲刷；同时水流受到河床的阻力作用，流速受限使得挟带的泥沙在河道中沉积，即泥沙淤积。二者相互协调，在河床提供的水流空间和泥沙环境中达到动态平衡。河槽通过这样反复的约束反馈调整和动态涨落，塑造出水流冲刷能力与河床、河岸相对抗冲性相适应的断面形态，以满足来水、来沙顺利输移的要求，达到河流系统结构上的动态稳定。

与山洪多发区河流的侧向淘刷不同的是，清水冲刷河流的冲刷是由于水沙失衡导致的纵向深切。由于河道的水沙输送平衡被破坏，流速较大的水流带走了河床中较大颗粒的泥沙，河床质不断细化，糙率不断降低，河床的阻力又不足以水流沉积足够的泥沙来恢复原河槽的糙率，这种长期的冲刷导致了河道在纵向上的掏蚀越来越严重。基于清水冲刷非稳定河床的冲刷特点，其治理应以河槽底部的粗化或硬化的处理为主，以约束水流对河道底部的冲刷作用，维护河床结构的稳定，防止水土流失[1]。

2.2.2　冲刷非稳定河床治理思路及材料选择

清水冲刷河段流速较快，与山洪多发区河流类似，也不宜采用复杂的生态复式断面，建议采用单一的梯形或矩形断面。由于抗冲刷要求较高，堤防材料也不宜使用不耐冲的草皮植被或生态材料，而应以混凝土或石材为主。本节与山洪多发区河流硬化思路不同的是，清水冲刷非稳定河流的治理重点在于对其河底的防冲保护，可选择的治理方式有硬化河底、提高河床糙率、修建拦沙建筑物等[1]。

对于断面较小的河道，在河床底部冲刷最严重的河段可以考虑直接将河底硬化，材料可选用预制混凝土或花岗岩毛石、条石、生态砖等（见图 2.2—1）。虽然硬化的河底抗冲刷性能良好，基本可以解决河道在清水冲刷情况下的纵向深切问题，但是河底硬化会带来一定程度的阻断作用，即阻断了河流水体与河岸带环境的交互作用，容易破坏水生环境[1]。

图 2.2－1　小断面河道的河底硬化

此外，还可以使用雷诺护垫技术。如图 2.2－2 所示，雷诺护垫是由厚度较薄的宾格网箱连接而成的整体网箱结构，外形宽大而扁平，内装符合设计要求粒径的石块，封闭后铺筑于河底和岸坡即可，造价较低，施工方便快捷。采用雷诺护垫的护岸和护底不仅可以有效地减缓河床内近底水流的流速，达到良好的固土防冲效果，同时也不阻碍河床内水体与周围生态环境的物质能量交换[1]。

图 2.2－2　采用雷诺护垫技术护底护岸

对于断面较大的河道，由于直接硬化河道工程量巨大且对水生环境破坏较严重，其治理方式可考虑在河底铺设大块石或人造混凝土块体，从而提高河床糙率（见图 2.2-3）。河底大块石或预制混凝土块体可以降低近底水流的流速，减少水流对河槽底部的冲刷，从而稳定河道；沉置于河床底部大块石或预制混凝土块体由于其重量和体积相对于原河床泥沙颗粒较大，原泥沙颗粒受其荫蔽作用的保护，被水流冲走的概率也大大减小，河道内泥沙组分将会相对稳定，维护了河道内的水沙平衡。另外，由于大块石阻碍水流，在河底会形成向上翻旋的涡流，这种上升流的翻耕作用类似于人工鱼礁的机理，促进水体交换，不断补充营养物质，利于各种微生物在河底附着、滋生，吸引鱼群前来觅食；不规则的大块石也会形成的阴影，吸引鱼群前来隐蔽、栖息，具有良好的生态效应，对天然河道的生态健康大有裨益[1]。

图 2.2-3　大断面河道河底铺设大块石

此外，在大断面河道泥沙流失严重的河段可修建拦砂坎等涉河建筑物（见图 2.2-4）。拦砂坎造价低，结构简单，施工方便，能截住被水流冲刷带走的泥沙，维护河床的稳定，较好地起到固床的作用。

图 2.2-4　修筑拦砂坎

总之，清水冲刷河流流速较快（3～5 m/s），河床纵向深切问题严重，推移质较少，其治理重点主要在于防止河底冲刷。清水冲刷河流治理思路见表 2.2－1。

表 2.2－1　清水冲刷河流治理思路一览表

河道类别	清水冲刷河流
特点	流速快、悬移质推移质少、河床下切不稳定
治理方式	河底衬砌或粗化结合拦砂坎固床
采用堤防形式	面板式结合河底衬砌/粗化
断面形式	缓梯形断面
材料	C20 混凝土、雷诺护垫、大块（卵）石等
适用流速	混凝土<8 m/s，块石粗化河床<5 m/s

2.3　乡镇田园河流景观打造

2.3.1　乡镇田园河流景观打造原则

如图 2.3－1 所示，乡镇田园河流位于中心城区之外，分布在各卫星城与小城镇的范围内，不但发挥着行洪排涝、蓄水抗旱的功能，还有农业灌溉、分渠供水的重要作用。成都平原是四川省内重要的农作区，先秦时期李冰父子治水，使成都地区成为富庶的“天府之国”，靠的就是修都江堰后分渠而出的田园乡镇河流。这些河流呈伞状分散，均匀地浇灌了整个成都平原[1]。

图 2.3－1　乡镇田园河流风光

根据四川城建部门的规划，为避免人口过多和城区面积过大而造成的“城市病”，成都主城区范围将不再扩大，而是通过建设“环城生态区”基本控制中心城区规模（见图 2.3－2），着力发展周边 7 个卫星城和小城镇，共同分担城市人口和产业，构筑大都市城市群[1]。在城乡统筹结合一体化的背景下，成都的宜居城市建设将处于重要的地位，打造生态之都、休闲之都，着力塑造生态风貌，创造更加惬意的生活环境[6]。

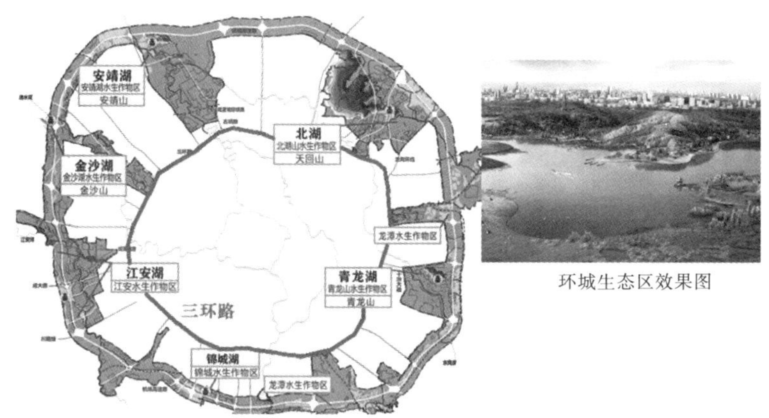

图 2.3－2 成都环城生态区基本锁定中心城区范围

乡镇田园河流的打造，主要是以恢复其环境生态功能为主，同时着力打造其景观效果，与成都“环城生态区”一同共筑生态绿道，提升带动农畜业与旅游业的共同发展[1]。

2.3.2 乡镇田园河流治理思路

乡镇田园河流不同于山区河道和流经市中心的城市河道，其位于平原区但处在中心城区之外，为粮食蔬菜生产基地提供了充沛的水源；同时，成都周边许多地区亦大力发展休闲旅游文化等产业，乡镇田园河流成为其良好的环境依托。因此，乡镇田园河流的打造应该着眼于河流本身的生态调节功能，保证河流及河岸带范围内生物多样性，为动植物的正常生长、觅食、繁殖等活动提供空间和庇护场所，保证河流水体和两岸之间的物质能量交换，并且使田园河流作为通道转移物质能量、过滤和稀释污染物，保证河流系统与周围生态系统健康、持续的发展。总之，尽可能地还原河流于其本身，让人们回归田园，乐享其中（见图 2.3－3）[1]。

图 2.3－3 人们在乡镇田园河流中嬉戏

因此，在乡镇田园河流本身行洪能力满足要求的前提下，尽量不设堤防，以还原天然河流的原有形态（见图 2.3－4a）。为了避免洪水对河流迁移运动作用导致的河道轴线的改变，在乡镇田园河流治理中要着重恢复两岸的绿地和防护林，以保持河岸稳定，减少水土流失。另外，在岔道交汇、水流流态复杂和河道收缩段等易冲刷河段，可采用钢丝石笼护脚（见图 2.3－4b）[1]。

（a）乡镇田园河流的天然河岸

（b）钢丝石笼护脚

图 2.3－4　乡镇田园河流尽量不设堤防

若在必要处设堤，应根据地形条件优化方案，尽量减少堤线长度，在常年水位以下设堤防，常年水位以上则应保留天然河岸状态，种植防护林，不破坏两岸滩地。在堤防形式上应优先考虑生态堤防，以保持河道的自然状态，不破坏河流与河岸带的相互作用。生态堤防是一种兴起于日本的新型形式，强调采用生态工程的方法治理河流环境、恢复水质、维护景观多样性和生物多样性。在材料上，提倡凡有条件的河段应尽可能利用木桩、竹笼、卵石等天然材料来修建河堤（见图 2.3－5），以避免河道渠化[1]。

图 2.3－5　利用卵石、块石修建人工堤岸

综上所述，乡镇田园河流的河道较宽，拥有面积较大的滩地，灌溉功能突出，流速较低（一般小于 3 m/s），洪水消散较快。河流与周边生态系统较为完整，物质交换频繁，在治理上应着重保持或恢复天然河道的环境功能，并打造其田园生态景观效果。乡镇田园河流治理思路见表 2.3－1。

表 2.3-1　乡镇田园河流治理思路一览表

河道类别	乡镇田园河流
特点	流速缓、河道形态自然弯曲、水生动植物丰富
治理方式	维持天然河道状态，或采用生态堤防，避免渠化
采用堤防形式	仅做护脚防冲处理，多采用植物作用固岸
断面形式	天然断面、缓复式断面
材料	天然大卵石、白木桩、铅丝石笼、宾格、植被材料（防护林护岸）等
适用流速	小于 3 m/s

2.4　城市宽浅型生态休憩河流建设

城市宽浅型河流是指流淌贯穿城市的较宽的河流，比如成都市的清水河、锦江（府南河），一般作为城市水系的主干。由于其在整个城市水系中的突出位置，宽浅型河流的防洪标准很高，如清水河段、府南河段治理工程的防洪标准达到了 200 年一遇[1]。

成都市的清水河、南河、府河、府南河主要流经市中心，断面宽度可达 40～120 m，从卫星图上看就像几条丝带一般环绕在城市之中，像玉石一般镶嵌在这个城市的版图里，也深深镶嵌在成都的历史和文化中。从唐代起，为满足该时期成都经济发展和商业运输的需求，成都人民便沿城开凿了清远江（即今府河）和外江（即今南河），才有了当年著名的马可波罗旅行至四川后对成都河流盛况斐然的赞誉；千百年来，成都的母亲河哺育了无数儿女，才有了杜甫在清水河边“万里桥西一草堂，百花潭水即沧浪”的吟诵。河流是一个城市的文化命脉，虽年代变迁，但河流依旧流淌，文化也随之传承。直到如今，府南河仍作为成都市的门面和招牌，向世人们展示着成都的休闲与宜居魅力（见图 2.4-1）。

（a）位于成都府南河边的望江楼公园

（b）成都九眼桥附近的廊桥夜景

图 2.4-1　城市宽浅型河流往往成为一个城市的招牌

城市宽浅型河道很少采用土堤的形式，而宜采用混凝土或砌石挡墙（见图 2.4-2），可以达到良好的防洪和防冲效果。两岸宽阔的空间可以用作城市绿化带和游憩空间[1]。图 2.4-3 为城市宽浅型河流堤防断面设计图，适合于设计流量较大和流速较快的城市河道，两岸宽阔的绿地带可以灵活布置街心公园、滨水景观、亲水平台等设施

(见图 2.4—4)。

图 2.4—2　城市堤防的直立式砌石挡墙形式

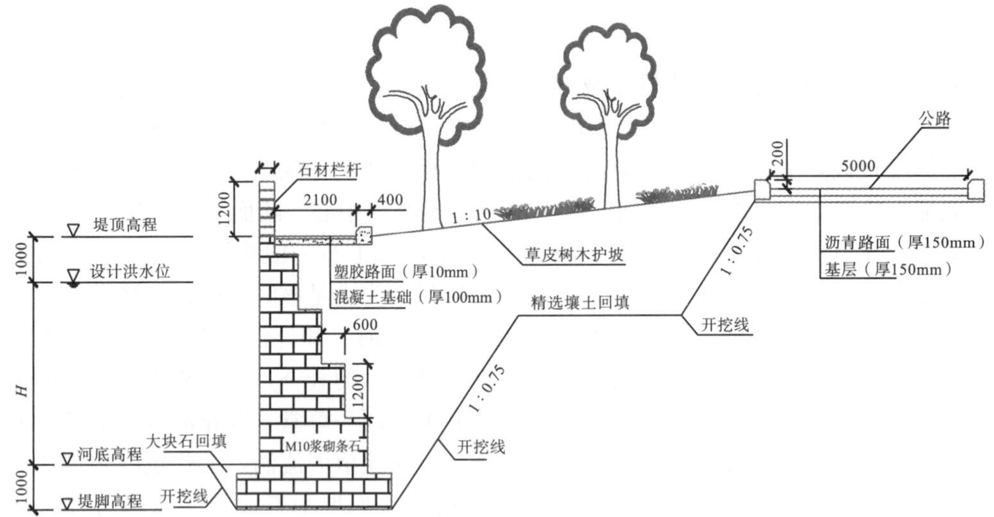

图 2.4—3　城市宽浅型河流堤防断面设计图

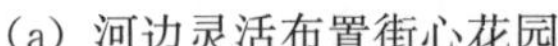

(a) 河边灵活布置街心花园　　(b) 宽浅型河流的亲水平台

图 2.4—4　城市宽浅型城市河道的景观布置

城市宽浅型河流推荐采用复式堤防，一方面可以保证城市洪水的顺利通过，另一方面要注重利用河岸带的绿化空间打造成市民休闲游憩的好去处。图 2.4—5 为清水河某段河道治理实景图。河流堤防复式断面设计图可参考图 2.4－6，下部采用石堤护岸，马道以上采用草皮及植树护坡。采用这种堤防形式绿化效果明显，并且行人和机动车得到了很好的分离，同时环境清幽，与附近的公园、小区别墅等相映成趣，优雅别致，极大彰显宜居城市的魅力。

图 2.4－5　城市宽浅型河流堤防复式断面

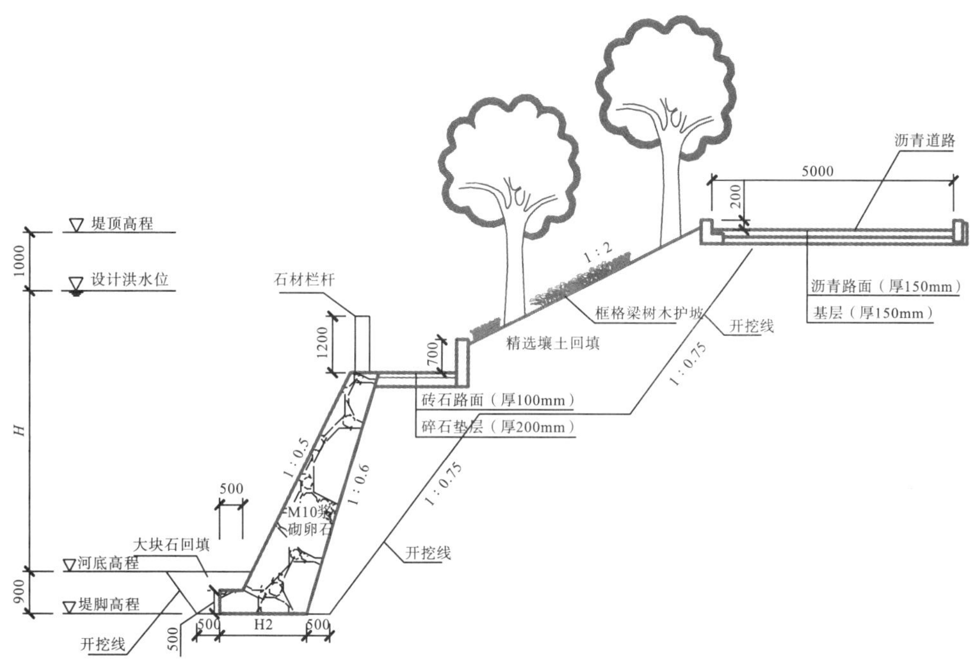

图 2.4－6　城市宽浅型河流堤防复式断面设计图

另外，在条件允许的情况下，可以将城市宽浅型河流打造为复式生态的断面形式。河道的生态治理是河道治理的最终目标，不但可以实现河道的防洪、排涝、引水等基础功能，还可以满足生态美观要求，通过人为手段恢复常年渠化治理而遭到破坏的河流系统的生态健康（见图 2.4－7）[1]。

图 2.4-7　城市宽浅型河流堤防复式生态断面

再或者，按照如图 2.4-8 的设计模式，将堤防高度降低，在河边修建平台，供市民在河流枯期时活动。在洪水到来时，需要封闭该平台，并允许其短暂淹没泄洪。洪水过后，在工作人员做清除淤泥和漂浮物之后，又可以开放供市民在河边活动。由于河流洪水过程较短，故该游憩平台可长期开放，又由于降低了平台高度，使游人更贴近水面，使得该形式堤防可以达到很好的亲水效果。

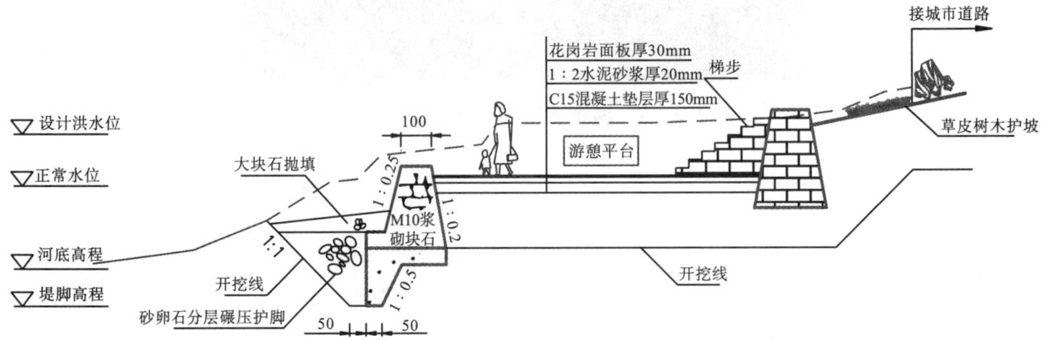

图 2.4-8　亲水堤防形式

总之，城市宽浅型河流是指一个城市水系的主干河流，对城市中心城区的行洪排涝起重要作用。作为一个城市的象征和延续传承的文化命脉，城市宽浅型河流的治理不仅要满足防洪要求，更要突出一个城市的文化性、宜居性，以期达到景观效果[1]。城市宽浅型河流治理思路见表 2.4-1。

表 2.4-1　城市宽浅型河流治理思路一览表

河道类别	城市宽浅型河流
特点	河床较宽、常年洪水与防洪水位差距较大、有休憩空间建设需求
治理方式	人水和谐，注重休憩空间建设
采用堤防形式	主要采取复合式堤防，通常设一级或两级亲水平台，平台以下固脚防冲（重力式、衡重式、仰斜式），平台以上多为生态堤防
断面形式	复式断面
材料	混凝土、浆砌（条/卵）石、植物护坡等
适用流速	混凝土<8 m/s，块石<5 m/s，卵石<4 m/s，植物护坡<2.5 m/s

2.5　城市窄深型河流环境改造治理

城市窄深型河流是指市内纵横交错的支沟，是城市水系的主要组成部分[1]。自古以来，成都就拥有十分复杂而发达的水系，河道纵横，交织错落，不但担负着防洪的重任，在古代还有航运交通和消防等重要功能。现如今虽然河道的航运和消防功能已经消失，但是作为城市纵横交错的水系，窄深型的支沟依旧行使着排水排涝、雨洪利用等重要功能（见图 2.5−1)。

图 2.5−1　成都独特的河畔休闲文化

通常情况下，城市窄深型河流的断面一般以简约的矩形或陡梯形为主，堤型可采用混凝土堤、石堤，或采用浆砌卵石面板（断面见图 2.5−2)，既有良好的稳定性，也有很好的不透水性，保护河道稳定、防止水土流失、减少河道淤积，适合用于城市人口与建筑相对密集的城市中心或居民小区，以节省宝贵的城市空间[1]。由于此断面占地面积很小，通常在原河道的基础上深挖即可形成[7]。但是此类型断面的湿周很小，在暴雨汛期来临时会导致河道水位上升迅猛，在对于防洪要求较高的中心城区，在设计时为安全起见，只能将断面高度增加，所以在成都中心城区的窄深型河流总给人以“渠深水浅”的感觉，难以满足市民的亲水要求。然而小断面的窄深型河流纵横交错，深入居民小区，环境幽静而舒适（见图 2.5−3)。

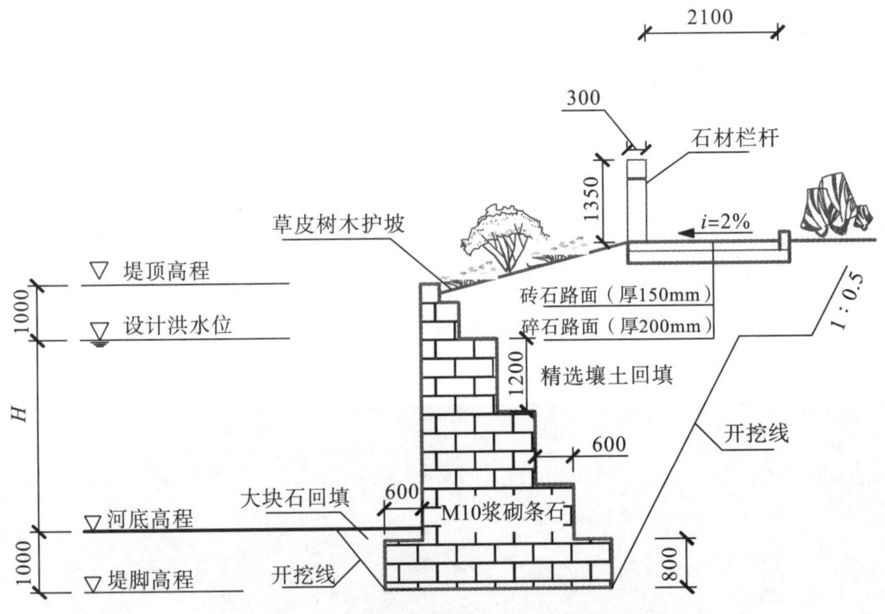

图 2.5-2　城市窄深型河流堤防断面设计图

（a）成都肖家河窄深型河流堤防

（b）成都三环外某窄深型河流堤防

（c）成都神仙树窄深型河流堤防

图 2.5-3　城市窄深型河流堤防

此外，也有采用上陡下缓的复式断面（见图 2.5－4）。这种断面形式可以保证在非汛期时水面宽度较窄，水流清澈；在洪水期来临时水面宽度较大，由于复式断面的湿周较大，汛期水位并不会上升过多，堤防高度相对较低。采用复式断面的堤防形式适用于河道宽度较宽的情况，留出的较宽的河岸带可以种植更多的绿化植被（见图 2.5－5）[1]。

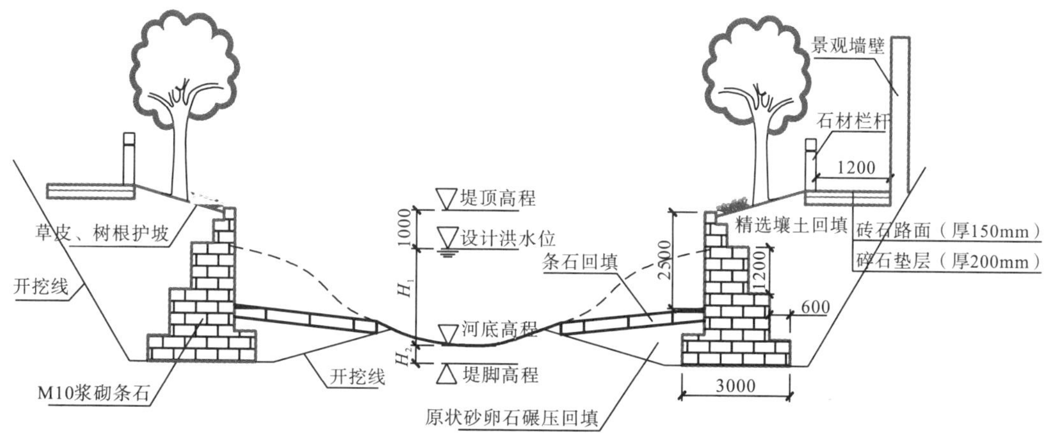

图 2.5－4　城市窄深型河流堤防复式断面设计图

图 2.5－5　城市窄深型河流堤防复式断面

对于有景观要求的窄深型河流，河岸边建筑相对稀疏，则可以充分考虑河岸绿化需求，使用生态材料（如生态毯、生态袋等）打造绿色护岸（见图 2.5－6）。在条件允许时，可考虑采用双层河道的方法。例如北京的北护城河使用了双层河道的设计，上层作为景观水面，下层暗河负责泄洪和排涝[8]。图 2.5－7 是一种双层河道的断面设计形式，其中上层明河可以打造成水深较浅、水质较好的休闲区，甚至可以放养鱼类，岸边亦可布置小型沙滩、喷泉、健身器材等，使之成为周边市民茶余饭后散步的最佳去处。双层河道可以很好地将生态型景观和河道原有的泄洪排涝的功能相结合，但是结构较为复杂，施工难度大，工程投资较大，适用于天然水质较差、汛期流量流速较大的情况。

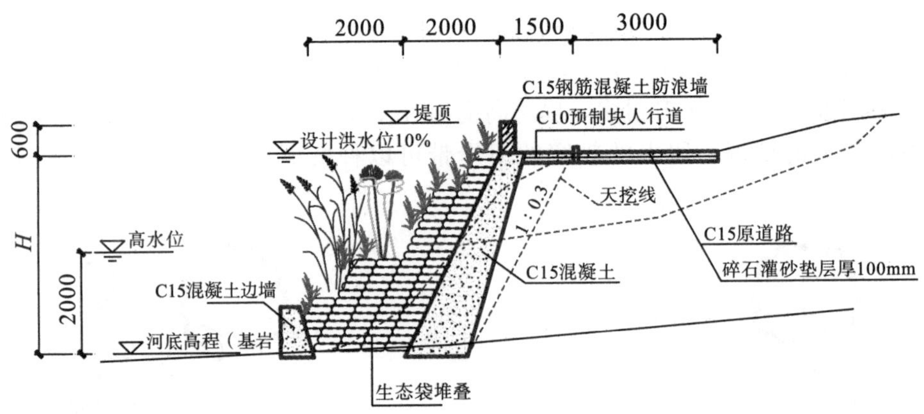

图 2.5－6　城市窄深型河流堤防复式断面绿化设计图

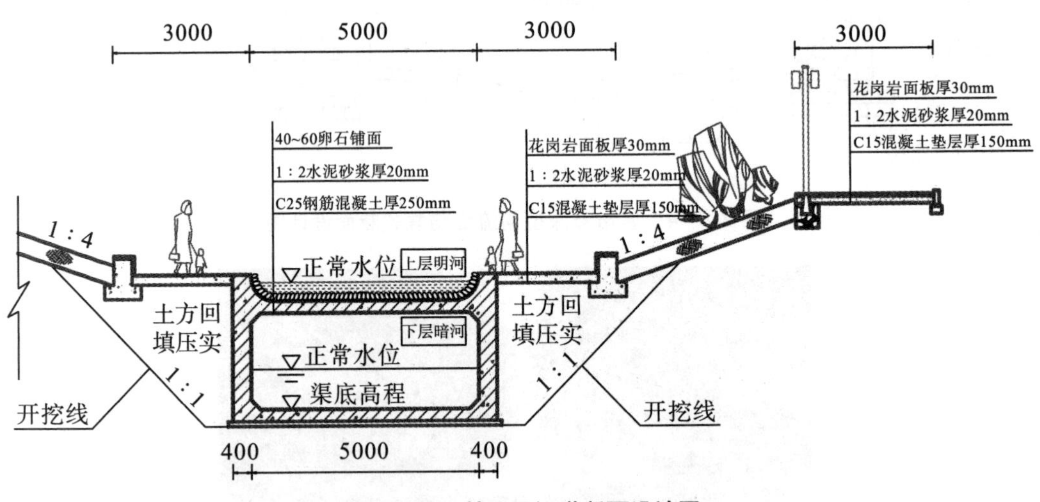

图 2.5－7　某双层河道断面设计图

综上所述，城市窄深型河流贯穿于城市之中，是一个城市水系的“枝叶”。由于经常深入居民小区，占地紧凑，故城市窄深型河流治理方式较为简约。在有景观要求（街边公园打造或流经住宅小区的河流治理）的河段，可以充分考虑周边居民的亲水要求进行景观治理，达到生态绿化效果[1]。城市窄深型河流治理思路见表 2.5－1。

表 2.5－1　城市窄深型河流治理思路一览表

河道类别	窄深型河流
特点	受周边建筑影响大、河道断面束窄明显、堤防占地解决困难
治理方式	硬化河岸、平顺河道
采用堤防形式	重力式、衡重式、仰斜式、双层河道
断面形式	矩形、陡梯形
材料	C20 混凝土、浆砌（条/卵）石等
适用流速	混凝土＜8 m/s，块石＜5 m/s，卵石＜4 m/s

本章小结

本章主要介绍了不同功能河道治理思路及材料选择的方法，从河道治理的原则出发，以常见的河道断面形式、材料选择与治理方式为基础，分别讲述了不同河流特征以及不同河道针对性治理方式。通过本章的学习，可进一步了解不同河道治理的新方式，并针对不同河道的独特性与区域性，以符合自然的思路进行河道治理。主要结论归纳如下：

（1）堤防工程应根据防洪规划，并考虑防护区的范围、主要防护对象的要求、土地综合利用、洪水方向、河流变迁、地形、地质、拟建建筑物的位置、施工条件、已有工程状况以及征地拆迁、文物保护、行政规划等因素，经过技术经济比较后确定。

（2）现代河道治理根据河道断面形式进行相应的治理方式以及合理的材料选择，才能使河流自身结构健康稳定。

（3）山洪多发区河流固土防冲治理，应以该区域的河流特征为导向，在防止河道严重冲刷的基础上进行。

（4）清水冲刷型非稳定河床治理，应以清水冲刷河流特征为基础，根据冲刷强度与河道断面形态采取相关治理措施。

（5）乡镇田园河流景观打造与城市河流生态建设，应根据不同的治理目的与要求，在保证河道环境生态功能的基础上进行治理，促进与周边生态系统的可持续协调发展。

思考题

1. 常见的河道断面形式与堤型分类有哪些？如何进行材料的选择？
2. 山洪多发区河流的特点与河道治理思路是什么？
3. 清水冲刷型河流的特点与非稳定河床治理思路是什么？
4. 乡镇田园河流的景观打造原则与河流治理思路是什么？
5. 城市宽浅型河流与窄深型河流治理如何做到与生态环境相协调？

参考文献

[1] 姚睿宸. 项目前评价体系在河流系统治理工程中的应用 [D]. 成都：西南交通大学，2016.
[2] 高青峰，曲媛媛，徐淑琴. 城市堤防工程设计的堤型选择 [J]. 水利科技与经济，2009，15（10）：890－891.
[3] 黄琼珠. 浅析堤防工程的堤线布置及堤型选择 [J]. 水利技术监督，2008，16（3）：38－40.
[4] 刘俭. 浅谈防洪堤的管理 [J]. 城市建设理论研究（电子版），2014（18）：319.
[5] 水利部国际合作与科技司. 堤防工程技术标准汇编 [M]. 北京：中国水利水电出版社，1999.
[6] 李红，葛舒眉. 城乡一体化下特大城市周边宜居城市建设研究 [J]. 河北工程大学学报（自然科学版），2014，31（3）：59－63.
[7] 刘娜. 乌鲁木齐河滨水生态景观改造的探索与实践 [D]. 乌鲁木齐：新疆农业大学，2007.
[8] 邓卓智，冯雁. 北护城河的生态修复 [J]. 水利规划与设计，2007（6）：14－16.

第3章　河道整治建筑物设计

绪论

河道整治亦称“河床整理”，是控制和改造河道的工程措施。在天然河流中经常发生冲刷和淤积现象，容易发生水害，妨碍水利发展。为适应除患兴利要求，必须采取适当措施对河道进行整治，包括治导、疏浚和护岸等工程[7]。

河道整治是按河道演变的规律，因势利导，调整、稳定河道主流位置，改善水流、泥沙运动和河床冲淤部位，以适应为防洪、航运、供水、排水等国民经济建设要求及河岸洲滩的合理利用的工程措施。河道整治分两大类：①山区河道整治，主要有渠化航道、炸礁、除障、改善流态与局部疏浚等；②平原河道整治（含河口段），主要有控制和调整河势、截弯取直、河道展宽及疏浚等[7]。

河道整治建筑物是为稳定或改善河势，调整水流所修建的水工建筑物，亦称河工建筑物，如图3.0－1所示。常用的河道整治建筑物有丁坝、矶头、护岸、顺坝、锁坝、桩坝、杩槎坝等。河道整治建筑物可以用土、石、竹、木、混凝土、金属、土工织物等河工材料修筑，也可用河工材料制成的构件，如梢捆、柳石枕、石笼、杩槎、混凝土块等修筑[8]。

河道整治建筑物按材料和期限，可分为轻型（临时性）建筑物和重型（永久性）建筑物。按照与水流的关系，可分为淹没建筑物、非淹没建筑物、实体建筑物、透水建筑物以及环流建筑物。其中，实体建筑物不允许水流透过坝体，导流能力强，建筑物前冲刷坑深，多用于重型的永久性工程。透水建筑物允许水流穿越坝体，导流能力较实体建筑物小，建筑物前冲刷坑浅，有缓流落淤作用。实体建筑物、透水建筑物在结构方面差异很大。环流建筑物是设置在水中的导流透水建筑物，又称导流装置。它是利用工程设施使水流按需要方向激起人工环流，控制一定范围内泥沙运动方向，常用于引水口的引水和防沙整治[8]。

本章首先讲述河道整治的基本方法和原则，在此基础上介绍河道整治工程的总体布置，再分别介绍各种河道整治工程设计，最后介绍河道整治维护的安全监测，让读者对河道整治建筑物设计有深刻认识。

图 3.0－1　河道整治建筑物实例

3.1　河道整治的基本方法

为更好地开发、利用和保护好河流，河道整治设计应符合下列要求[1]：①应以流域综合规划及专业规划为依据；②应具备社会经济、水文气象、河床演变、地形地质、相关工程和其他方面的基本资料；③应兼顾干支流、上下游、左右岸利益，并协调防洪、排涝、灌溉、供水、航运、水力发电、文化景观和生态环境保护等方面的关系；④对多沙或冲淤变化较大的河流，应深入分析河势变化和河床演变规律；⑤应进行方案论证，并选取技术可行、经济合理的整治方案；⑥应贯彻因地制宜、就地取材的原则，积极慎重地采用新技术、新工艺、新材料。

河道整治设计应分析防洪、排涝、灌溉、供水、航运、水力发电、文化景观、生态环境、河势控制和岸线利用等各项开发、利用和保护措施对河道整治的要求，确定河道整治的主要任务。同时，河道整治设计应协调各项整治任务之间的关系，分析已有工程的功能、作用和存在问题，并应综合分析确定河道整治的范围[1]。

整治河段的防洪、排涝、灌溉或航运等的设计标准，应符合下列要求[1]：①整治河段的防洪标准应以防御洪水或潮水的重现期表示，或以作为防洪标准的实际年型洪水表示，并应符合经审批的防洪规划；②整治河段的排涝标准应以排除涝水的重现期表示，并应符合经审批的排涝规划；③整治河段的灌溉标准应以灌溉设计保证率表示，并应符合经审批的灌溉规划；④整治河段的航运标准应以航道的等级表示，并应符合经审批的航运规划；⑤整治河段的岸线利用应与岸线控制线、岸线利用功能分区的控制要求相一致，并应符合经审批的岸线利用规划；⑥当河道整治设计具有两种或两种以上设计标准时，应协调各标准间的关系。

3.1.1 防洪设计泄洪流量和设计洪水位的确定方法

有防洪任务的整治河段设计泄洪流量和设计洪水位，应采用下列方法确定[1]：①整治河段的设计泄洪流量应按确定的防洪标准，并根据设计洪水通过水文水利计算确定。②主要控制站的设计洪水位可根据实测年最高洪水位系列进行频率分析后确定，或根据设计洪峰流量通过分析河道冲淤变化后的水位流量关系确定。洪水位不一致时，应取较大值作为设计洪水位。③以实际年型洪水作为防洪标准的河段，主要控制站的设计洪水位可根据实测或调查的最高洪水位和整体防洪要求，分析河道冲淤变化后合理确定。④潮汐河口的设计潮位应采用历年实测高、低潮位资料进行频率分析确定。缺乏潮位资料时，可按邻近地区的设计潮位，分析相关关系确定。⑤整治河段的设计洪水水面线，宜根据主要控制站的设计洪水位和该河段的设计泄洪流量，按设计的河道纵横断面计算确定。

3.1.2 排涝设计排涝流量和设计排涝水位的确定方法

有排涝任务的整治河段设计排涝流量和设计排涝水位，应采用下列方法确定[1]：①设计排涝流量宜按确定的排涝标准根据设计暴雨间接推算。②坡水地区设计排涝流量可采用排涝模数经验公式计算。③泵站抽排地区设计排涝流量，农田可根据作物耐涝历时采用排涝期涝水量平均排除法估算；城镇可采用产汇流和河洼地容许调节水量，平均排除法估算。④承泄自排涝水的整治河段设计排涝水位宜低于地面 0.2～0.5 m，必要时经技术经济论证局部河段也可略高于地面。⑤承泄抽排涝水的整治河段设计排涝水位可高于滩地地面，但应满足上下游河段的防洪和排涝要求。

3.1.3 造床流量的计算方法

有河势控制任务的整治河段，中水河槽的设计整治流量应为该河段的造床流量。造床流量可采用马卡维也夫法、平滩流量法计算[1]。

采用马卡维也夫法计算造床流量应符合下列要求[1]：①将计算河段历年所观测的流量分成若干相等的流量级，并计算该级流量的平均值 Q。②确定各流量级出现的频率 P。③应绘制河段流量—比降关系曲线，并确定各级流量相应的比降 J。④算出每一级流量相应的 $Q^m \cdot J \cdot P$ 乘积值，在双对数纸上作 G_s—Q 的关系曲线。其中，Q 为该级流量的平均值；G_s为与 Q 相应的实测断面输沙率；m 为指数，由实测资料确定，应为 G_s—Q 关系曲线的斜率，对平原河流可取 $m=2$。⑤绘制 Q—$Q^m \cdot J \cdot P$ 关系曲线图。⑥从图中查出 $Q^m \cdot J \cdot P$ 的最大值，相应于此最大值的流量 Q 应为造床流量。

采用平滩流量法计算造床流量应符合下列要求[1]：①当有断面水位流量关系曲线时，按实测的河道横断面确定滩唇高程，该断面水位流量关系曲线上与滩唇高程相应的流量值为该断面的平滩流量，综合分析各横断面的平滩流量值，即可确定该河段的造床流量。②当无断面水位流量关系曲线时，应根据计算河段的纵断面图，确定沿程控制断面与滩地齐平的水位（平滩水位）；假定流量，推算河段沿程控制断面的水位；当推算的水位与沿程控制断面的平滩水位基本一致时，该流量为造床流量。

当采用马卡维也夫法、平滩流量法计算造床流量时，应结合计算河流的具体情况，经分析比较后合理确定。当流域内规划还将修建蓄水、引水、分洪、滞洪等工程时，应根据还原后的水文系列资料[1]，按现状、规划的工程情况和调度运用方案，分析规划工程修建后对本河段造床流量的影响。

3.1.4　灌溉设计引水流量和设计引水水位的确定方法

有灌溉任务的整治河段设计引水流量和设计引水水位根据灌区情况和设计要求，宜采用下列方法确定[1]：①设计引水流量宜根据历年灌溉期最大灌溉流量进行频率分析，宜按相应于灌溉设计保证率的流量选取，也可取设计代表年的最大灌溉流量；②设计引水水位宜根据历年灌溉期旬或月平均水位进行频率分析，宜按相应于灌溉设计保证率的水位选取，也可取多年灌溉期枯水位的平均值。

3.1.5　航运设计最高与最低通航水位的确定方法

有航运任务的整治河段设计最高通航水位和设计最低通航水位应按现行国家标准《内河通航标准》（GB 50139—2004）的有关规定计算确定[1]。

3.2　河道整治的基本原则

根据河型、平面形态和河段特点，整治河段可分为顺直型、弯曲型、分汊型、游荡型和潮汐河口等典型河段。对河道整治设计范围内的典型河段宜分析水流泥沙特性、河势变化和河床演变特点，采取适合该河段的整治措施[1]。总体上讲，河道整治的基本原则包括以下几个方面[3]：

（1）统筹规划，综合治理的原则。河道水系建设是城镇建设和农业发展的一部分，河道水系治理规划必须统筹考虑城镇发展规划、土地利用规划等要求，合理确定规划治理标准、原则、方法。同时，河道治理应该在保证河道防洪、排涝、引水等基本功能基础上，充分考虑河流的生态功能、水质净化、生态景观等功能的要求，上下游、左右岸统筹兼顾。

（2）多功能协调的原则。随着社会经济的发展，河道水系的功能越来越多元化，在治理过程中必须综合考虑各种功能需求，不可片面强调防洪、排水等功能，忽略河道水系的生态功能和引水安全等，也不可一味地强调生态维护和饮水安全而降低了水系的防洪、排水安全要求。充分发挥河流生态系统在景观中的作用，将美学融入河道生态治理之中，使治理后的河流生态系统与周边区域发展的特点、沿线的整体风貌相协调统一，形成河流景观中的一道亮点，开发当地的旅游资源。

（3）人与自然和谐发展的原则。人类社会是在不断地利用自然、改造自然的过程中发展的，为了更好地发展，必须尊重自然，认知自然的发展规律。充分保护河流的自然景观和生态系统，在维持河流自然形态的基础上，按照自然修复为主，人工修复为辅的思路，创造亲水空间、河道护坡、河道青坎等，以维持生物多样性和水土流失，充分发挥河流生态系统的自我净化能力和自我调节能力，尽量保留原有生物群落及其栖息地，实现河道生态系统的可持续发展，尽量创造一个独具特色的生态河道景观，为人类提供良好的生活环境。

（4）可持续发展的原则。河道治理应考虑经济方面的影响，与经济、社会发展同步，因地制宜、节能高效，在确保达到河道治理目标的前提下，合理统筹前期准备工作和后期的管护，最大限度地降低治理成本，从而达到经济最小化的目标，科学的规划应充分留有余地，为未来的规划更新提供空间，以适应将来的社会发展需求，实现经济、社会和环境等全方位可持续发展。

3.2.1 顺直型河段

顺直型河段整治的基本原则包括以下几个方面[1]：

（1）应稳定现有河势。

（2）修筑堤防堤线应平顺，基本应与洪水流向一致，并应留出足够的滩地和泄洪断面，应安全通过设计泄洪流量。

（3）需要扩大河道时，中水治导线应与现状河道走向基本一致，并应规则平顺。修建整治工程宜与堤线、岸线一致，不得采用严重影响水流流向的整治工程。

（4）浅滩整治应在分析浅滩演变规律的基础上选槽和布置工程，修建航道整治工程应有利于形成较稳定的航槽，也可采用疏浚措施改善浅滩，并应兼顾河道行洪和河岸稳定要求。

3.2.2 弯曲型河段

弯曲型河段整治的基本原则包括以下几个方面[1]：

（1）宜按现有河势与治导线的关系，采用防护工程维持现有有利岸线稳定河道，也可采用控导工程控制凹岸发展及改善弯道。

（2）对于微弯型河段，应根据经济社会发展的要求以及优良弯曲河段的河湾形态，设计整治河宽、河湾形态参数，拟定整治河段的治导线，确定整治工程位置线。

（3）经技术经济充分论证确需裁弯的河段，裁弯设计工作应符合下列要求：①进行多方案比较确定裁弯段新河的线路，必要时应通过河工模型试验论证确定；②裁弯段新河的进出口位置应进口迎流、出口顺畅，并应与上下游河势平顺衔接；③裁弯段新河的曲率半径，宜按本河道稳定优良的弯曲河段资料选定；④可根据需要在设计新河凹岸采取防护工程，稳定河道；⑤进行系统裁弯时，单个裁弯应与系统裁弯统筹安排。

3.2.3 分汊型河段

分汊型河段整治的基本原则包括以下几个方面[1]：

（1）可选择采取稳定汊道、改善汊道、堵塞汊道等措施。

（2）当分汊型河段的发展演变过程处于较稳定的有利状态时，宜采用巩固汊道稳定的整治措施。稳定汊道可在分汊型河段上游节点处、汊道人口处、汊道内冲刷段，以及江心洲首部和尾部分别修建整治工程。

(3) 当分汊型河段的演变发展与经济社会发展不相适应，且不允许堵塞汊道时，可采用修建顺坝或丁坝、疏浚或爆破等改善汊道的整治措施。

(4) 经技术经济充分论证需堵塞汊道的河段，应分析该分汊河段的演变规律，宜选择逐渐衰退的汊道加以堵塞。当堵塞汊道对河段的泄洪能力有较大影响时，应采取恢复河段泄洪能力的补偿措施。

3.2.4　游荡型河段

游荡型河段整治的基本原则包括以下几个方面[1]：

(1) 应采取逐步缩小主流的游荡摆动范围、稳定河势流路的工程措施。

(2) 根据经济社会发展的需要、水流泥沙特性和河势流路，应选择对防洪、护滩和引水等综合效果优的中水流路作为整治流路，宜充分利用已有整治建筑物或固定边界制定治导线。

(3) 河道整治工程布局宜以坝护湾、以湾导流、保堤护滩。

(4) 河槽整治，应依照中水治导线，因势利导，合理修建控导工程，并应控导主流，稳定河槽，缩小游荡范围。

(5) 治理滩地串沟宜采取工程、生物等措施，并应利用含沙洪水漫滩或将高含沙水流引入滩区淤高滩地。

(6) 堤防临水侧堤脚附近的堤河，可采用自然或人工放淤的办法淤填。洪水常顺堤行洪的堤段，可修建防护工程。

3.2.5　潮汐河口段

潮汐河口段整治的基本原则包括以下几个方面[1]：

(1) 应根据径流、潮汐、风暴、地形、地质和河口形态合理进行河道整治工程布局，应经技术经济论证后，选取修建堤防、控制河势、导流输沙、整治河槽、保滩护岸或修建挡潮闸等整治措施。

(2) 修建堤防应按安全下泄设计泄洪流量设计，并应兼顾周边生态环境和景观的要求。堤防的防护宜将工程措施与生物措施相结合，可采取坡面护坡、滩面植草植树等措施。

(3) 控制河势可采用修筑防护工程、控导工程，导流输沙可采用导流堤等整治措施。

(4) 整治河槽宜在控制河势的基础上，依据中水治导线，合理设计河槽断面，并应选择相对稳定的落潮主槽为疏浚河槽。整治拦门沙和浅滩可采取疏浚或疏浚结合筑导堤等整治措施。

(5) 对可能发生冲刷破坏的岸滩，可采用将防护工程、控导工程等工程措施与植物措施相结合进行保滩护岸。有条件的河段可采取放淤措施淤滩。

(6) 经技术经济充分论证潮汐河口需建挡潮闸时，闸址宜靠近下游河口口门，并宜合理进行建筑物布置，宜利用上游来水、潮流和其他措施冲淤。

(7) 多沙河流潮汐河口段除应对现行流路进行整治外，还应留足河道的摆动范围和一定的沉沙区域，并应规划若干条备用流路。

（8）大江大河的河口段整治、水沙运动复杂的河口段整治以及在经济社会发展中占重要地位的河口段整治，均应进行河床演变分析、数学模型计算和河工模型试验，并应论证比选整治工程方案。

3.3 河道整治工程总体布置

3.3.1 治导线制定

河道治导线宜分段制定。可选择制定洪水治导线、中水治导线或枯水治导线。洪水治导线应根据设计泄洪流量制定。有堤防的河段，应以堤线作为洪水治导线。中水治导线宜根据造床流量或排涝流量，经综合分析平滩水位制定[1]。

制定中水治导线应符合下列要求[1]：①应根据整治的目的，因势利导，按河床演变和河势分析得出的结论制定；②应利用已有整治工程、河道天然节点和抗冲性较强的河岸；③上、下游应平顺连接，左右岸应兼顾；④上、下游相衔接的河段应具有控制作用；⑤应协调各有关部门对河道整治的要求；⑥按排涝要求开挖的河段，应根据设计开挖的河槽断面上口宽制定。

枯水治导线可根据供水、灌溉、通航和生态环境等功能性输水流量选择制定。制定枯水治导线应符合下列要求[1]：①宜在中水治导线的基础上制定；②宜利用较稳定的边滩和江心洲、矶头等作为治导线的控制点；③有通航要求的河段，宜按集中水流形成具有控制作用的优良枯水航道的要求制定；④有灌溉、供水任务的河段，应满足灌溉、供水的基本要求；⑤宜满足生态环境流量的基本要求。

河道治导线宜平顺、光滑，在弯曲段可采用复合弧线连接。应论证治导线的合理性和可行性，重要河段应进行河工模型试验[1]。

3.3.2 整治工程总体布置要求

河道整治设计应按整治的主要任务和范围，统筹协调好各项整治任务和相应专业规划的关系，进行整治工程总体布置。有防洪任务的整治河段，河道纵横断面应按安全下泄设计泄洪流量设计。新修堤防时，应在设计确定的河槽断面基础上，根据防洪规划、地形地质条件、河床演变情况、现有工程状况、拟建工程位置、征地拆迁量、行政区划和文物保护要求等，经技术经济比较后，合理布置堤防的堤线[1]。

整治河段堤线的布置要求[1]：①堤线与河势流向应相适应，应与洪水的主流线大致平行。②堤线应平顺，各堤段应平顺连接，不应采用折线或急弯。③应利用现有堤防和有利地形，修筑在土质较好、比较稳定的地方，并应留有适当宽度的滩地。④两岸堤距应根据防洪规划分河段确定，上下游、左右岸应统筹兼顾。⑤两岸堤距的大小应根据河道泄洪的要求、河道的地形地质条件、水文泥沙特性、河床演变特点、经济社会发展的要求、滩地的滞洪淤积作用、生态环境保护的要求和技术经济指标等，经综合分析后确定。⑥同一河段两岸堤距应大致相等，不宜突然放大和缩小。对束水严重、泄洪能力明显小于上、下游的窄河段，宜清除阻水障碍、合理展宽堤距，并应与上、下游堤防平缓衔接。

有排涝任务的整治河段，河槽纵横断面宜按下泄设计排涝流量设计。有航运任务的整治河段，航道尺度应根据确定的航道建设标准和等级，并按现行国家标准《内河通航标准》的有关规定和已批准的航运规划进行设计。有灌溉和供水任务的整治河段，应满足设计输水、引水流量和高程的要求。此外，河槽整治设计还应满足河道生态环境流量和水位的基本要求[1]。

整治河段河槽的设计整治河宽宜选用下列方法确定[1]：①宜分析河槽的河相关系，并宜确定设计整治河宽；②宜根据历年河势资料和实测大断面成果，分析主槽的历年变化范围，统计造床流量相对应的河宽作为设计整治河宽；③宜根据整治河段的实际情况，选择可供类比的模范河段，点绘水面宽与流量的关系，宜根据造床流量推求相应河宽作为设计整治河宽；④按排涝要求开挖的河段，宜根据设计开挖的河槽断面上口宽确定设计整治河宽。

中水治导线应根据设计整治河宽，按治导线的规定拟定，并应分析天然河道的形态、河弯个数、河弯要素、弯曲系数、已有工程利用情况等，论证治导线的合理性。堤防工程、防护工程、控导工程、疏挖工程等河道整治工程，应根据规划的治导线、设计整治河宽、堤距和堤线统筹安排、合理布置[1]。

坝、垛等整治工程头部连线确定的整治工程位置线，应符合下列要求[1]：①应分析研究河势变化情况，确定最上的可能靠流部位，整治工程起点宜布设在该部位以上。②在整治工程位置线的上段宜采用较大的弯曲半径或采用与治导线相切的直线退离治导线，且不得布置成折线。③整治工程中、下段宜与治导线重合。整治工程中段弯曲半径可稍小于上段，在较短的弯曲段内应调整水流方向；整治工程下段弯曲半径可比中段稍大。

3.3.3　生态河道整治的基本步骤

生态河道治理的基本步骤如下[9]：

(1) 提出生态河道治理的目标。描绘出一个总体的治理框架或者一个蓝图，勾勒出修复工程完成后河道的整治效果。生态河道治理目标必须是实际的、可以落地的、可通过技术手段实现的、具体的、量化的东西，是后期设计及实施中需要知道的纲领。

(2) 确定生态河道治理的利益相关者。生态河道治理是流域管理的一部分。依据河道功能罗列出河道治理后具体受益人群、单位及机构，以及可能带来负面影响的人群、单位及机构，以便在下一阶段实施过程中很好地协调及配合治理工作。

(3) 分析人类活动对河道功能的影响。对河道未受干扰之前以及现在的状况进行描述，分析人类活动对河道生态系统和河道功能的影响。综合论证人类活动对河道演变的规律，为下阶段设计及施工提供强有力的依据，做到人河合一。

(4) 识别河道的主要天然资产和主要问题。生态河道治理也是保护和改善天然河道资产。资产就是河道已经具备的，并满足相应河道功能目标的那些良好条件。许多河道资产都受到河道问题的威胁，或已经退化。要识别出河道的主要资产、退化资产和存在的主要问题，详细调查河道问题对河道资产产生的影响及河道修复治理中可以借鉴的经验，保障在河道修复中尽可能解决河道所有问题，更好地恢复河道资产。

（5）优化生态河道治理的优先次序。河道的生态治理涉及不同的河段、不同的功能，而每个功能受关注的程度、需要修复的时间又不尽相同，因此应该首先确定生态河道治理的优先次序。需要注意的是，修复工程不应该总是从受损最严重的河段着手，有时候也需要从现存的最好的河段开始。现状河道由于人类过多的干扰，部分河段无法满足河道自然的功能，治理优先顺序应该是：影响防洪安全段河道优先、人口集中段河道优先、保护对象重要段河道优先等。

（6）制定保护资产和改善河道的策略和措施。确定优先河段后，列出保护和改善这些河段重要资产的所有方法，对所列方法及手段进行充分论证，优选其中最快、最有效的方法及手段。

（7）分析目标的可行性。目标制定后，对目标进行可行性分析，可行性研究报告完成后，邀请行业内资深专家进行论证，确保方案的可行。可行性研究是项目实施的基础及前提，所以该阶段要客观地分析项目的各个环节，尽可能做到方案提出的合理性。

3.4 河道整治工程设计

3.4.1 河道水力计算

河道整治设计应对河道分段后进行河道水力计算，河道分段应使计算河段内各水力要素无大的变化，河段两端断面宜选在无回流的渐变流断面。计算断面间距宜在1～4倍河槽宽范围内选取。计算断面间距在比降较大河段宜取小值，比降较小河段可取大值。水力要素、河道特性、河床组成变化急剧的河段断面间距宜缩小[1]。

天然河道的糙率可采用下列方法分析确定[1]：①有水文站实测糙率资料时，应求出糙率与水位、流量等的关系后分析选定。②有实测河道水面线和相应流量时，应采用水面线计算公式推求糙率。③无实测资料时，宜根据地形、地貌、河床组成、水流条件等特性与本河段相似的本河道其他河段或其他河道的实测糙率资料进行类比分析后选定。确无相似河段可类比时，可查阅相关糙率取值手册分析选定。

河道整治后的糙率应根据整治后的河道边界条件和水流特性，结合以往工程经验综合分析确定。复式断面的主槽糙率和滩地糙率应分别确定。河道过水断面湿周上各部分糙率不同，应求出断面的综合糙率。当河道形态、河床组成等沿河长方向的变化较大时，应分段确定糙率。河道整治设计应根据整治河段内的建（构）筑物的功能、布置和结构形式进行相关水力计算。拦河、临河、跨河的建（构）筑物应进行过流能力和壅水计算。对可能引起河道冲淤变化的建（构）筑物，应进行冲淤分析计算。必要时，应进行相应的数学模型计算或河工模型试验研究[1]。

河道恒定流计算的一般规定如下[1]：①整治河段的水面线应根据控制站的水位和相应的河道流量、计入区间入流、出流等因素计算确定；②河道内局部地方有突出的变化或阻水障碍物，产生较大的局部水流阻力时，应计算局部水头损失；③对于干支流、河湖等洪涝水相互顶托的河段，应研究洪涝水组合和遭遇规律，并应根据设计条件推算不同组合情况的水面线，经综合分析后合理确定设计洪涝水位；④分汊河段流量和水面线应按总流量等于各汊流量之和及各汊分流、汇流条件计算确定；⑤计算的水面线成果，宜与实测或调查的水面线进行比较验证。

对水流要素随时间变化较大的河流、河道调蓄作用较大的河段或潮汐河口段，应进行河道设计洪水过程和其他非恒定流过程计算，河道非恒定流计算的一般规定如下[1]：①对于相对单一的较长河段，可采用一维河道非恒定流数学模型计算。②对于水面宽阔的河段、洪泛区和潮汐河口段等，宜采用二维非恒定流数学模型计算。③计算的初始条件、边界条件应根据计算河段的实际情况或设计要求合理确定。④数学模型应采用新的实测河道地形资料和水文资料进行参数确定和模型验证。⑤缺乏河道地形和糙率资料，而有一定水文实测资料的河段，也可采用河道非恒定流的简化算法。

河道整治建筑物水力计算的具体内容如下[10]：①河道整治设计应对整治河段内的建（构）筑物，根据其功能、布置和结构形式分类后，进行相关水力计算。②对占用和拦截河道、影响和控制水流下泄的建（构）筑物，应进行过流能力和壅水计算。对新建的占用和拦截河道的建（构）筑物，按工程前后分别计算，并对成果进行对比分析。③对可能引起河道冲淤变化的建（构）筑物，应进行冲淤分析计算。④对高于河滩面，或伸入河槽的临河类建（构）筑物，要根据其顺河道长度 L（m）和该段河道的平均水深 H（m）进行判别。当 $L/H>10$ 时，应依断面尺寸和糙率，按河道水面线推算方法，进行壅水高度计算；当 $L/H\leqslant10$ 时，根据布置尺寸，按丁坝的水力计算方法进行计算。⑤拦河的水利、水电、交通、航运等建（构）筑物的水力计算应按相应建（构）筑物的设计规程规范执行。⑥跨河的桥梁等建（构）筑物的水力计算按《公路桥位勘测设计规范》（JTJ 062—2002）执行。⑦规模较大或可能引起河道冲淤变化较大的建（构）筑物，应进行相应的数学模型计算或河工模型试验研究。

3.4.2　河床演变分析

河床演变分析可采用资料分析、数学模型计算和河工模型试验等方法。对多沙或冲淤变化较大的河流，宜在河床演变资料分析的基础上结合数学模型计算和河工模型试验，并应分析整治河段近期的河势变化和河床演变特点及其影响因素，预估河床发展趋势。对少沙或河床相对稳定的河流，可只进行河床演变资料分析工作，并宜适当简化工作内容[1]。

河床演变分析应分析整治河段水沙特性，需要统计的资料包括以下内容[1]：①径流特征值，年际和年内变化；②水位特征值，年际和年内变化，比降特征；③悬移质泥沙特征值，年际和年内变化，颗粒级配；④推移质输沙率和颗粒级配，床沙颗粒级配；⑤流量与含沙量、洪峰与沙峰的对应关系。

河床演变分析宜分析并概括河道的历史演变情况，应分析整治河段的河势变化情况，其主要工作包括：对收集到的河势图、河道地形图和资料进行整理、审核；将实测的河势图、河道地形图进行套绘，分析河道深泓线、滩岸的平面变化；根据河道地质资料，分析河床的边界条件和河岸的稳定性；根据河势、主流线或深泓线、地形的变化情况及河道地质等边界条件，结合已建、拟建河道整治工程情况，以及河工模型试验成果，预估整治河段今后的河势变化趋势[1]。

河床演变分析应分析整治河段的冲淤变化情况，其主要工作包括：根据实测的固定横断面图进行套绘，分析河道横断面的冲淤变化；根据实测的纵断面图进行套绘，分析河道深泓线、平均河底高程、滩面高程等纵断面的冲淤变化；河道的冲淤量应采用输沙率法或断面法计算。受资料条件限制的河段，也可采用经验法、类比法进行河流冲淤计算[1]。

输沙率法应采用下列公式计算河段冲淤量：

$$\Delta W = W_S^{上} + W_S^{入} - W_S^{出} - W_S^{下} \tag{3.4.1}$$

$$\Delta V = \frac{\Delta W}{\rho'} \tag{3.4.2}$$

式中　ΔW——河段冲淤质量（t）；

ΔV——河段冲淤体积（m^3）；

$W_S^{上}$——河段上站来沙量（t）；

$W_S^{入}$——河段区间来沙量（t）；

$W_S^{出}$——河段区间引出沙量（t）；

$W_S^{下}$——河段下站输沙量（t）；

ρ'——河段泥沙冲淤量干密度（t/m^3）。

断面法应采用下列公式计算河段冲淤量：

$$\Delta A_i = A_i^{n+1} - A_i^n \tag{3.4.3}$$

$$\Delta V_i = \frac{1}{3}(\Delta A_i + \sqrt{\Delta A_i \times \Delta A_{i-1}} + \Delta A_{i-1}) \times \Delta L \tag{3.4.4}$$

$$\Delta V = \sum \Delta V_i \tag{3.4.5}$$

式中　A_i^n——上一测次断面面积（m^2）；

A_i^{n+1}——下一测次断面面积（m^2）；

ΔA_i——本断面的冲淤面积（m^2），负为冲，正为淤；

ΔA_{i-1}——上断面的冲淤面积（m^2）；

ΔV_i——本断面与上断面间的冲淤体积（m^3）；

ΔV——河段内的冲淤体积（m^3）；

ΔL——河道断面间距（m）。

整治河段的河相关系宜根据造床流量、来水来沙量、河道纵横断面、河段地形地质条件等资料分析确定。对潮汐河口段，还应分析潮位、潮流、潮波、风暴潮、咸潮入侵等特性，并应分析河口的历史演变情况[1]。

对多沙或冲淤变化较大的河流进行河道整治设计，宜采用河流数学模型分析计算河床的冲淤变化。对于相对单一的较长河段，可采用一维泥沙数学模型计算；对于水面宽阔的河段、洪泛区和潮汐河段等，宜采用二维泥沙数学模型计算。数学模型计算范围应包括河道整治工程可能影响的范围，模型进出口位置宜在稳定所需的河道范围之外。对数学模型，应采用实测河道地形资料和水文、泥沙资料进行参数确定和模型验证。河流冲淤计算的水沙系列，可根据计算要求和资料条件选用长系列或代表系列或代表年。代表系列的多年平均年径流量、年输沙量、含沙量，以及代表年的年径流量、年输沙量、含沙量，均应接近多年平均值[1]。

对水流流态复杂或冲淤变化较大河段、河势控制和岸线利用有较大影响的河道以及对重要工程有影响的河道，整治设计宜进行河工模型试验。多沙或冲淤变化较大的河段，应采用动床河工模型试验，少沙或河床相对稳定的河段，可采用定床河工模型试验；研究局部河段水流结构和泥沙分布时，宜采用正态河工模型试验，研究较长或宽浅河段水沙运动时，可采用变态河工模型试验。模型试验范围应包括河道整治工程可能影响的范围，模型进出口位置宜在稳定所需的河道范围之外。河工模型在正式试验前应进行验证试验，对水面线、流速流态和河床冲淤地形应进行验证。河工模型试验的精度应符合国家现行标准《河工模型试验规程》（SL 99—2012）和《内河航道与港口水流泥沙模拟技术规程》（JTS/T 231－4—2018）的有关规定[1]。

3.4.3　堤防工程设计

堤防工程是指沿河、渠、湖、海岸或行洪区、分洪区、围垦区的边缘修筑的挡水建筑物。堤防按其修筑的位置不同，可分为河堤、江堤、湖堤、海堤以及水库、蓄滞洪区低洼地区的围堤等；按其功能不同，可分为干堤、支堤、子堤、遥堤、隔堤、行洪堤、防洪堤、围堤（圩垸）、防浪堤等；按建筑材料不同，可分为土堤、石堤、土石混合堤和混凝土防洪墙等[11]。堤防工程的形式应根据河段所在的地理位置、重要程度、堤基地质、筑堤材料、水流及风浪特性、施工条件、运用和管理要求、环境景观、工程造价等因素，经技术经济比较综合确定[2]。

堤防工程设计的基本要求如下[2]：①应以所在河流、湖泊、海岸带的综合规划或防洪、防潮专业规划为依据。城市堤防工程的设计，还应以城市总体规划为依据。②堤防工程的设计，应具备可靠的气象水文、地形地貌、水系水域、地质及社会经济等基本资料。堤防加固、扩建设计，还应具备堤防工程现状及运用情况等资料。③堤防工程设计应满足稳定、渗流、变形等方面要求。④堤防工程设计，应贯彻因地制宜、就地取材的原则，积极慎重地采用新技术、新工艺、新材料。⑤位于地震烈度 7 度及其以上地区的 1 级堤防工程，经主管部门批准，应进行抗震设计。

堤防工程的防洪标准及级别选择的原则如下：①遭受洪灾或失事后损失巨大，影响十分严重的堤防工程，其级别可适当提高；遭受洪灾或失事后损失及影响较小或使用期限较短的临时堤防工程，其级别可适当降低。②采用高于或低于规定级别的堤防工程应报行业主管部门批准；当影响公共防洪安全时，尚应同时报水行政主管部门批准。③蓄、滞洪区堤防工程的防洪标准应根据批准的流域防洪规划或区域防洪规划的要求专门确定。④堤防工程上的闸、涵、泵站等建筑物及其他构筑物的设计防洪标准，不应低于堤防工程的防洪标准，并应留有适当的安全裕度[2]。

堤防工程的防洪标准应根据防护区内防洪标准较高防护对象的防洪标准来确定。这些防护对象包括城镇（重要性、人口）、乡村（耕地、人口）、工矿企业（规模）、交通设施、动力设施、通信设施、文物古迹等[2]。具体堤防工程级别见表 3.4−1。

表 3.4−1　堤防工程级别

防洪标准[重现期（年）]	≥100	<100，且≥50	<50，且≥30	<30，且≥20	<20，且≥10
堤防级别	1	2	3	4	5

堤线布置应根据防洪规划、地形、地质条件、河流变迁，结合现有及拟建建筑物的位置、施工条件、已有工程状况以及征地拆迁、文物保护、行政区划等因素，经过技术经济比较后综合分析确定。堤线的布置原则如下[2]：①河堤堤线应与河势流向相适应，并与大洪水的主流线大致平行。一个河段两岸堤防的间距或一岸高地一岸堤防之间的距离应大致相等，不宜突然放大或缩小。②堤线应力求平顺，各堤段平缓连接，不得采用折线或急弯。③堤防工程应尽可能地利用现有堤防和有利地形，修筑在土质较好、比较稳定的滩岸上，留有适当宽度的滩地，尽可能地避开软弱地基、深水地带、古河道、强透水地基。④堤线应布置在占压耕地、拆迁房屋等建筑物少的地带，避开文物遗址，利于防汛抢险和工程管理。

关于河堤堤距的确定，新建河堤的堤距应根据流域防洪规划分河段确定，上下游、左右岸应统筹兼顾。河堤堤距应根据河道的地形、地质条件、水文泥沙特性、河床演变特点、冲淤变化规律、不同堤距的技术经济指标，综合权衡有关自然因素和社会因素后分析确定。在确定河堤堤距时，应根据社会经济发展的要求，现有水文资料系列的局限性，滩区长期的滞洪、淤积作用及生态环境保护等，留有余地。受山嘴、矶头或其他建筑物、构筑物等影响，排洪能力明显小于上、下游的窄河段，应采取展宽堤距或清除障碍的措施[2]。

堤型的选择原则如下[2]：①堤防工程的形式应按照因地制宜、就地取材的原则，根据堤段所在的地理位置、重要程度、堤址地质、筑堤材料、水流及风浪特性、施工条件、运用和管理要求、环境景观、工程造价等因素，经过技术经济比较，综合确定。②根据筑堤材料，可选择土堤、石堤、混凝土或钢筋混凝土防洪墙、分区填筑的混合材料堤等；根据堤身断面形式，可选择斜坡式堤、直墙式堤或直斜复合式堤等；根据防渗体设计，可选择均质土堤、斜墙式或心墙式土堤等。③同一堤线的各堤段可根据具体条件采用不同的堤型。在堤型变换处应做好连接处理，必要时应设过渡段。

堤基处理应根据堤防工程级别、堤高、堤基条件和渗流控制要求，选择经济合理的方案。堤基处理应满足渗流控制、稳定和变形的要求如下：①渗流控制应保证堤基及背水侧堤脚外土层的渗透稳定；堤基稳定应进行静力稳定计算。②按抗震要求设防的堤防，其堤基还应进行动力稳定计算；竣工后堤基和堤身的总沉降量和不均匀沉降量应不影响堤防的安全运用。③对堤基中的暗沟、故河道、塌陷区、动物巢穴、墓坑、窑洞、坑塘、井窖、房基、杂填土等隐患，应探明并采取相应的处理措施[2]。

堤身设计的一般规定如下[2]：①堤身结构应经济实用、就地取材、便于施工，并应满足防汛和管理的要求。②堤身设计应依据堤基条件、筑堤材料及运行要求分段进行。堤身各部位的结构与尺寸，应经稳定计算和技术经济比较后确定。③土堤堤身设计应包括确定堤身断面布置、填筑标准、堤顶高程、堤顶结构、堤坡与戗台、护坡与坡面排水、防渗与排水设施等。防洪墙设计应包括确定墙身结构形式、墙顶高程和基础轮廓尺寸及防渗、排水设施等。④通过故河道、堤防决口堵复、海堤港汊堵口等地段的堤身断面，应根据水流、堤基、施工方法及筑堤材料等条件，结合各地的实践经验，经专门研究后确定。

在筑堤材料方面的要求如下[2]：①均质土堤宜选用亚黏土，黏粒含量宜为15%～30%，塑料指数宜为10～20，且不得含植物根茎、砖瓦垃圾等杂质，填筑土料含水率与最优含水率的允许偏差为±3%；铺盖、心墙、斜墙等防渗体宜选用黏性较大的土；堤后盖重宜选用砂性土。②石料要求抗风化性能好，冻融损失率小于1%；砌墙石块质量可采用50～150 kg，堤的护坡石块质量可采用30～50 kg；石料外形宜为有砌面的长方体，边长比宜小于4。③砂砾料要求耐风化、水稳定性好，含泥量宜小于5%。④混凝土骨料应符合国家现行标准《水利水电工程天然建筑材料勘察规程》（SL 251—2015）的有关规定。

对于淤泥或自然含水率高且黏粒含量过多的黏土、粉细砂、冻土块、水稳定性差的膨胀土、分散性土等不宜作堤身填筑土料，当需要时，应采取相应的处理措施。当采取对土料加工处理或降低设计干密度、加大堤身断面和放缓边坡等措施时，应经技术经济比较后确定[2]。

在填筑标准方面，土堤的填筑密度应根据堤防级别、堤身结构、土料特性、自然条件、施工机具及施工方法等因素综合分析确定。黏性土土堤的填筑标准应按压实度确定：1级堤防不应小于0.94；2级和高度超过6 m的3级堤防不应小于0.92；3级以下及高度低于6 m的3级堤防不应小于0.90。无黏性土土堤的填筑标准应按相对密度确定：1、2级和高度超过6 m的3级堤防不应小于0.65；3级以下及高度低于6 m的3级堤防不应小于0.60。有抗震要求的堤防应按国家现行标准《水工建筑物抗震设计规范》（DL 5073—2000）的有关规定执行。溃口堵复、港汊堵口、水中筑堤、软弱堤基上的土堤，设计填筑密度应根据采用的施工方法、土料性质等条件并结合已建成的类似堤防工程的填筑密度分析确定[2]。

图3.4－1为堤防工程实例。

图 3.4－1　堤防工程实例

3.4.4　防护工程设计

防护工程是指为防止江河湖海堤岸免受水流、波浪、潮汐、河流侧向侵蚀和河道局部冲刷而造成的坍岸等灾害，使主流线偏离被冲刷地段，而采取在岸坡植树种草、抛石或砌石的工程保护措施。防护工程设计应统筹兼顾、合理布局，宜采取工程措施与生物措施相结合的防护方法。防护工程的结构、材料应坚固耐久，抗冲刷、抗磨损性强；适应河床变形能力强；应便于施工、修复、加固；应就地取材，经济合理。防护工程的长度，应根据水流、波浪、潮汐的特性以及地形地质条件，在河床演变分析的基础上确定[1]。

防护工程按形式可分为坡式护岸、墙式护岸和桩式护岸[12]。其中，坡式护岸将建筑材料或构件直接铺护在堤防或滩岸临水坡面，形成连续的覆盖层，以防止水流、风浪的侵蚀、冲刷。这种防护形式顺水流方向布置，断面临水面坡度缓于 1∶1.0，对水流的影响较小，也不影响航运，因此被广泛采用。我国长江中下游河势比较稳定，在水深流急处、险要堤段、重要城市、港埠码头广泛采用坡式护岸。墙式护岸靠自重稳定，要求地基满足一定的承载能力，可顺岸设置，具有断面小、占地少的优点，常用于河道断面窄，临河侧无滩，且受水流淘刷严重的堤段，如城镇、重要工业区等。桩式护岸通常采用木桩、钢桩、预制钢筋混凝土桩和以板桩为材料构成的板桩式、桩基承台式以及桩石式护岸，常在软弱地基上修建防洪墙、港口、码头、重要护岸时采用。

防护工程按结构材料可分为以下几种[12]：

（1）块石护岸。这是护岸工程大量采用的结构，具有就地取材、施工简易灵活、适应河床变形、能分期实施、逐步加固等优点。工程的上部护坡及下部护脚均可采用块石。长江中下游护岸工程护坡多用浆砌石及干砌石，护脚采用散抛石，坡度为 1∶3.0～1∶2.5。断面由脚槽、坡面、封顶 3 部分组成，护坡厚度为 0.3～0.4 m。垫层起反滤作用。护脚抛石厚度为 0.6～1.0 m，稳定坡不陡于 1∶1.5，有的加固到 1∶2 或更缓。抛石范围一般已达到 1∶4～1∶3 的床面处或达到深泓处。近岸平均流速为 3 m/s，采用块石粒径一般为 0.2～0.4 m，块石重 20～50 kg。

（2）柳石护岸。埽工是我国历史悠久的河工建筑物，曾为黄河、永定河广泛采用。柳石枕和柳石搂厢是常用的埽工结构。其主要优点是柔韧性好、节约石料、防护效果好。主要缺点是不耐久，特别是暴露在水面以上部分的柳枝易腐烂。柳石搂厢护岸，一般用船或浮枕作水上工作台，在岸上打桩布缆，在缆上铺柳压石并打短桩拴绳，如此重复，直至沉至河底，然后将绳全部搂回拴于岸上顶桩，再压土厚 1.0～1.5 m，临河可抛枕固根。当石料缺乏时，可用淤土块代石。当柳枝缺乏时，可用柴、芦苇代替。柳石枕是用柳枝裹石料捆成的圆柱体，其直径一般为 0.7～1.0 m，长度视需要而定，一般为 3～10 m。黄河下游、长江中下游护岸的护脚工程有的地方也常采用柳石枕。

(3) 石笼护岸。采用铅丝、竹篾、荆条等做成各种网格的笼状物体，内填块石、砾石或卵石，网格的大小以不漏石为度，然后将这些构件依次从河底紧密排放至最低枯水位以下护脚。我国在公元前 250 年修建都江堰时就采用了石笼、杩槎导流、截流等方法。

(4) 沉排护岸。沉排一般用于护脚或护底，沉排以上岸坡部分抛石压住排头。沉排护岸具有整体性强、韧性大、适应河床变形、抗冲等优点，但成本高，施工技术复杂。

(5) 混凝土块护岸。采用方形或六角形混凝土预制块，厚度一般为 0.1～0.3 m，主要用于河道的堤、坝、岸坡防护风浪。

(6) 土工织物护岸。采用土工织物，如织成模袋，灌注水泥砂浆或混凝土，构成模袋护坡；也有用土工织物长管袋充填沙土、卵石做护脚工程。近年来还开始利用土工织物、土工格栅、土工带作为加筋材料用于土心丁坝加筋及软土地基加固处理的材料，以提高土体的抗剪、抗拉强度和整体性。

(7) 透水桩坝。一般有木桩、钢筋混凝土桩坝，是一种较常用的透水建筑物。20 世纪 50 年代，黄河下游在水浅流缓处修建了一些木桩坝，坝长为 40～80 m，坝间距为 80～160 m，每道坝打桩 2～4 排，桩距 1 m，木桩打入河底为桩长的 2/3，桩间用柳杷编篱，缓流落淤效果较好。20 世纪 60 年代以前，美国密西西比河下游曾大量采用木桩坝，坝由两排或多排（最多 7 排）桩构成。每群有 3 根桩，桩群相距 6.1 m，每排相距 1.52 m。相邻两排间设纵横连木，坝顶高于最低水位 4.6 m，桩式坝基础用木沉排保护或在桩式坝内填石料保护。木桩坝间距为上游坝长的 1～2 倍。桩坝现已发展到采用钢筋混凝土桩建造，用水冲钻或震动打桩机打桩，或者运用现浇混凝土灌注桩。

(8) 杩槎坝。岷江都江堰工程曾使用木杩槎坝截流引水灌溉。杩槎适用于砂卵石河床修作丁坝、顺坝。

(9) 生物护岸。在河道滩宽流缓的河段，植树种草能缓流防冲，固滩保堤。植树可以呈连续式或带状式分布，因地制宜地选择树种、草种。黄河下游种活柳坝、永定河上植雁翅林和沙柳坝，就是植树护滩工程的一种形式。

坡式防护工程的稳定计算，包括整体稳定和边坡内部稳定计算[12]。

整体稳定计算应包括护岸及岸坡基础土的滑动和沿护坡底面的滑动。护岸及岸坡基础土的滑动可用瑞典圆弧滑动法计算。沿护坡底面的滑动可简化成沿护坡底面通过堤基的折线整体滑动，滑动面应为 $FABC$（见图 3.4−2）。计算时，应先假定不同滑动深度 L 值，变动 B，按极限平衡法求出滑动安全系数，从而找出最危险的滑动面。土体 BCD 的稳定安全系数可按下列公式计算[1]：

$$K=\frac{W_3\sin\alpha_3+W_3\cos\alpha_3\tan\varphi+cL/\sin\alpha_3+P_2\sin(\alpha_2+\alpha_3)\tan\varphi}{P_2\cos(\alpha_2+\alpha_3)} \tag{3.4.6}$$

$$P_2=W_2\sin\alpha_2-W_2\cos\alpha_2\tan\varphi-cL/\sin\alpha_2+P_1\cos(\alpha_1-\alpha_2) \tag{3.4.7}$$

$$P_1=W_1\sin\alpha_1-f_1W_1\cos\alpha_1 \tag{3.4.8}$$

式中　K——坡式防护工程整体稳定安全系数；

f_1——护坡与土坡之间的摩擦系数；

φ——基础土的内摩擦角（°）；

c——基础土的黏聚力（kN/m³）；

L——滑动深度（m）；

W_1——护坡体重力（kN）；

W_2——基础滑动体 ABD 重力（kN）；

W_3——基础滑动体 BCD 重力（kN）。

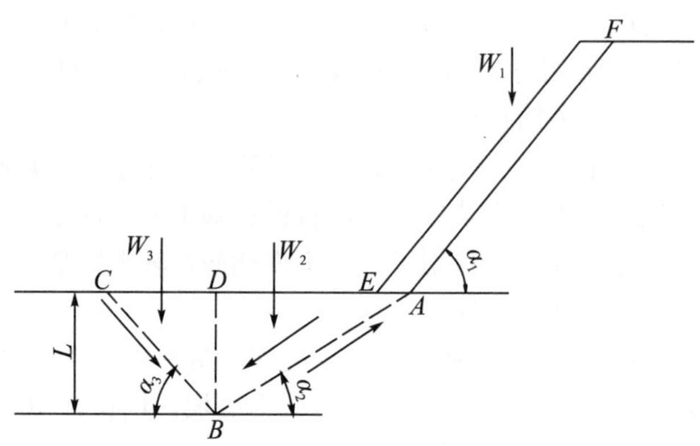

图 3.4—2　边坡整体滑动计算

当护坡自身结构不紧密或埋置较深不易发生整体滑动时，应进行护坡内部的稳定计算。不稳定破坏宜发生在枯水期。当水位较低时，宜沿抗剪强度较低的接触面向下滑动（见图 3.4—3）。应假定滑动面经过坡前水位和坡岸滑裂面的交点，全滑动面为 abc 折线。折点 b 以上护坡体产生滑动力，应依靠下部护坡体的内部摩阻力平衡[1]。

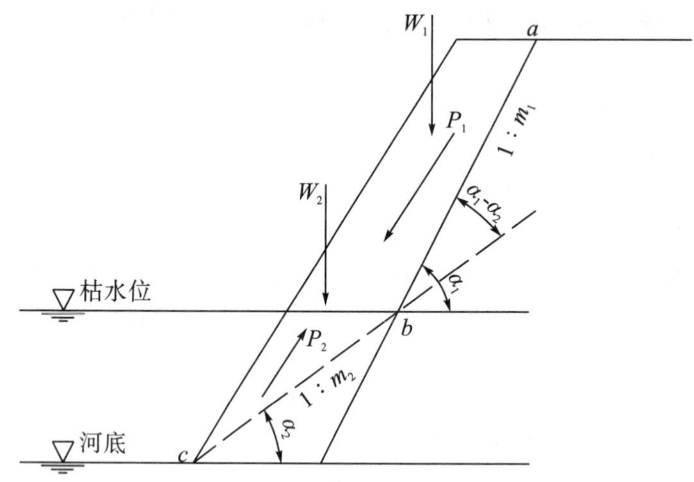

图 3.4—3　边坡内部滑动计算

（1）维持极限平衡所需的护坡体内部摩擦系数 f_2 值，可按下列公式计算[1]：

$$A f_2^2 - B f_2 + C = 0 \tag{3.4.9}$$

$$A = \frac{n m_1 (m_2 - m_1)}{\sqrt{1 + m_1^2}} \tag{3.4.10}$$

$$B = \frac{m_2 W_2}{W_1}\sqrt{1+m_1^2} + \frac{m_2 - m_1}{\sqrt{1+m_1^2}} + \frac{n(m_1^2 m_2 + m_1)}{\sqrt{1+m_1^2}} \tag{3.4.11}$$

$$C = \frac{W_2}{W_1}\sqrt{1+m_1^2} + \frac{1+m_1 m_2}{\sqrt{1+m_1^2}} \tag{3.4.12}$$

$$n = f_1 / f_2$$

式中　m_1——折点 b 以上护坡内坡的坡率；

m_2——折点 b 以下滑动面的坡率；

n——系数；

f_1——护坡和基土之间的摩擦系数；

f_2——护坡材料的内摩擦系数。

(2) 石护坡稳定安全系数可按下式计算[1]：

$$k = \frac{\tan\varphi}{f_2} \tag{3.4.13}$$

式中　φ——护坡体内摩擦角（°）。

重力式防护工程应按重力式挡土墙进行稳定性计算，即计算在自重和外荷载作用下发生堤（坝）与地基整体剪切破坏可能性，可用刚体极限平衡法中的瑞典圆弧法进行整体稳定计算。计算条件包括河床的可能最大冲刷深度，选择有代表性的断面和最不利的荷载组合，考虑水位骤降 1 m、设计枯水位、不利中水位 3 种工况[1]。

重力式挡土墙的稳定计算以基础底面为控制面，内容包括地基应力、水平滑动稳定性和倾覆稳定性[1]。

(1) 砂性土情况下的稳定计算公式如下[1]：

$$E = \frac{1}{2}\gamma H(H + 2h_0 k_q)k \tag{3.4.14}$$

$$h_0 = \frac{q}{\gamma} \tag{3.4.15}$$

$$k_q = \frac{\cos\alpha\cos\beta}{\cos(\alpha-\beta)} \tag{3.4.16}$$

$$k = \frac{\cos 2(\varphi-\alpha)}{\left[1+\sqrt{\dfrac{\sin(\varphi+\delta)\sin(\varphi-\beta)}{\sin(90°-\alpha-\delta)\cos(\alpha-\beta)}}\right]^2 \sin(90°-\alpha-\delta)\cos 2\alpha} \tag{3.4.17}$$

式中　γ——填土的重度（kN/m³）；

φ——内摩擦角（°）；

α——墙背与竖直线所成的倾角（°），墙背仰斜时，α 为负值，墙背俯斜时，α 为正值；

δ——外摩擦角，土与墙背间的摩擦角（°）；

β——填土表面与水平线所成的坡角（°）；

k——主动土压力系数；

q——均布荷载（kN/m²）；

h_0——外荷等代土层高度（m）；

k_q——均布荷载分布系数；

H——墙背填土高度（m）。

（2）黏性土情况下，可通过加大土内摩擦角，采用等值内摩擦角 φ_D 将黏聚力 c 包括进去，即采用下式计算[1]：

$$\tan(45°-\varphi_D/2)=\sqrt{\frac{rH^2\tan^2(45°-\varphi/2)-4cH\tan^2(45°-\varphi/2)+4c^2/r}{rH^2}} \tag{3.4.18}$$

（3）重力式挡土墙背坡若呈折线形式，可分段计算主动土压力，计算段以上土体按均布荷载情况处理，并按式（3.4.15）计算[1]。

当重力式防护工程需按地震设防时，地震土压力按下列公式计算[1]：

$$E=\frac{1}{2}\times\frac{r}{\cos\varepsilon}H(H+2h_0k_q)k \tag{3.4.19}$$

$$k=\frac{\cos^2(\varphi-\alpha-\varepsilon)}{\cos^2(\alpha+\varepsilon)\cos(\alpha+\delta+\varepsilon)\left[1+\sqrt{\frac{\sin(\varphi+\delta)\sin(\varphi-\beta-\varepsilon)}{\cos(\alpha+\delta+\varepsilon)\cos(\alpha-\beta)}}\right]^2} \tag{3.4.20}$$

$$\varepsilon=\arctan\mu \tag{3.4.21}$$

式中　ε——地震角（°），μ——地震系数，均按表 3.4－2 取值。

表 3.4－2　地震角 ε 及地震系数 μ

地震烈度	7°	8°	9°
地震系数 μ	1/40	1/20	1/10
地震角 ε	1°25′	3°	6°

防护工程稳定计算的安全系数不应小于表 3.4－3 规定的数值。河道滩地窄或无滩地河段防护工程设计与堤防设计应综合分析确定，其安全系数应符合现行国家标准《堤防工程设计规范》（GB 50286—2013）的有关规定[1]。

表 3.4－3　防护工程稳定安全系数

防护形式	坡式防护工程		墙式防护工程	
	整体稳定	边坡内部稳定	抗滑稳定	抗倾覆稳定
安全系数	1.25	1.20	1.25	1.50

坡式防护工程的上部护坡工程和下部护脚（或护根）工程，应以设计枯水位分界。设计枯水位可采用防护处枯水期水位的多年平均值，也可取历年平均最低水位加 0.3 m。护坡工程可根据水流条件、波浪强度、滩岸高度、岸坡坡度及土质、材料来源等情况，既选择干砌石、浆砌石、混凝土预制块、现浇混凝土等结构形式，也可选用碎石、水泥土护坡。堤防护坡顶部高程应超过设计洪水位 0.5 m，滩岸护坡顶部高程应与滩面相平或略高于滩面[1]。护坡工程设计还应符合下列要求[1]：①砌体、混凝土护坡应

在消浪平台内边缘、戗台、坡度改变处设置基座。基座埋深不宜小于 0.5 m。护坡应封顶，封顶宽度可为 0.5～1.0 m。②护坡与土体之间应设置垫层。浆砌石、混凝土等护坡应设置排水孔及变形缝，排水孔孔径可为 50～100 mm，孔距可为 2～3 m，宜呈梅花形布置，变形缝的缝距宜为 10～15 m。③护坡下部位于枯水平台内侧时，应设置脚槽，脚槽顶部高程应高于设计枯水位 0.5～1.0 m。脚槽断面宜为矩形或梯形，可采用浆砌石、干砌块石或现浇混凝土结构。干砌石脚槽断面面积可为 0.6～1.0 m^2，浆砌块石或混凝土脚槽断面面积可为 0.4～0.8 m^2。

护脚工程可根据水流条件、河势条件、材料来源等，选用抛投体、沉枕或沉排。护脚顶部可设枯水平台，平台顶部高程应高于设计枯水位 0.5～1.0 m，宽度可为 1～4 m。护脚工程在深泓逼近的河岸段，宜护至深泓线，并应满足河床最大冲刷深度的要求，河床最大冲刷深度按经验公式计算；在岸坡较缓、深泓离岸较远的水流平顺段，可护至坡度为 1∶4～1∶3 的缓坡河床处[1]。

（1）水流平行于防护工程产生的冲刷深度可按下式计算：

$$\Delta h_B = h_p \times \left[\left(\frac{v_{cp}}{v_{允}} \right)^n - 1 \right] \tag{3.4.22}$$

式中　Δh_B——局部冲刷深度（m）；

h_p——冲刷处冲刷前的水深（m）；

v_{cp}——平均流速（m/s）；

$v_{允}$——河床面上允许不冲流速（m/s）；

n——与防护岸坡在平面上的形状有关，可取 $n=0.25$。

（2）水流斜冲防护工程产生的冲刷深度可按下式计算：

$$\Delta h_p = \frac{23\left(\tan\frac{\alpha}{2}\right)v_j^2}{\sqrt{1+m^2}\times g} - 30d \tag{3.4.23}$$

式中　α——水流流向与岸坡交角（°）［见图 3.4－4（a）］；

Δh_p——从河底算起的局部冲刷深度（m）［见图 3.4－4（b）］；

m——防护建筑物迎水面边坡系数；

d——坡脚处土壤计算粒径（m），对非黏性土，取大于 15%（按质量计）的筛孔直径，对黏性土，取表 3.4－4 的当量粒径值；

g——重力加速度（m/s^2）；

v_j——水流的局部冲刷流速（m/s）。

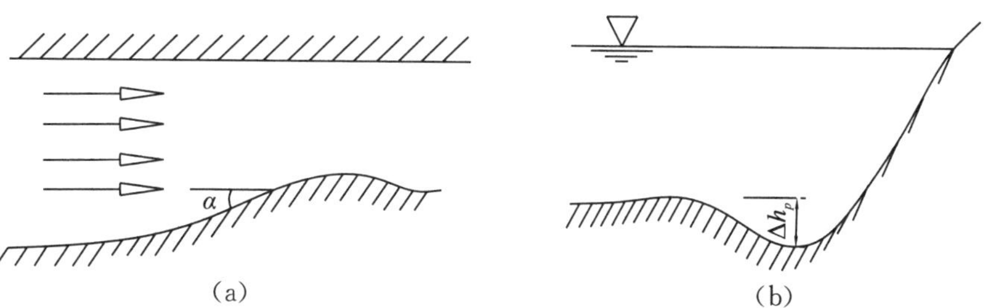

图 3.4－4　防护工程冲刷深度计算示意

表 3.4-4 黏性土的当量粒径值

土壤性质	孔隙比	干重度 (kN/m³)	黏性土当量粒径 (cm)		
			黏土及重黏壤土	轻黏壤土	黄土
不密实的	0.9~1.2	11.76	1	0.5	0.5
中等密实的	0.6~0.9	11.76~15.68	4	2	2
密实的	0.3~0.6	15.68~19.60	8	8	3
很密实的	0.2~0.3	19.60~21.07	10	10	6

(3) 水流的局部冲刷流速 v_j 的计算应符合下列要求。

对滩地河床，v_j 可按下式计算：

$$v_j = \frac{Q_1}{B_1 H_1} \times \frac{2\eta}{1+\eta} \tag{3.4.24}$$

式中 B_1——河滩宽度，从河槽边缘至坡脚距离（m）；

Q_1——通过河滩部分的设计流量（m^3/s）；

H_1——河滩水深（m）；

η——水流流速分配不均匀系数，根据 α 角按表 3.4-5 选用。

表 3.4-5 水流流速分配不均匀系数

α	≤15°	20°	30°	40°	50°	60°	70°	80°	90°
η	1.00	1.25	1.50	1.75	2.00	2.25	2.50	2.75	3.00

对无滩地河床，v_j 可按下式计算：

$$v_j = \frac{Q}{W - W_p} \tag{3.4.25}$$

式中 Q——设计流量（m^3/s）；

W——原河道过水断面面积（m^2）；

W_p——河道缩窄部分的断面面积（m^2）。

护脚工程设计还应符合下列要求[1]：①抛投体护脚可选用块石、石笼、混凝土预制块等。块石块径应按规范的有关规定计算或依据已建类似工程的经验分析确定。护脚的厚度不应小于抛投体平均块径的 2 倍，水深流急处宜增大。护脚的坡度不宜陡于 1∶1.5，迎流顶冲、重点河段宜缓于 1∶2.0。②沉枕护脚可选用柳石枕、秸料枕、土工织物枕等。沉枕护脚可设计为单层、双层、多层，多层沉枕总断面也可设计为三角形或梯形。沉枕长度可为 10~15 m，直径可选为 0.5~1.0 m。护脚的顶部高程应在多年平均枯水位附近，其上部应加抛接坡石，厚度可为 0.8~1.2 m；沉枕外脚应加抛压脚块石或石笼等防护。③沉排护脚可选用柴排、土工织物软体排、模袋混凝土沉排、铰链式混凝土板沉排等。沉排材料应有足够的强度，沉排应与被保护体有足够强度的锚固连接，排体应稳定并应能抵抗水流冲刷。采用高强度土工织物的沉排护脚，其岸坡不宜陡于 1∶2.0；采用其他沉排护脚，其岸坡不宜陡于 1∶2.5。排脚外缘宜用抛石防护，并应适应河床冲刷。

在波浪作用下，斜坡干砌块石护坡的护面厚度可按下列公式计算[1]：

$$t = K_1 \times \frac{\gamma}{\gamma_b - \gamma} \times \frac{H}{\sqrt{m}} \sqrt[3]{\frac{L}{H}} \tag{3.4.26}$$

$$m = \cot\alpha \tag{3.4.27}$$

式中　t——干砌块石护坡的护面厚度（m）；

K_1——系数，干砌石可取 0.266，砌方石、条石可取 0.225；

γ_b——块石的重度（kN/m³）；

γ——水的重度（kN/m³）；

d——岸坡前水深（m）；

L——波长（m）；

H——计算波高（m），当 $d/L \geqslant 0.125$ 时，取 $H_{4\%}$，当 $d/L < 0.125$ 时，取 $H_{13\%}$；

m——斜坡坡率，$1.5 \leqslant m \leqslant 5.0$；

α——斜坡坡角（°）。

当采用人工块体或经过分选的块石作为斜坡的护坡面层时，波浪作用下单个块体、块石的质量及护面层厚度，可按下列公式计算[1]：

$$Q = 0.1 \times \frac{\gamma_b H^3}{K_D (\gamma_b/\gamma - 1)^3 m} \tag{3.4.28}$$

$$t = nC\left(\frac{Q}{0.1\gamma_b}\right)^{\frac{1}{3}} \tag{3.4.29}$$

$$m = \cot\alpha \tag{3.4.30}$$

式中　Q——主要护坡面层的护面块体、块石个体质量（t），当护面由两层块石组成时，块石质量可为（0.75～1.25）Q，但应有 50%以上的块石质量大于 Q；

γ_b——人工块体或块石的重度（kN/m³）；

γ——水的重度（kN/m³）；

H——设计波高（m），当平均波高与水深比值 $H/d < 0.3$ 时，宜采用 $H_{5\%}$，当 $H/d \geqslant 0.3$ 时，宜采用 $H_{13\%}$；

K_D——稳定系数，可按表 3.4-6 选用；

t——块体或块石护面层厚度（m）；

n——护面块体或块石的层数；

m——斜坡坡率，$1.5 \leqslant m \leqslant 5.0$；

α——斜坡坡角（°）；

C——系数，可按表 3.4-7 选用。

表 3.4−6　稳定系数 K_D

护面类型	构造形式	K_D	说明
块石	抛填二层	4.0	—
块石	安放（立放）一层	5.5	—
方块	抛填二层	5.0	—
四角锥体	安放二层	8.5	—
四脚空心方块	安放一层	14.0	—
扭工字块体	安放二层	18.0	$H \geqslant 7.5$ m
扭工字块体	安放二层	24.0	$H < 7.5$ m

表 3.4−7　系数 C

护面类型	构造形式	C	说明
块石	抛填二层	1.0	—
块石	安放（立放）一层	1.3～1.4	—
四角锥体	安放二层	1.0	—
扭工字块体	安放二层	1.2	定点随机安放
扭工字块体	安放二层	1.1	规则安放

混凝土板作为岸坡护面时，满足混凝土板整体稳定所需的护面板厚度可按下列公式计算[1]：

$$t = \eta H \sqrt{\frac{\gamma}{\gamma_b - \gamma} \times \frac{L}{Bm}} \tag{3.4.31}$$

$$m = \cot\alpha \tag{3.4.32}$$

式中　t——混凝土护面板厚度（m）；

η——系数，对开缝板可取 0.075，对上部为开缝板，下部为闭缝板可取 0.10；

H——计算波高（m），取 $H_{1\%}$；

γ_b——混凝土板的重度（kN/m^3）；

γ——水的重度（kN/m^3）；

L——波长（m）；

B——沿斜坡方向（垂直于水边线）的护面板长度（m）；

m——斜坡坡率；

α——斜坡坡角（°）。

在水流作用下，防护工程抛石护坡、护脚块石保持稳定的抗冲粒径（折算粒径），可按下列公式计算[1]：

$$d = \frac{v^2}{C^2 \times 2g \dfrac{\gamma_s - \gamma}{\gamma}} \tag{3.4.33}$$

$$d=\left(\frac{6S}{\pi}\right)^{1/3}=1.24\sqrt[3]{S} \tag{3.4.34}$$

式中　d——折算直径（m），按球形折算；

S——石块体积（m^3）；

v——水流流速（m/s）；

g——重力加速度（m/s^2）；

C——石块运动的稳定系数，水平底坡 $C=0.9$，倾斜底坡 $C=1.2$；

γ_s——石块的重度（kN/m^3）；

γ——水的重度（kN/m^3）。

墙式防护工程可用于河道狭窄、堤防临河侧无滩、保护对象重要、受地形条件或受已建建筑物限制的护岸段。墙式防护工程设计应符合下列要求[1]：①墙式防护工程可采用直立式、陡坡式、斜坡式、折线式、台阶式、卸荷台阶式等形式。②墙体结构材料可采用钢筋混凝土、混凝土、浆砌石、钢板桩等，结构尺寸应根据具体情况及河岸整体稳定计算分析确定。③在水流冲刷严重的河段，应加强护基措施；在风浪冲击严重的防护段，应加强坡面消浪措施；回填土顶面应采取防冲措施。④在墙后与岸坡之间可回填砂砾石或砂性土料。墙体应设置排水孔，排水孔应设置反滤层。⑤沿长度方向应设置变形缝并作防渗处理。钢筋混凝土结构分缝间距可为 20 m，混凝土结构分缝间距可为15 m，浆砌石结构分缝间距可为 10 m，在地基条件改变处应增设变形缝。⑥钢筋混凝土或少筋混凝土结构墙体，其断面结构尺寸应根据结构应力分析计算确定。⑦软弱地基的墙式护岸应进行地基处理，处理措施应通过技术经济论证确定。

桩式防护工程可用于维护陡岸的稳定、保护堤脚不受强烈水流的淘刷，促淤保堤。桩式防护工程设计应符合下列要求[1]：①桩的材料可采用钢板桩、预制钢筋混凝土桩、大孔径钢筋混凝土管桩等，结构尺寸及桩距应根据水深、流速、泥沙、地质等情况通过计算分析确定。②桩可布置成 1～3 排，排距宜为 2～4 m。同一排桩的桩与桩之间可采用透水式或不透水式。透水式桩间应以横梁连接并挂尼龙网、铅丝网等构成屏蔽式桩坝。③桩间及桩与岸坡之间可抛块石、混凝土预制块等护底防冲。

图 3.4－5 为防护工程实例。

图 3.4—5　防护工程实例

3.4.5　控导工程设计

控导工程应根据河流水文泥沙特性、河床边界条件、河道整治工程总体布置要求，选用丁坝、顺坝、透水桩坝、锁坝或潜坝等坝型，可选用透水、不透水，淹没、非淹没或上挑、正挑、下挑等形式[1]。

3.4.5.1　丁坝

丁坝是指从岸、滩修筑凸出于水中的建筑物，用于挑移主流，保护岸、滩。丁坝一般成组布设，可以根据需要等距或不等距布置[8]。为防止上下游水流紊乱、岸坡受水流冲刷，不宜单独建一道长丁坝，丁坝平面布置应根据整治规划、水流流势、河岸冲刷情况和已建同类工程的经验确定，丁坝坝头位置应按整治工程位置线布置。

丁坝的主要功能是保护河岸不受来流直接冲蚀而产生淘刷破坏，同时它也在改善航道、维护河相以及保护水生态多样性方面发挥着作用。它能够削弱和阻碍斜向波和沿岸流对海岸的侵蚀作用，促进坝田淤积，形成新的海滩，达到保护海岸的目的[13]。

丁坝一般由坝头、坝身和坝根 3 个部分组成，平面形状呈直线型或拐头型。丁坝坝头形式有圆头、斜线、抛物线型以及丁坝、顺坝相结合的拐头型。两丁坝的间距大小以其间的河岸不产生冲刷为度，一般凹岸密于凸岸，河势变化大的河段密于平顺河段。坝长与间距之比，一般凹岸为 1～2.5，平顺段为 2～4[13]。

根据坝顶高程与水位的关系，丁坝分潜水丁坝和非潜水丁坝。潜水丁坝的坝顶可以过水，非潜水丁坝的坝顶不能过水[13]。

根据坝身的透水性，丁坝分为不透水丁坝和透水丁坝。不透水丁坝控制水流作用较强，由石料、土料、混凝土预制构件或沉排铺砌构成。透水丁坝可将一部分水流挑离河岸，起控导水流作用；另一部分水流透过丁坝流向坝田，减缓流速，使泥沙沉积，缓流落淤效果较好。透水丁坝既可用桩柳、桩及杩槎等构筑，也可用混凝土桩[13]。

根据丁坝对水流的影响程度，又可分为长丁坝和短丁坝。长丁坝有束窄河槽、使水流动力轴线发生偏转、趋向对岸的作用；短丁坝则起局部调整和迎托主流、保护滩岸的作用[13]。

根据坝轴线与水流方向的夹角，丁坝可分为上挑、正挑、下挑 3 种。这 3 种丁坝对水流结构的影响很不一样。对于淹没式丁坝，以上挑式为好，因为水流漫过上挑丁坝后，可将泥沙带向河岸一侧，有利于坝档之间的落淤。而下挑丁坝则与之相反，造成坝档间冲刷，河心淤积，且危及坝根安全。对于非淹没丁坝，则以下挑为好，其交角一般为 30°～60°，水流较平顺，绕流所引起的冲刷较弱，而上挑将造成坝头水流紊乱，局部冲刷十分强烈。在河口感潮河段，以及有顶托倒灌的支流河口段，受潮流和倒灌影响的丁坝须适应正逆水流方向交替发生，多修建成正挑形式[13]。

根据作用和性质，丁坝又分为控导型和治导型两种。控导型丁坝坝身较长，一般坝顶不过水，其作用是使主流远离堤岸，既防止坡岸冲刷，又改变河道流势。治导型丁坝工程的主要作用是迎托水流，消减水势，不使急流靠近河岸，从而护岸护滩、防止或减轻水流对岸滩的冲刷[13]。

丁坝的设计应符合下列要求[1]：①丁坝的长度应根据堤防、滩岸至整治工程位置线距离确定。当距离较远时，可在整治工程位置线后一定的距离修建与整治工程位置线基本平行的连坝。②丁坝的间距可为坝长的 1～3 倍，控导工程下段丁坝的间距可大于中上段。潮汐河口段丁坝间距可为坝长的 5～8 倍，还可根据护滩造滩要求按当地工程经验分析确定。③非淹没丁坝可采用下挑式，交角宜为 30°～60°；淹没丁坝可采用上挑式；受潮流和倒灌影响的丁坝可采用正挑式。④丁坝宜由土坝体和裹护体组成，裹护体应包括上部护坡和下部护根，各部位采用的材料应根据需要和当地情况确定。⑤丁坝坝顶的宽度、坝的上下游坡度、结构尺寸应根据水流地质条件、工程稳定、施工及运用要求分析确定，丁坝坝顶宽度为 2～15 m。⑥丁坝与堤防或滩岸衔接处应注重防护。

丁坝壅水高度可按下式计算[1]：

$$\Delta Z=\frac{Q^2}{2g\left(\varphi\varepsilon\bar{B}h\right)^2}-\frac{v_0^2}{2g} \tag{3.4.35}$$

式中　ΔZ——丁坝壅水高度（m）（见图 3.4－6）；

Q——通过丁坝孔口的流量（m^3/s）；

φ——流速系数，对垂直流向的丁坝 φ 值可取 0.75～0.85，与流向成锐角的丁坝 φ 值可取 0.85～0.90，φ 一般取 0.85；

ε——侧收缩系数，与丁坝缩窄断面比及坝头形状有关，ε 值可取 0.8，缩窄显著者，ε 值取 0.7；

$\bar{B}$——坝孔口平均宽度（m）（见图 3.4－6）；

h——孔口处的平均水深（m），可近似用下游水深计算（见图 3.4－6）；

v_0——行近流速（m/s），其流速水头为 $\frac{v_0^2}{2g}$。

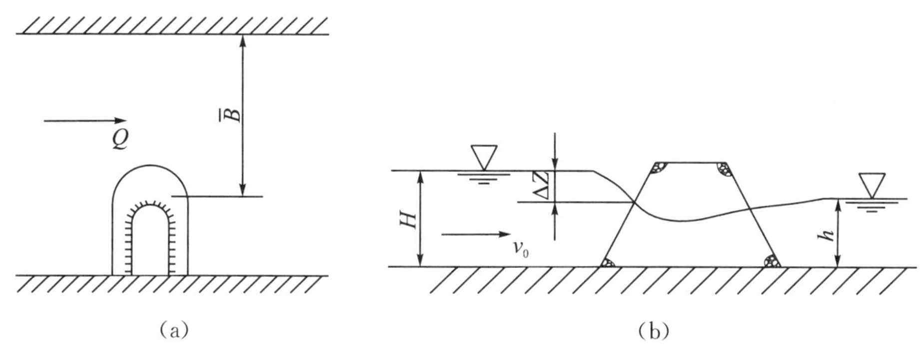

图 3.4－6　丁坝壅水高度计算示意图

丁坝冲刷深度计算公式应根据水流条件、边界条件并应用观测资料验证分析选择，非淹没丁坝冲刷深度可按下列公式计算[1]：

$$\Delta h = 27K_1K_2\left(\tan\frac{\alpha}{2}\right)\frac{v_0^2}{g} - 30d \tag{3.4.36}$$

$$K_1 = e^{-5.1\sqrt{\frac{v_0^2}{gL}}} \tag{3.4.37}$$

$$K_2 = e^{-0.2m} \tag{3.4.38}$$

式中　Δh——冲刷深度（m）；

v_0——丁坝坝前行近流速（m/s）；

K_1——与丁坝在水流法线上投影长度 L 有关的系数；

K_2——与丁坝边坡坡率 m 有关的系数；

α——水流轴线与丁坝轴线的交角，当丁坝上挑 $\alpha > 90°$时，应取 $\tan\frac{\alpha}{2} = 1$；

g——重力加速度（m/s^2）；

d——床沙粒径（m）。

非淹没丁坝所在河流河床质粒径较细时可按下式计算[1]：

$$h_B = h_0 + \frac{2.8v_0^2}{\sqrt{1+m^2}}\sin\alpha \tag{3.4.39}$$

式中　h_B——从水面算起局部冲刷深度（m）；

v_0——丁坝坝前行近流速（m/s）；

h_0——丁坝坝前行近水流水深（m），包括行近流速水头；

m——丁坝边坡坡率；

α——水流轴线与丁坝轴线的交角。

图 3.4－7 为丁坝工程实例。

图 3.4－7　丁坝工程实例

3.4.5.2　顺坝

顺坝是一种纵向河道整治建筑物，用于束窄河槽、引导水流、调整河岸走向，宜布置在过渡段、分汊河段、急弯段及凹岸末端、河口及洲尾等水流不顺和水流分散的区域。顺坝坝根嵌入岸、滩内，坝头可与岸相连或留缺口，通常在顺坝与岸之间修格坝防冲促淤[14]。

顺坝的主要作用是：调整水流急弯，使水流沿规划的整治线平顺流动；束窄河床，增加航槽流速；形成有利的环流，控制横向输沙；调整汊道分流比，改善流态；封堵汊道，增加通航汊道流量；调整汇流处的交汇角，改善汇流条件；用于丁坝上游，改善丁坝坝头水流条件[14]。

顺坝的分类如下[14]：①导流顺坝。坝轴线与整治线走向一致，可根据需要布置为直线或平缓曲线，坝根与河岸相连，坝头宜接近下深槽，以引导水流由上深槽平顺过渡到下深槽。当浅滩过渡区较长时，可与丁坝群结合，用以缩窄河床，冲刷航槽。②洲头顺坝。布置在江心洲洲头，坝根与江心洲相连，坝身向上游延伸的顺坝称为洲头顺坝。主要用于调整两条汊道的分流、分沙比，拦截洲头横流，从而改善汊道进口流态。③洲尾顺坝。布置在江心洲洲尾，坝根与江心洲相连，坝身向下延伸的顺坝称为洲尾顺坝。洲尾顺坝主要促使两汊水流在洲尾平顺汇合，减小两汊水流相互顶托作用，防止汊道出口淤积出浅，并可拦截洲尾横流，改善流态。④固滩顺坝。在平原河流的汊道浅滩上，为稳定和加高低矮而且游移不定的河心沙滩，可布置一道适当长的顺坝，并在其两侧加筑与顺坝相连的短丁坝，形成类似鱼骨状的组合坝，以加高河心沙滩，促进泥沙淤积。⑤封弯顺坝。在河道过于弯曲、水流扫弯的滩险，可在凹岸布置封弯顺坝，在凸岸一侧开挖新航槽，改变河床的平面形态，增大弯曲半径。

顺坝的布置原则如下[14]：①沿航道整治线方向布置，在弯道上呈平缓曲线，以形成新的河槽平面轮廓；②与中水流向交角不宜太大，避免水流漫顶时产生“滑梁水”，对船舶航行和航道的稳定不利；③避免两岸同时建顺坝，以便于调整整治线的宽度；④坝头必须绕过危及船舶安全航行的石嘴、石梁、冲积堆及取水口等处，延伸到水流平顺的地方；⑤坝头一般延伸到下深潭，避免水流骤然扩散形成口门段浅区；⑥坝根应布置在主流转向点的上游，充分发挥顺坝导流作用，并避免坝根遭受水流冲刷；⑦顺坝较长且有泥沙活动的地区，为加速坝田内的淤积，在顺坝与河岸之间加建格坝（见图 3.4－8），格坝坝根和河岸连接，其高程比顺坝顶稍低。

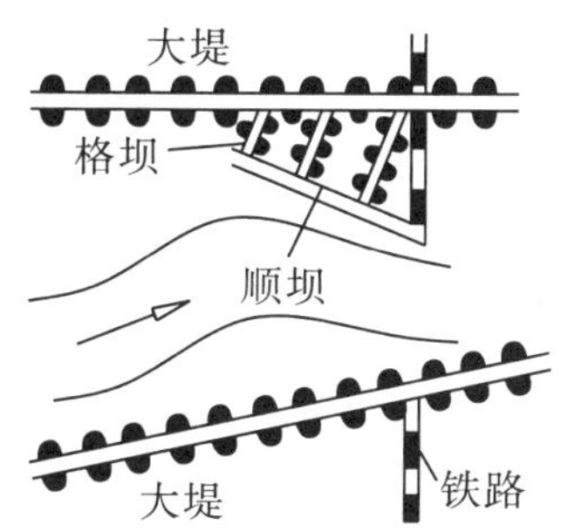

图 3.4－8　顺坝和格坝布置示意图

顺坝的设计要求如下[1]：①顺坝与水流方向应接近或略有微小交角，并应直接布置在治导线上。②顺坝坝顶高程应高于河道整治流量相应水位以上 0.5 m，也可自坝根至坝头，沿水流方向略有倾斜。③顺坝坝顶宽度应根据坝体结构、施工、抢险要求确定。土质顺坝的坝顶宽度可取 3～10 m，抛石顺坝的坝顶宽度可取 2～5 m。④顺坝迎水坡坡度应较平顺，边坡可取 1∶3.0～1∶1.5，并应沿边坡抛石或抛枕加以保护；坝头处边坡应适当放缓，不宜陡于 1∶3；顺坝背水坡边坡可取 1∶2～1∶1。⑤坝基位于中细沙河床上的顺坝，应放置沉排。沉排伸出坝基的宽度，迎水坡不宜小于 6 m，背水坡不宜小于 3 m，也可根据河工模型试验结果分析确定。

水流平行于顺坝产生的冲刷深度，按式（3.4.22）来计算，水流斜冲顺坝产生的冲刷深度，按式（3.4.23）来计算。

图 3.4－9 为顺坝工程实例。

图 3.4－9 顺坝工程实例

3.4.5.3 潜坝

潜坝是指设置在枯水水面以下、具有调整水面比降及限制河底冲刷等功能的河道整治建筑物。潜坝的作用是壅高上游水位，调整比降，增加航深，促淤赶沙，减小过水面积，消除不良流态[15]。

潜坝一般有潜锁坝和潜丁坝。潜锁坝常使用坝群，其作用在于提高河床的局部高程，减小河槽过水断面面积，缓和河床纵坡，加大河底糙率，升高水位，调整上、下游水面比降，降低上游流速，以达到船舶自航上滩或加大取水口流量的目的[15]。潜丁坝可利用自然力改变岸边流场，使泥沙在河道预定沉积区沉积，减缓岸边侵蚀和降低沉积物再悬浮，从而为河道水生植物生长创造良好的生境条件。

潜坝的选址及布置原则如下[15]：①坝位应避开泡流、旋流、回流等紊乱水流，选在滩口稍下，水流较为平顺处；②河床纵横断面无突变，河宽及水深沿程变化不大处，防止形成新的跌水；③河槽断面一般呈 U 形，两岸较规顺，以防止水流过于分散，有利抬高水位；④坝轴线与水流流向垂直，避免发生新的横流和乱水；⑤当需在弯道上修筑潜坝时，只可在微弯河段修筑，不可在急弯河段修筑，以防止产生碍航的恶劣流态。

潜坝、淹没泄流锁坝的壅水高度可按下式计算[1]：

$$\Delta Z = H - (h_t - h_1) \tag{3.4.40}$$

式中　ΔZ——潜坝、淹没泄流锁坝的壅水高度（m）；

h_t——下游水深（m）；

h_1——潜坝、淹没泄流锁坝的高度（m）；

H——潜坝、淹没泄流锁坝的坝顶水头（m）。

潜坝、淹没泄流锁坝的坝顶水头可按下式计算：

$$H = \left(\frac{Q}{mB\sqrt{2g}}\right)^{\frac{2}{3}} - \frac{v_0^2}{2g} \tag{3.4.41}$$

式中　Q——过坝流量（m^3/s）；

B——溢流部分的坝宽（m）；

v_0——坝前行近流速（m/s）；

m——流量系数，与 $\Delta Z/H_0$ 有关，可由图 3.4－10 查出；

g——重力加速度（m/s^2）。

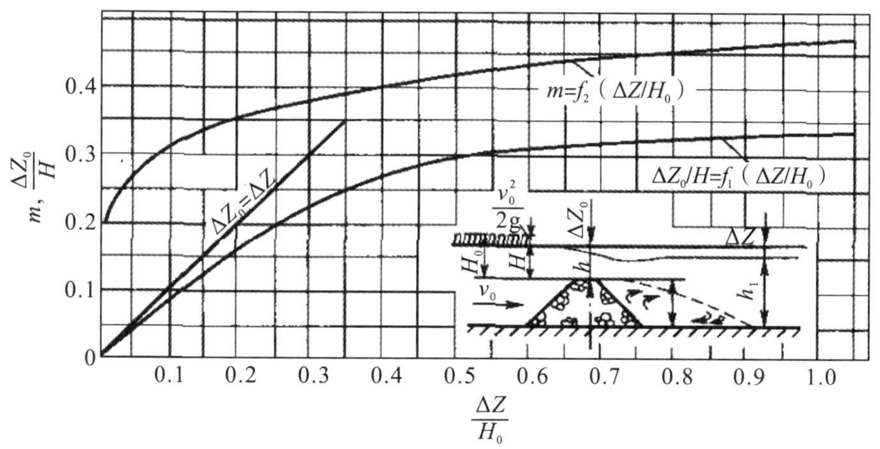

图 3.4－10　潜坝 m、$\Delta Z_0/H$ 与 $\Delta Z/H_0$ 的关系曲线

包含行近流速水头在内的潜坝、淹没泄流锁坝的坝顶水头可按下式计算[1]：

$$H_0 = H + \frac{v_0^2}{2g} \tag{3.4.42}$$

式中　H_0——包含行近流速水头在内的潜坝、淹没泄流锁坝的坝顶水头（m）。

潜坝、淹没泄流锁坝的冲刷深度可按下式计算[1]：

$$h_B = \frac{0.332}{\sqrt{d}\,(h/d)^{\frac{1}{6}}} q \tag{3.4.43}$$

式中　h_B——从坝下游水面算起的冲刷坑最大深度（m）；

q——过坝单宽流量［（m^3/s）/m］；

d——河床沙平均粒径（m）；

h——坝下游冲刷前水深（m）。

图 3.4－11 为潜坝工程实例。

图 3.4－11　潜坝工程实例

3.4.5.4　锁坝

锁坝是一种拦断河流汊道的水工建筑物，可用于堵塞河道汊道或河流的串沟，把水流集中到可以利用的较宽航道中，增加船舶航行的安全。锁坝坝体两端嵌入河岸或江心洲，形成两个坝根而没有坝头，坝顶中部呈水平，两侧向河岸斜升。锁坝的目的是：塞支强干、集中水流、增加主汊的流量或抬高河段水位，利于航运，防止汊道演变为主流引起大的河势变化。锁坝可布置在汊道进口、中部或尾部，根据地形、地质、水文泥沙、施工条件择优确定方案[16]。

锁坝布置位置及优缺点如下[16]：①汊道的入口。优点是：该地区河床一般较高，坝高可以低一些，工程量较小；接近主汊，施工用器材一般由水路运输直达。缺点是：锁坝下游汊道只有水位高于坝顶高程时才有泥沙进入，因而泥沙淤积较慢，但当水位刚漫溢坝顶初期，坝下游淤积物还可能被冲走；上游来的推移质全部经过通航主汊，主汊的输沙能力不适应时会导致航道淤积；锁坝承受的水头差较大，若洲头及坝区河底由易冲的物质组成，则坝基可能被淘刷而危及坝身的安全。②汊道的中段。优点是：锁坝上游汊道段泥沙淤积较快；有较多选择合适坝址的范围，可使坝根与基础有较好的衔接；坝轴线垂直于洪水流向，较易避免溢坝水流冲刷两头坝脚；坝高因工程需要，可分期抛筑，使坝上、下游河段得到充分淤积。缺点是：支汊水深一般较小，施工器材运输较困难；溢流时坝下有一定冲刷量，需采取护底措施。③汊道的下段。优点是：锁坝上游汊道内泥沙较易淤积；施工材料一般可经主汊水路运输。缺点是：洲尾通常河面较宽，地势较低，锁坝较高较长，增加工程造价；洲尾多为积土层，坝根衔接条件较差，容易发生溃决。

锁坝的宽度、边坡及采用的石块重量与越坝的流速有关，一般中小河流上锁坝可参照断面尺度表选用[16]，见表 3.4－8。

表 3.4-8　锁坝断面尺度表

流速（m/s）	坝顶宽（m）	边坡		石块质量（kg）
		上边坡	下边坡	
3.0~4.0	3	1∶2.0	1∶3.5	100~800
2.5~3.0	2.5	1∶1.5	1∶3.0	75~100
2.0~2.5	2.0	1∶1.5	1∶2.5	70~75
<2.0	1.5~2.0	1∶1.0	1∶2.0	50

锁坝、潜坝的设计要求如下[1]：①锁坝的坝顶高程应根据实际需要确定。锁坝的顶宽可取 3~8 m，上、下游边坡应根据稳定计算确定。锁坝应在坝身上、下游作护底工程，护底宽度上游可取坝高的 1.5 倍，下游可取坝高的 3~8 倍。②淹没式锁坝坝身应具有抗冲能力，坝段中部应占坝长 1/2~2/3，其顶部高程应水平，两端坝段顶高程可按 1/25~1/10 的坡度与河岸相连接。③潜坝顶部高程应低于设计枯水位，坝顶宽度不宜小于 3 m，边坡坡比应根据稳定计算确定，坝身应具有抗冲能力。④重要河段的锁坝、潜坝和规模较大的锁坝、潜坝，应根据河工模型试验结果进行专项设计。

图 3.4-12 为锁坝工程实例。

图 3.4-12　锁坝工程实例

3.4.5.5　透水桩坝

透水桩坝宜采用预制钢筋混凝土桩或钢筋混凝土灌注桩。桩空隙可为 0.2~0.5 m。桩的顶部高程可采用河道整治流量相应的设计水位。桩径、桩长和配筋设计应根据河道地质条件和设计最大冲刷深度等情况计算确定[17]。

图 3.4-13 为透水桩坝工程实例。

图 3.4-13　透水桩坝工程实例

3.4.6 疏挖工程设计

疏挖工程设计应遵循河道演变规律，做到因势利导，并应与堤防加固、河槽整治、通航、输水、吹填造地、环境保护等相结合。疏挖工程设计前应复核现状河道的过流能力。技术条件复杂的河道整治或重点工程应通过河工模型试验验证。疏挖区应根据河道整治工程总体布局，结合河道治导线确定。疏挖后应使河槽与河岸保持稳定[1]。

疏挖的纵、横断面设计要求如下[1]：①疏挖河段的河槽设计中心线宜与主流方向一致，交角不宜超过 15°。河槽开挖中心线应为光滑、平顺的曲线，弯曲段可采用复合圆弧曲线。②疏挖河段的河底高程宜与现状河底高程相接近，也可满足最低通航水位时的通航要求。未经充分论证，不宜改变整治河段的河道比降。③疏挖的横断面宜设计成梯形，对多功能利用的河道也可设计成复式断面。疏挖断面应符合边坡稳定的要求。④在河道内挖槽或开挖人工新河的横断面边坡应通过稳定分析确定，开挖深度和底宽应按泄洪、排涝、航运、取水或输水要求通过水力和输沙计算确定。⑤疏挖段的进、出口处应与原河道渐变连接。

疏挖的弃土可在岸上或水下处理。在岸上处理时，弃土区的布置应结合造地等综合利用进行挖填平衡。在水下处理时，弃土区应选择在流速小、对河槽及航道不产生明显淤积，且不影响泄洪、排涝、通航的水下深潭或废弃的支汊等部位[1]。

图 3.4−14 为疏挖工程实例。

图 3.4−14 疏挖工程实例

3.4.7 生物工程设计

保护河道整治工程安全和生态与环境的生物工程，可采用防浪林、护堤林、草皮护坡等。防浪林宜采用乔木、灌木、草本植物相结合的立体生物防浪工程[1]。

防浪林是种植于堤防临水侧护堤地内，用于防浪护堤和抢险取材的专用林，是防洪工程的重要组成部分和抵御洪水的一道有效防线，也是沿河地区的绿色生态屏障[18]。防浪林的设计要求如下：①防浪林的种植宽度、排数、株行距等应根据消浪防冲要求和不影响安全行洪的原则确定[1]。坚持适当密植，以便迅速郁闭成林，所有树种栽植行距

3～4 m。株距因树种而异，杞柳等灌林树种 1 m 左右，旱柳等中小乔木 2 m 左右，竹类和意杨等大乔木 3 m 左右[4]。②防浪林苗木宜选择耐淹性好、材质柔韧、树冠发育、生长速度快的杨柳科或其他适合当地生长的树种[1]。防浪林树种必须根系发达、须根量大、耐水淹、生长快、萌发力强、分枝多，应主要选择灌木和中小乔木类的杞柳、河柳、垂柳、旱柳等，同时配置一部分意杨、枫杨、池杉等大乔木。被誉为“第二森林”的竹类，如楠竹、桂竹、水竹、葱竹等均适宜洲滩生长，成林后不但防浪效果好而持久，且可以年年择伐而获得较好的经济效益。凡地势较高不常淹水的边滩，应将其作为首选对象[4]。③从外迎水面到堤防禁脚，按灌木、中小乔木、大乔木的顺序等混交栽植。树行与堤防平行。栽植宽度，干堤 100 m 以上，支堤 50 m 以上。地势较高的边滩，大乔木树种栽植比重提高到 50％以上，竹类栽植以纯林为主[4]。

护堤林主要是为了保护堤坝的安全，延长堤坝的使用年限，防止堤坝附近的农田沼泽化，应从堤坝迎水坡常水位（正常水位）开始，到堤坝顶部和堤坝的背水坡，以及离坡脚 5 m 以外的地段，成等高带状设置[19]。护堤林的种植宽度、植株密度和树种，应根据堤防背河侧护堤地的范围、土壤、气候条件、木材材质和种植效益，以及防治风沙、涵养水土的环境因素确定。应选择适合当地气候及土壤条件、生长迅速、根系发达、能促进排水和固持土壤、枝叶茂密、繁殖容易、种苗来源充足、根蘖性和适应性强的树种[5]。以乔木为主，其次是灌木。搭配方法是：由堤坝迎水坡的常水位到洪水位（最高水位）之间，栽植以灌木为主的防浪林带；洪水位以上至背水坡脚，栽植乔灌木或针阔叶混交林；背水坡脚 5 m 以外，通常地下水位较高，易栽植耐水湿的乔木树种，带宽 15 m 左右[19]。

对常遭遇暴雨、洪水、风沙、冰凌、海潮、波浪等侵蚀破坏的土堤，除应种植防浪林和护堤林外，还应种植草皮进行护坡。护坡用的草皮宜选用适宜于当地土壤和气候条件、耐干旱、耐盐碱、耐潮湿、根系发育、生命力强的草种。水流冲刷或风浪作用强烈的堤段，迎水坡面可采用消浪防冲作用强的防护措施[1]。

生态护坡是综合工程力学、土壤学、生态学和植物学等学科的基本知识对斜坡或边坡进行支护，形成由植物或工程和植物组成的综合护坡系统的护坡技术。开挖边坡形成以后，通过种植植物，利用植物与岩、土体的相互作用（根系锚固作用）对边坡表层进行防护、加固，使之既能满足对边坡表层稳定的要求，又能恢复被破坏的自然生态环境的护坡方式，是一种有效的护坡、固坡手段[20]。生态护坡的功能[20]包括：①护坡功能：植被的深根有锚固作用、浅根有加筋作用。②防止水土流失：能降低坡体孔隙水压力、截留降雨、削弱溅蚀、控制土粒流失。③改善环境功能：植被能恢复被破坏的生态环境，降低噪音，减少光污染，保障行车安全，促进有机污染物的降解，净化空气，调节气候。

生态护坡在建设的过程中不会对水体环境和周围的生态环境造成影响，既可以进行水土流失的运往，还可以调节生态环境平衡，与其他的生态系统协调并存。应用生态护坡技术的过程中，植物的合理利用可以为水体、土壤中的微生物提供充足的养料，同时植物根系还可以改善原来的土壤环境，预防水土流失，植物叶片还会对河道边坡起到保护作用，避免其受到外界物质的腐蚀，延长护坡的使用年限。另外，还可以改善水体环境，降低传统护坡对水环境造成的污染[6]。

生态护坡技术在河道整治中的应用原则如下[6]：①维护岸坡的稳定性原则。对河道进行整治的主要目的就是进行洪水防护，保护河道边坡的稳定。因此，使用的生态护坡技术也需要以这个为基础，来进行生态护坡的建设，同时进行其他功能的探究。在实际应用生态护坡技术之前，需要对使用地区进行全面考察，要发现影响河道边坡稳定性的因素，并对其进行合理的分析，通过采取有效的措施来保证河道边坡的稳定性。②节约自然资源原则。目前我们国家存在资源能源短缺的现象，在进行生态护坡建设时，节约使用资源能源是需要遵守的原则。在实际的生态护坡建设中，需要使用多种资源，相关单位在建设的过程中一定要重视对自然资源节约和保护，把使用的资源控制在合理的范围内，同时还要发挥出其最大的价值，尽可能多地使用原来河道生长的植物和原有的河道土壤，物尽其用，避免造成资源的浪费。如果河道周围存在不可再生的资源，一定要对其进行有效的保护，避免护坡建设时对其造成损坏。③人与自然协调发展原则。人与自然协调发展是目前我国的发展目标，生态护坡技术的出现也是为了保护自然资源，所以在实际应用的过程中，要注意对自然灾害进行预防的同时保护生态环境，要对周围的植物和生态系统进行有效保护，重视边坡地带中的生物和环境，保证生态系统中的每一个环节都可以平衡发展。

生态护坡在河道治理中的具体方案如下[6]：①采用植物固土法的植被生态护坡。把生态护坡技术应用在河道整治中可以采用多种方法，比较常用的就是植物固土法。把根系比较发达的植物种植在河道护坡上，利用其固定土壤，减少水土流失，改善原来的土壤环境，加强对生态环境的建设。在进行根系发达植物的选择时，需要对栽种的区域进行全面考察和分析，了解河道护坡的实际生长情况，并根据实际情况，选择最适合生长在该区域中的具有一定抵抗能力的优良品种。还可以进行不同种类的植物种植，利用植物多样性，来提高抵抗力。②采用土工材料的生态护坡。主要采用喷塑金属网与碎石种植型土壤相结合的方式，形成复合种植基，利用喷塑金属网比镀锌金属网在水下更耐腐蚀，同时种植基又能够为河道里的水生动植物提供合适的生存环境，具有一定的生态性的优点，以此种方式建造成的护坡对于地基有很强的适应性，并且具有较高的整体性、柔性，抗冲击能力强，对于水流速度较快的河道非常适用。③采用草皮与土工材料相结合的生态护坡。草皮与土工材料相结合的生态护坡方法也比较常用，主要的应用形式有两种，一种是土工网垫，一种是土工格。土工材料主要是由 PE 等高分子材料构成的，具有较强的耐腐蚀性，在使用时需要与碎石和草籽还有土壤结合在一起，形成一个植物生长系统，再把多层网垫焊接在一起，组成一个比较牢固的网状空间。这个空间可以满足草籽的生长空间，待草籽长出后，就会与网状空间结合在一起，组成一个完整的结构。而土工格方式是在格子内进行植物的种植，提高土壤的稳定性，应用在边坡防护上可以增加边坡与河水的相互作用力。④采用植被型多孔生态混凝土的生态护坡。使用多孔生态混凝土来进行生态护坡的建设，可以增加护坡的吸水能力，并且由于多孔混凝土的特性，可以在其缝内进行植物的种植，不但可以对洪水进行有效的防护，还可以利用植物改善原本的土壤环境，提高土壤的稳固性，增强河道护坡的稳定性，使其起到一个安全防护的作用。

生态护坡在河道整治应用中，可以起到防洪、抗洪的作用，是一个完整的生态防控体系；通过不同种类植物的种植，既满足了生态系统的多样性，又促进了生态系统的平衡发展。生态护坡技术的出现和应用是河道整治工作的必然发展过程，不光要注重技术的功能性，还要体现技术的服务性。由于目前我国环境污染问题比较严重，因此人们的环境保护意识也越来越强，各个行业也比较注重环境保护。生态护坡技术是保护生态环境的一种方式，能实现人与自然的和谐发展。生态护坡的主要优势是可以满足人类和社会经济的可持续发展；它建立了一个完整的生态系统，促进了生态系统的多样化发展[6]。

图 3.4－15 为生物工程实例。

图 3.4－15　生物工程实例

3.5　河道整治安全监测

河道整治设计应根据工程重要性、水文、气象、地质和管理运用要求，设置必要的安全监测设施，对水位、河势、险情、运行等进行安全监测。监测设施的设置应符合有效、可靠、牢固、方便及经济合理的原则[1]。

河道整治工程应根据河流具体情况选取下列监测项目进行监测[1]：①水位观测。重要的防护、控导工程应设置水尺，并进行水位观测。②水流要素及河势观测。应观测工程所在河段主流方向、水面宽度、主流顶冲位置和范围、回流等水流现象，并观测已建工程及上下游滩岸的平面变化与横断面变化。③工程运行观测。观测工程的沉降、位移、渗流、崩塌、根石走失、工程结构与材料损坏情况。

河道整治工程安全监测设计的要求如下[1]：①选定的观测项目和布设的观测点应反映工程运行的主要工作状况；②观测的断面和部位应选择在有代表性的区段，并应做到一种设施多种用途；③在特殊河段或地形、地质条件复杂的河段，可根据需要增加观测项目和观测范围；④应选择技术成熟、使用方便的观测仪器、设备；⑤各观测点应具备较好的交通、照明等条件，观测部位应有相应的安全保护措施；⑥规模较大的河道整治工程，应布置固定断面监测设施。

河道整治工程安全监测设计的内容如下[21]：①来水来沙条件监测。利用上游河段水文、水位站监测成果，包括水位涨落率、洪峰过程、沙峰过程及来量等。②河道边界条件监测。近岸河槽部分的床沙、河岸土壤成分结构、级配、孔隙度及含水量监测，可采用内部形态观测造孔的土柱样品进行分析。③波浪观测。在布置监测断面上观测波高、周期、波向、波型、水面情况等，辅助要素为风速和风向，采用目测或浮球式加速度型测波仪、声学测波仪和重力测波仪等自记测波仪观测。④地下水及渗流监测。河岸地下水位、渗流（压）、孔隙水压力监测，以及配套监测河道水位。主要测量大堤中地下水水位和压力，一般与沉降观测配套测量。按照渗压计埋设要求，将测量线引至地面备用。当测量时将渗压记录仪连接计数，可用自动记录仪测量渗压；利用电阻温度计进行地下水温监测。⑤近岸河床变化监测。在监测河段内，进行半江地形测量。水下地形由测时水边至深泓外 100 m，但最宽不超过 400 m，最窄不小于 350 m（测时水边至江心）；陆上地形从水边测至大堤内脚。⑥崩岸段局部流场观测。可采用 ADCP 走航式在监测崩岸段中部断面及上、下游 0.5 km 断面进行半江流场观测，重点监测近岸水流。⑦悬移质泥沙含沙量分布观测。在流场断面上，布置 3～5 线按 6 点法提取水样，掌握近岸含沙量的分布及崩岸上下游含沙量特性的变化情况。⑧外部变形监测。采用 GNSS、垂线坐标仪、电容式测读仪等专用仪器监测，其中水平位移和垂直位移是监测护岸崩岸表面的位移情况，预埋监测控制网点，以测量标点的位置移动量来判断岸坡的稳定性。护岸崩岸监测点埋设应能反映河岸变化特征。各监测点可采用视准线法和大气激光准直线法进行水平位移监测，也可采用全站仪或静态 GNSS 监测；垂直位移观测采用精密水准测量（二等及以上水准测量）方法进行测量。⑨内部变形监测。对河岸内部位移及变形进行沉降、倾斜和土压力等监测。对有护岸的河岸，还进行坡面蠕动、滑移、接缝监测，应力、应变及温度监测。采用仪器主要有多点位移计、土地位移计、沉降仪、滑动式测斜仪、测缝计、电测水位计、渗压计、土地压力计、混凝土应变计、钢筋测力计和电阻温度计等。

本章小结

在天然河道中经常发生水流冲刷河床和岸坡以及泥沙淤积的现象，容易发生水患，为适应兴利除害的要求，必须采取适当措施对河道进行治理。河道整治建筑物就是用于对河道进行治理以及控制和改造河道的工程措施[8]，它有利于防洪、灌溉、排涝、供水、航运、发电、保护生态环境等各个方面。

本章 3.1 节讲述了河道整治的基本方法，包括确定泄洪流量和设计洪水位、排涝流量和设计排涝水位、设计引水流量和设计引水水位、设计最高与最低通航水位以及造床流量的计算方法。3.2 节讲述了顺直型、弯曲型、分汊型、游荡型和潮汐河口 5 种典型河段整治的基本原则。3.3 节介绍了制定治导线的方法、整治工程总体布置的要求以及生态河道整治的基本步骤。3.4 节先讲述了河道水力计算和河床演变分析的方法，再分别介绍包括堤防工程、防护工程、控导工程、疏挖工程以及生物工程的河道整治工程的设计内容。3.5 节介绍了河道整治维护中安全监测的有关内容和要求。

思考题

1. 根据河型、平面形态和河段特点，整治河段可以分为哪几类河段？各类整治河段的治理原则是什么？

2. 制定治导线的基本要求是什么？简述控导工程的分类、各自的优缺点及其适用范围。

3. 确定天然河道的糙率的方法有哪些？河道恒定流计算有哪些规定？河道整治建筑物水力计算的内容有哪些？

4. 河床演变分析有哪些方法？

5. 堤防工程的主要形式及基本设计要求是什么？堤线布置、堤型选择及堤身设计的基本原则是什么？

6. 护坡工程和护脚工程应该满足哪些要求？计算冲刷深度的方法有哪些？

7. 疏挖区如何确定？疏挖的纵、横断面设计要求是什么？

8. 防护林和护堤林的设计要求是什么？

参考文献

[1] 河道整治设计规范 GB 50707—2011 [S]. 北京：中国计划出版社，2011.
[2] 堤防工程设计规范 GB 50286—2013 [S]. 北京：中国计划出版社，2013.
[3] 李迎春. 生态水利在河道治理中的应用 [J]. 农民致富之友，2014 (6)：240.
[4] 薛志成. 江河防浪林改进技术 [J]. 水利天地，2007 (26)：35.
[5] 苏庆国，贺强. 护堤林的营造技术 [J]. 防护林科技，2006 (71)：87.
[6] 孟媛媛. 试论生态护坡技术在河道整治中的应用 [J]. 科学技术创新，2018 (4)：149−150.
[7] 百度百科. 河道整治 [DB/OL]. https：//baike. baidu. com/item/%E6%B2%B3%E9%81%93%E6%95%B4%E6%B2%BB/2462975? fr=aladdin.
[8] 百度百科. 河道整治建筑物 [DB/OL]. https：//baike. baidu. com/item/%E6%B2%B3%E9%81%93%E6%95%B4%E6%B2%BB%E5%BB%BA%E7%AD%91%E7%89%A9/10687890? fr=aladdin.
[9] 建筑工程教育网. 水利水电工程：生态河道治理步骤 [DB/OL]. http：//www. jianshe99. com/web/zhuanyeziliao/gongyi/zh1510169235. shtml.
[10] 建筑网. 河道整治规划河道内建筑物的水力计算规定 [DB/OL]. https：//www. Cbi360. net/hyjd/20171025/98989. html.
[11] 百度百科. 堤防工程 [DB/OL]. https：//baike. baidu. com/item/%E5%A0%A4%E9%98%B2%E5%B7%A5%E7%A8%8B/2830865.
[12] 百度百科. 护岸工程 [DB/OL]. https：//baike. baidu. com/item/%E6%8A%A4%E5%B2%B8%E5%B7%A5%E7%A8%8B/1487425.
[13] 百度百科. 丁坝 [DB/OL]. https：//baike. baidu. com/item/%E4%B8%81%E5%9D%9D/377345? fr=aladdin.
[14] 百度百科. 顺坝 [DB/OL]. https：//baike. baidu. com/item/%E9%A1%BA%E5%9D%9D/4468416.
[15] 百度百科. 潜坝 [DB/OL]. https：//baike. baidu. com/item/%E6%BD%9C%E5%9D%9D%

9D/5895475.

[16] 百度百科. 锁坝 [DB/OL]. https://baike. baidu. com/item/%E9%94%81%E5%9D%9D/3339426.

[17] 百度文库. 控导工程整治设计要求 [DB/OL]. https://wenku. baidu. com/view/6bbd7304326c1eb91a37f111f18583d048640f45. html.

[18] 百度百科. 防浪林 [DB/OL]. https://baike. baidu. com/item/%E9%98%B2%E6%B5%AA%E6%9E%97/3384506? fr=aladdin.

[19] 新浪黑土于博客. 水土保持护堤林 [EB/OL]. http://blog. sina. com. cn/s/blog_18dc288ff0102yqeq. html.

[20] 百度百科. 生态护坡 [DB/OL]. https://baike. baidu. com/item/%E7%94%9F%E6%80%81%E6%8A%A4%E5%9D%A1/5870521.

[21] 建筑网. 河道整治中安全监测的设计原则 [DB/OL]. https://www. cbi360. net/hyjd/20180209/118789. html.

第4章　拦蓄景观建筑物设计

绪论

拦蓄建筑物是用于拦洪蓄水和调节水流，能够兴利除害并保护人们的生命财产安全的建筑物。

目前我国拦蓄建筑物发展的现状为：①由于造价高而治理资金限制的原因，拦蓄设施普遍比较薄弱；②拦蓄建筑物形式比较单一，不注意因地制宜选材布设；③部分拦蓄措施质量出现问题，经不住洪水冲击容易毁坏；④忽视把拦蓄工程的布设与经济开发结合起来。

针对这些问题，我们需要在河道水患治理中不断改进提高拦蓄建筑物的设计。

拦蓄建筑物是我国水利事业建设的重要环节，国家应该大力发展建设拦蓄建筑物，保证水资源时间上的优生配置，这是有效扩大水资源和保护河流湿地的双利工程。如今我们不仅要利用拦蓄建筑物进行兴利除害，同时也要考虑它的外观与周围环境相适应，所以人们又提出了拦蓄景观建筑物的建设。它是在拦蓄建筑物的基础上加强了外观的设计，不仅具有功能性，而且具有美观性，给人以良好的视觉享受。

本章首先讲述拦蓄景观建筑物的分类，然后介绍各种拦蓄景观建筑物的作用和设计方法，让读者能够深刻了解这些建筑。

4.1　拦蓄景观建筑物的分类

在城市化进程中，随着人们对环境提出更高要求，围绕景观建设的项目已成为主导。河道拦蓄工程不仅起到防洪排涝、保护人民生命财产安全的重要作用，同时还以景观建设带动周边商业发展。水环境治理和水景观建设在国家的号召下正在形成大规模市场，其中拦蓄景观建筑物尤其重要。新建拦蓄景观建筑物的主要目的是修建人工湖，满足城市用水、景观建设及环境整治和灌溉发电等需要，同时形成绿色景观带，达到水清、岸绿、景美，提高周边区域整体品位[1]。

拦蓄景观建筑物包括拦砂坝、拦砂坎、景观闸和景观坝四大类。其中，拦砂坝可分为重力坝（含切口坝和错体坝）、拱坝、格栅坝、钢索坝、砌石坝、混合坝、铁丝石笼坝等；拦砂坎可分为阶段式、台阶式和斜坡混合式、复式断面式、抛物线式、钢骨填石式、缺口式、柱状式、门槛式、丁坝拦砂坎、混凝土拦砂坎、砌石拦砂坎等；景观闸可分为全闸、翻板闸、钢坝闸、气动盾形闸和弓形闸等；景观坝可分为滚水坝、橡胶坝和液压升降坝等。拦蓄景观建筑物的选型原则包括以下几个方面：

（1）安全可靠原则。在拦蓄景观建筑物的设计过程中，首先要考虑建筑物结构稳定，运行安全可靠，同时满足泄流要求，不能影响河道行洪。

（2）运行管理便利原则。拦蓄景观建筑物建成后，运行管理便利与否直接关系到管理人员工作量和维护费用，因此景观建筑物应选择后期运行管理便利的形式。

（3）生态和谐原则。拦蓄景观建筑物设计应结合考虑河道周边环境，以河畅、水清、岸绿、安全、生态为目标，坚持保护优先、自然修复为主，把工程措施和生物措施结合起来，利用闸坝生态调度，达到改善水质、恢复河滩的目的。在打造安全生态水系的同时，实现岸上岸下共同治理，让水与城相互交融，拓宽城市空间，改善宜居环境，实现水美城市建设。

（4）经济性原则。拦蓄景观建筑物设计应从实际需求出发，遵循节俭原则，结合自然条件，引入天然建材，建设节约型工程。

在山区河道中，经常面临拦砂固床的诸多问题。在山洪多发的关键节点，以及山区河流冲刷掏蚀剧烈的节段，需专门布置拦砂固床工程设施，即拦砂坝和拦砂坎[1]。

拦砂坝是专门拦截砂石推移质的构筑物，而拦砂坎是用来稳定河道的工程设施，无法拦蓄推移质，只起固床作用[1]。另外，拦砂坝和拦砂坎的尺寸、规模等都有较大差别，具体比较详见表 4.1－1。

表 4.1－1　拦砂坝与拦砂坎比较一览表

	拦砂坝	拦砂坎
规模	较大	较小，仅为固床工
高度	较高，一般 3～15 m	较低，一般小于 3 m
主要拦蓄对象	推移质	河床基质，悬移质
分类	详见 4.2 节	详见 4.3 节
构筑物位置	山洪多发河道，泥石流多发的山谷（无水）	仅河道，纵向比降较大的局部河段
特点	造价较高，结构相对复杂	造价较低，结构简单
优点	结构稳定，运行可靠耐久	形式多样，有景观效果
缺点	库区需要经常清理，对下游安全责任较大	只起固床作用，无法拦截大粒径推移质石块
适用性	山洪多发（推移质多）河道	只需固床的冲刷河道

4.2 拦砂坝设计

拦砂坝（Sediment storage dam）是指在沟道中以拦蓄山洪及泥石流中固体物质为主要目的，防治泥沙灾害的拦挡建筑物。拦砂坝通常设置于山洪、泥石流形成区或形成区—流通区沟谷内，是泥石流综合治理中的骨干工程。它是荒溪治理的主要工程措施，多建在主沟或较大的支沟内，坝高一般为 3～15 m。拦砂坝是拦截泥沙以防其下泄危害而建造的坝。在水土流失区，当河沟上游土壤流失物以砂石为主时，洪水期水流将携带大量砂石抬高河床，或外溢掩埋河沟两岸农地。为减少径流中的砂石量和调节雨季洪水流量，在有季节性水流的河沟内，选择口小肚大的部位建坝。通常经数年或 10 年左右时间即可淤满坝库，这种情况在花岗岩水土流失区最常见。淤满后的坝库即成沙库，平整后加黏土和有机质改良，可开辟做农地[17]。

4.2.1 拦砂坝的作用

拦砂坝的作用包括以下几个方面：

（1）拦蓄山洪或泥石流中的泥沙（包括块石），调节沟道内水沙，减轻对下游的危害，便于下游河道的整治[18]。

（2）抬高坝址处的侵蚀基准面，减缓坝上游淤积段河床比降，加宽沟底或河床，减小水深、流速及其冲刷和侵蚀能力[19]。

（3）坝上游拦蓄的泥沙掩埋滑坡的剪出口，使两岸滑坡体趋于稳定，避免崩塌及滑坡[19]。

（4）减小泥石流的冲刷及冲击力，防止溯源侵蚀，抑制泥石流发育规模[19]。

（5）为沟道土地利用打下基础。

4.2.2 拦砂坝的选址要求与布置原则

在拦砂坝的坝址选择上，要着重考虑地形条件，尽量选址在纵比降较小、建坝处沟谷狭窄而坝上游开阔的地方，建坝后可以形成较大的拦淤库容；要考虑坝址处的地质条件，坝址附近无大的断裂通过，坝址处无滑坡、崩塌，岸坡稳定，沟床基岩出露或埋深较浅，坝基密实，满足坝体的稳定要求；要考虑当地建筑材料和施工条件等，以降低成本，利于施工。

归纳起来，拦砂坝的坝址选择应考虑以下因素[19]：

（1）在地形条件方面。应选择沟道狭窄、库内平坦广阔的地形，以提高单位坝体拦蓄泥沙的库容。重点考虑以下位置：域沟道内的泥沙形成区，沟道断面狭窄处；泥沙形成区与流过区交接段的狭窄处；泥沙流过区开阔段下游狭窄处；泥沙流过区与支沟汇合处下游的狭窄处；泥沙流过区与沉积区连接段的狭窄处。

（2）在工程地质条件方面。力求坝基和山坡基础良好，坝址附近无大的断裂通过，坝址处无滑坡、崩塌，岸坡稳定，沟床基岩出露或埋深较浅，坝基为硬质岩或密实的老沉积物。尽量避免地质松软及沟床向下倾斜较陡的地段，以免坝身发生塌陷、滑动等危险。坝址两侧山坡应稳定，无滑坡危险。

(3) 在水文地质条件方面。坝址处不漏水，坝址上游集水区土壤侵蚀严重时，有滑坡潜在危险。

(4) 在建筑材料方面。坝址附近应有足够的适宜筑坝用的材料，如黏性土、壤土、砂土、砂、石以及石料等。

(5) 在施工条件方面。宜选择交通、水源方便，离公路较近，从公路到坝址的施工便道易修筑，附近有布置施工场地的地形。

天然坝址初步选出后，拦砂坝的确切位置还应按下列原则做出决定[19]：

(1) 与防治工程总体布置协调。例如与上游的谷坊或拦砂坝、下游的拦砂坝或排导槽能合理地衔接。

(2) 满足拦砂坝本身的设计要求。例如以拦砂为主的坝，应尽量选在肚大口小的沟段；以拦淤反压滑坡为主的坝，坝址应尽量靠近滑坡。

(3) 有较好的综合效益。例如拦砂坝既能拦砂、拦水，又能稳坡，使一坝多用。

4.2.3 拦砂坝坝高的确定

拦砂坝的库容主要根据多年平均来沙量、单位坝体拦砂库容大小以及坝高库容曲线综合分析确定。一般来说，坝高越高，库容越大，拦砂量越多，单位坝体的拦砂库容也越大。但是，坝高越大则工程量增大，施工期限加长，坝后消能工的规模及费用也更大更高[1]。应根据拦砂效益、地质条件、工程量、施工力量、施工条件以及施工期限等多方面因素综合确定坝高。拦砂坝的断面形状与尺寸因坝型而异，在初步选定断面形状与尺寸后，应进行坝体抗滑稳定和应力验算[19]。小型拦砂坝坝高：5～10 m；中型拦砂坝坝高：10～15 m；大型拦砂坝坝高：＞15 m。

一般来说，影响拦砂坝坝高的因素包括以下几个方面[19]：

(1) 合理的经济技术指标（拦砂效益）。坝高越高，拦砂越多，并能更有效地用回淤来稳定上游滑坡崩塌体。平均拦砂量是鉴别拦砂坝效益的重要指标。

(2) 工程量和工期。拦砂坝的修建，一般在冬春进行，到次年雨季前完工，以避免冲毁的危险。应根据当地劳力的条件和工期估算所能完成的工程量，并据此确定合理的坝高。

(3) 坝下消能设施。过坝山洪及泥石流的坝下消能设施费用随坝高的增加而增加，在满足设计目标的前提下，以不修高坝为好，坝高一般小于 15 m。采用节节打坝的方法修建坝群，不仅可以解决坝下游的消能防冲问题，节省开支，还可大大增加淤积库容。

(4) 坝址处的地质与地形条件。在地形地质条件较好、施工机械化水平较高之地，可以修筑较高的坝体。

4.2.4 拦砂坝的库容计算

对于坝高已定的拦砂坝，库容的计算可按下列步骤进行[19]：

(1) 在方格纸上给出坝址以上沟道纵断面图，并按山洪或泥石流固体物质的回淤特点，画出回淤线。

（2）在库区回淤范围内，每隔一定间距测绘横断面图。

（3）据横断面图位置及回淤线，求每横断面淤积面积。

（4）按以下公式求出相邻两横断面间的体积：

$$V = \left(\frac{W_1 + W_2}{2}\right)L \qquad (4.2.1)$$

式中：W_1，W_2分别为相邻两横断面面积；L 为相邻两横断面间水平距离。

（5）将各部分体积相加，即为拦砂坝的拦砂量。推求拦砂量还可以根据下式计算：

$$V = \frac{1}{2}\left(\frac{mn}{m-n}\right)bh^2 \qquad (4.2.2)$$

式中：b，h 分别为拦砂坝堆沙段平均宽度和高度；$1/n$ 为原沟床纵坡比降；$1/m$ 为堆沙区表面比降。当堆沙表面积比降采用原沟床比降 1/2 时，$m=2n$，则 $V=nbh^2$。

4.2.5　拦砂坝的分类与设计要求

拦砂坝按结构类型不同可分为重力坝（见图 4.2－1b）、拱坝、格栅坝（见图 4.2－1c、图 4.2－1d）、钢索坝。按建筑材料不同可分为砌石坝（见图 4.2－1a）、混凝土坝（见图 4.2－1b）、混合坝、钢丝石笼坝。与水坝相比不同的是，拦砂坝由于主要以拦蓄山洪或泥石流中的推移质为主，并不负责挡水和壅高水位，拦砂坝的坝身有较多的泄水孔洞，且坝顶一般设有溢流口。

（a）浆砌石拦砂坝

（b）混凝土重力式拦砂坝

（c）钢筋混凝土格栅坝

（d）金属格栅坝

图 4.2－1　不同结构和材料的拦砂坝

拦砂坝坝型的选择取决于荒溪类型及下游保护对象的重要性，主要根据山洪或泥石流的规模、当地的建筑材料来选择。石料丰富、采运条件方便的地方，可采用砌石坝，包括浆砌石坝、干砌石坝、堆石坝和砌石拱坝等。石料缺乏，发生泥石流危险性大的沟道，可考虑选用混凝土坝或钢筋混凝土坝[17]。

4.2.5.1 重力坝

重力坝以自重在地基上产生的摩擦力来抵抗坝后泥石流产生的推力和冲击力，具有结构简单、施工方便、就地取材、耐久性强等优点。其中，切口坝（又称缝隙坝）是重力坝的变形，即在坝体上开一个或数个泄流缺口，主要用于稀性泥石流流沟，具有拦截大砾石、滞洪、调节水位关系等特点。而错体坝是将重力坝从中间分成两部分，并在平面上错开布置，主要用于坝肩处有活动性滑坡又无法避开的情况[19]。

4.2.5.2 拱坝

拱坝可建在沟谷狭窄、两岸基岩坚固的坝址处。拱坝在平面上呈凸向上游的弓形，拱圈受压应力作用，可充分利用石料和混凝土很高的抗压强度，具有省工、省料等特点。但拱坝对坝址地质条件要求很高，设计和施工较为复杂。在河谷狭窄、沟床及两岸山坡的岩石比较坚硬完整的条件下，可以采用砌石拱坝。将砌石拱坝的两端嵌固在基岩上，坝上游的泥沙压力和山洪的作用力均通过石拱传递到两岸岩石上。由于砌体受压强度高，受拉性能差，而拱坝承受的主要是压力，因此，拱坝能发挥砌体的抗压性能。与同规模的其他坝型相比，可以节省 10%～30%的工程量[19]。

4.2.5.3 浆砌石坝

浆砌石坝是拦砂坝中最常见的坝型，多采用重力坝形式，即坝前作用的泥沙压力、冲击力、水压力等水平推力，通过坝体传到坝的基础；坝的稳定主要靠坝体的重量在坝基础面上产生的摩擦力来维持[19]。

图 4.2-2 为浆砌石拦砂坝的设计简图。在选址时，尽量选择坝轴线较短、沟床和两岸岩石完整坚硬的地方。但拦砂坝一般建于泥石流多发区或推移质较多的河道，河床淤泥覆盖层往往较厚，坝基无法达到基岩，只有在坝趾或坝踵处修建齿墙，增大坝体抗滑力。此外，为了防止因坝基不均匀沉陷而使坝体形成裂缝，与重力坝的分段类似，浆砌石拦砂坝在沿坝轴线 10～15 m 要预留一道 2～3 cm 宽的构造缝。拦砂坝的溢流口过流断面宜为梯形或弧线形，在有经常流水的沟道中，溢流口也可修成复式断面[19]。

浆砌石坝用于泥石流冲击力大的沟道，其结构简单，是常用的一种坝型。浆砌石坝断面一般为梯形，但为了减小泥石流对坝面的磨损，坝下游面也可修成垂直的。泥石流溢流的过流断面最好做成弧形或梯形，但在有经常流水的沟道中，也可修成复式断面[19]。

浆砌石坝的坝体内要设排水管，以排泄坝前积水或淤积物中的渗水。排水管的布置，在水平面上，每隔 3～5 m 设一道；在垂直面上，每隔 2～3 m 设一道，排水管一般采用铸铁管或钢筋混凝土管，其直径为 15～30 cm。排水管向下游倾斜，保持 1/200～1/100 的比降。在坝的两端，为防止沟壁崩塌，必须加设边墙，其高度应大于设计水位或泥位。土基上的坝，坝基两端应设齿墙增加抗滑稳定性。下游边坡坡比为 1∶0.2，较石基 1∶（0～0.2）缓；上游边坡坡比 1∶1.0，较石基 1∶（0.7～1.0）缓[19]。

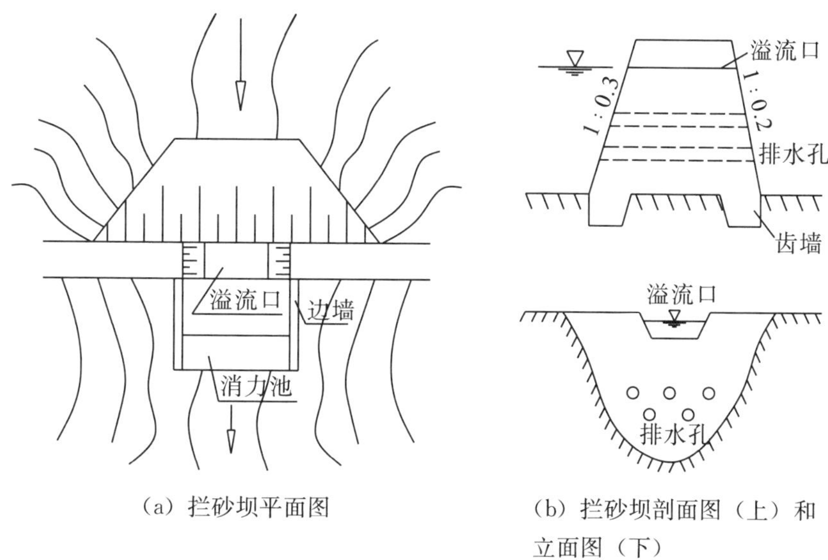

（a）拦砂坝平面图

（b）拦砂坝剖面图（上）和立面图（下）

图 4.2－2　浆砌石拦砂坝设计简图

4.2.5.4　干砌石坝和堆石坝

用石料干砌而成的坝称为干砌石坝，用石料堆筑而成的坝称为堆石坝。两种坝的断面均为梯形，均为透水性结构，只适用于小型山洪沟道，在石料丰富的地区，为群众常用的坝型[19]。

干砌石坝体用块石交错堆砌而成，坝面用大平板或条石砌筑，施工时要求块石上下左右之间相互"咬紧"，不容许有松动、脱落的现象出现。与石谷坊相似[19]。

由于筑坝所需石料和修筑方法不同，干砌石坝较堆石坝陡，一般上游为 1∶(0.5～0.7)，下游为 1∶(0.7～1.0)；而堆石坝上游为 1∶(1.1～1.3)，下游为 1∶(1.3～1.4)。为减少作用在坝上的水压力和浮托力，坝体应设砌石排水管，管下设反滤层，由厚度为 0.2～0.3 m 的砾石和厚度为 0.15 m 的粗砂构成，排水管由大块石或条石做成。坝面为防泥石流冲击，应采用平板石或条石砌筑，各层间还须错开，保证坚固稳定[19]。

4.2.5.5　混合坝

根据取材不同，混合坝可分为土石混合坝和木石混合坝[19]。

(1) 土石混合坝。当坝址附近土料丰富而石料不足时，可选用土石混合坝型[19]。

土石混合坝的坝身用土填筑，而坝顶和下游坝面则用浆砌石砌筑。由于土坝渗水后将发生沉陷，因此，坝的上游坡必须设置黏土隔水斜墙，下游坡脚设置排水设施等，并在其进口处设置反滤层[19]。

(2) 木石混合坝。在盛产木材的地区，可采用木石混合坝。木石混合坝的坝身由木框架填石构成。为了防止上游坝面及坝顶被冲坏，常加砌石防护[19]。

木框架一般由圆木组成，其直径大于 0.1 m，横木的两侧嵌固在砌石体之中，横木与纵木的连接采用扒钉或螺钉紧固[19]。

4.2.5.6 钢丝石笼坝

这种坝型适用于小型沟道和荒溪，在我国西南山区较为多见。石笼坝坝身由钢丝石笼堆砌而成，钢丝石笼为箱型，尺寸一般为 0.5 m×1.0 m×3.0 m，棱角边采用直径 12～14 mm 的钢筋焊制而成。堆砌之后，在石笼之间再用钢丝紧固，以增加石笼的整体性。钢丝石笼坝的优点在于其修建简易，施工迅速，造价低廉；不足之处是使用期较短，拦砂坝的整体性较差[19]。

4.2.5.7 格栅坝

格栅坝是近年发展起来的拦截泥石流的新坝型，可分为钢筋混凝土格栅坝（见图 4.2－3a）和金属格栅坝（见图 4.2－3b）等。其主要特点是预留格栅孔，让细粒物质及小石块泄入下游，而把山洪挟带的大块石截留在坝区。因此在设计时应对沟谷或堆积扇上的石块进行详尽的调查，以确定格栅尺寸。格栅坝与常规拦砂坝相比，有其得天独厚的优势：节省建筑材料（与整体坝相比能节省 30%～50%）；坝型简单，主体可以在现场拼装，施工进度快，使用寿命长；具有良好的透水性，可根据格栅间距有选择性地拦截泥沙；坝下冲刷小，坝后清淤方便。而格栅坝的缺点在于其坝体强度和刚度比重力坝要小，易被高速泥石流龙头和大块石击伤损坏；钢材使用量较大；并且要求较好的施工条件，对施工人员要求较高[19]。

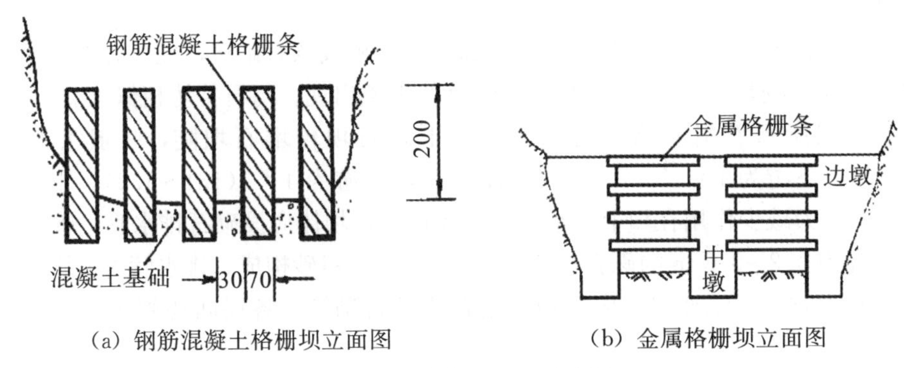

(a) 钢筋混凝土格栅坝立面图　　(b) 金属格栅坝立面图

图 4.2－3　格栅坝立面示意图

当山洪挟带的大石块比较多时，常采用钢筋混凝土格栅坝；在基岩峡谷段，可修建金属格栅坝。与钢筋混凝土格栅坝相比，金属格栅坝结构更加简单，而且施工快速。金属格栅坝十分经济，废旧的钢轨或钢管均可作为格栅材料。为了增强格栅的强度，在沟谷比较宽（如大于 8 m）的地方，应在沟中增设钢筋混凝土支墩[19]。

4.2.5.8 钢索坝

钢索式拦砂坝是采用钢索编制成网，再固定在沟床上而构成的。这种结构有良好的柔性，能消除泥石流巨大的冲击力，促使泥石流在坝上游淤积。这种坝结构简单，施工方便，但耐久性差，目前使用得很少[19]。

图 4.2－4 为各种类型的拦砂坝。

图 4.2－4　各种类型的拦砂坝

4.3　拦砂坎设计

拦砂坎是为稳定河道、防止水流侵蚀和冲刷而横阻河谷的河床保护设施，也称为固床工（见图 4.3－1）。拦砂坎表面粗糙而多孔，可有效缓减水流速度，减小纵向侵蚀；分级分段设置陡坎可以有效控制水流，稳定流心，保护两岸坡脚免于淘刷，防止垮塌；同时也可起到拦截悬移质和沉沙的作用[1]。

与拦砂坝不同的是，拦砂坎构造物的高度更低，如中国台湾的设计经验一般是在 1 m 以下，日本的设计经验一般控制在 2～3 m 以下；无法拦截大粒径石块，只能起固床作用；为达到更好的效果，经常设置成多级、多段、连续的拦砂坎群。拦砂坎也不同于连续跌水构筑物，因为拦砂坎的陡坎要留有较大面积的缺口过流，而跌水建筑物不留缺口，也不负责固床和拦蓄泥沙[1]。

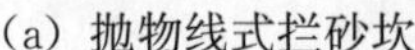

(a) 抛物线式拦砂坎

(b) 门槛式拦砂坎

图 4.3-1　不同形式的拦砂坎

拦砂坎类型众多，如按整体分类可分为阶段式、台阶式和斜坡（台阶）混合式（见图 4.3-6d）；按挡水构筑物的横断面分类可分为复式断面式（见图 4.3-6a、b）、抛物线式（见图 4.3-1a）、钢骨填石式（见图 4.3-4b）、缺口式（见图 4.3-6c）、柱状式（见图 4.3-4a）、门槛式（见图 4.3-1b）和丁坝拦砂坎（见图 4.3-3）；按材料分类可分为混凝土拦砂坎、砌石拦砂坎（见图 4.3-2）等。

在拦砂坎位置选择上，一般根据冲刷河流的具体情况，选择河底比降较大的河段（如大于 5%～10%）系统布置，下游拦砂坎顶部与相邻上游拦砂坎底部等高。在拦砂坎形式的选择上，可根据河道的不同情况，选择合适的类型，现分类介绍如下[1]：

对于山区河流上游山洪多发的河道，拦砂坎应以坚固稳定为设计重点。汛期来临时，山洪往往携带大量能量，需要坚固的拦砂坎削减洪水的动能，以减小其对河岸的冲刷。图 4.3-2 为一种混凝土砌石拦砂坎的设计断面图，此形式的拦砂坎的高度在 2～3 m之间，两岸可嵌入原地层 1～3 m，齿墙埋深可达 2.5 m，十分坚固耐用[1]。

此外，还可以选用连续丁坝作为拦砂坎（见图 4.3-3），造价相对低廉，也利于施工，工期较短；或者采用柱状填石或钢骨填石式拦砂坎（见图 4.3-4），河床内人工覆以大块石护岸和护底，由立柱或钢骨架卡住大块石位置，提高了河床糙率，有效减缓了洪水流速，减小了河床的淘刷[1]。

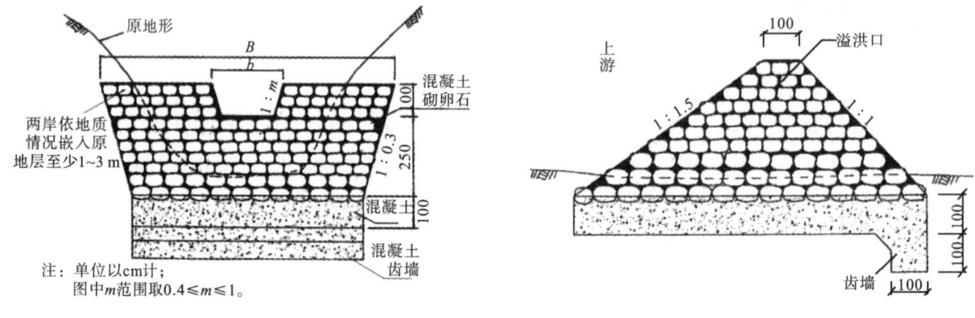

(a) 砌石拦砂坎立面图　　(b) 砌石拦砂坎剖面图

图 4.3-2　混凝土砌石拦砂坎

（a）丁坝拦砂坎局部景

（b）丁坝拦砂坎全景

图 4.3-3 丁坝拦砂坎

（a）柱状填石式拦砂坎

（b）钢骨填石式拦砂坎

图 4.3-4 填石式拦砂坎

对于有美观要求的清水冲刷河流，则可以考虑采用有景观效果的拦砂坎。比如采用混凝土嵌卵石固床有着很好的美观特性，甚至许多住宅小区的景观绿化都选用大块卵石材料制作跌水景观，与卵石驳岸一同营造亲水效果。嵌石拦砂坎的两种设计方案断面如图 4.3-5a，b 所示。在方案 A 设计中，将粒径较大的卵石（$d \geqslant 30$ cm）嵌入钢筋混凝土中，其中下游坡比较缓，可取 $1:n=1:(8\sim10)$；方案 B 则采用踏步台式嵌石固床形式，其中 $1:n=1:(8\sim10)$ 或更缓，均可达到较好的景观效果[1]（见图 4.3-5c）。

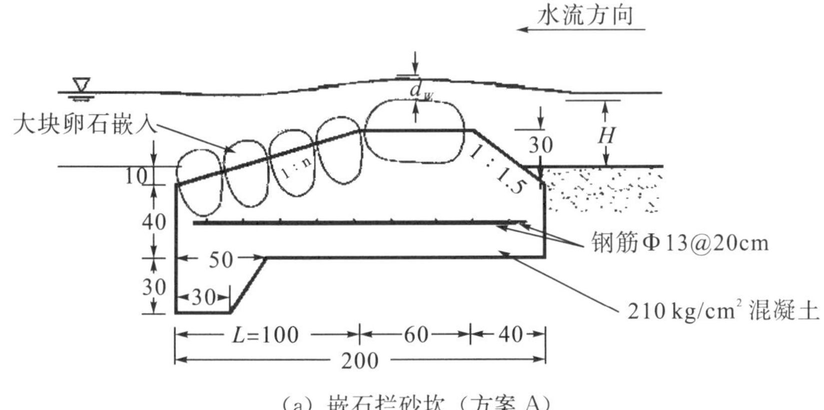

（a）嵌石拦砂坎（方案 A）

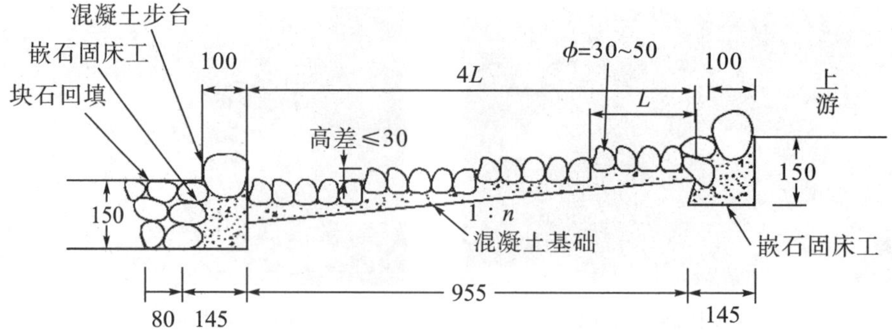

(b) 嵌石拦砂坎（方案 B）

(c) 嵌石拦砂坎景观效果

图 4.3－5　嵌石拦砂坎

此外，景观拦砂坎还有复式断面式（见图 4.3－6a，b）、缺口式（见图 4.3－6c）、斜坡混合式（见图 4.3－6d），不但有较好的美观效果，而且构筑物的布置顺应了原河道的走势，与周边的生态系统和谐共存，对清水冲刷的景观河段提供了参考借鉴[1]。

(a) 复式断面式拦砂坎

(b) 复式断面式拦砂坎

(c) 缺口式拦砂坎

(d) 斜坡（台阶）混合式拦砂坎

图 4.3－6　其他形式的景观拦砂坎

4.4　景观闸设计

在河道治理中，针对特殊的河道及地形条件，常需建设闸坝来挡水和泄水，使内河保持一定的景观水位，以改善水环境。水闸是一种能够调节水位、控制流量的低水头水工建筑物，主要依靠闸门控制水流，具有挡水和泄（引）水的双重功能，在防洪、治涝、灌溉、供水、航运、发电等方面应用十分广泛[1]。随着现代城市的建设与发展，景观闸需满足建筑物外观与周围环境相协调的要求，符合生态化、景观化，营造人水相亲的生态与环境，体现城市发展水平、风貌和特色[16]。

景观闸在分类上形式多样，在河道治理中常见的水闸可分为全闸（见图 4.4－1a)、翻板闸（见图 4.4－1b)、钢坝闸、气动盾形闸，以及其他形式的景观闸。以上几种形式景观闸的具体比较，详见表 4.4－1。

(a) 全闸景观

(b) 翻板闸景观

图 4.4－1　景观闸

表 4.4－1　几种景观闸形式比较一览表

	全闸	翻板闸	钢坝闸	气动盾形闸
高度和规模	<30 m，规模较大	<7 m，规模较小	<7 m，规模较小	<10 m，规模较小
可控水位	范围大，水头大，<30 m	范围小，一般 5～7 m	水头低，1～7 m	1～10 m

续表4.4-1

	全闸	翻板闸	钢坝闸	气动盾形闸
流速限制			20～100 m/s	
水质要求	无	推移质少，漂浮物少	无	无
结构	复杂	简单	简单	较简单
成本和施工	高，施工周期长	低，制作安装方便	低，制作安装方便	高
管理	复杂	正常工作时无须人员	简单	简单
维护重点		金属结构	钢材防锈机电设备	气动闸
适用范围	大中型河道	中小型河道	宽浅型河流	较宽的城市河流

4.4.1 全闸

全闸是最常见的横跨于河床的水工建筑物（见图 4.4-2），其闸室包括底板、闸墩、闸门和交通桥等几部分。全闸的结构作用明确，设计方法简便，安全可靠；对地形、地质条件适应性强，适用于任何河道；控制调节方便，关闭闸门时，可以很好地控制水位以及引水流量，开启闸门时，可以快速泄洪排涝；同时可根据下游用水需要调节流量。但是与其他类型的景观闸相比，全闸的工程量和造价明显偏高，施工工艺复杂且施工工期较长[1]。

图 4.4-2　全闸效果图

全闸的位置选择需考虑过闸水流的形态，尽量减小水荷载对闸坝的不良影响。因此，拦河闸宜选在河道顺直、河势稳定的河段，闸坝轴线与河道中心线正交；若布置在河流弯道上，闸门段宜靠近河道深泓的岸边布置。图 4.4-3 为某全闸剖面设计图和下游立视图。整个闸坝工程结构复杂，为保证下游冲刷稳定，需设计较大规模的坝后消能工，闸坝横亘于江河之中，虽磅礴大气，但是景观效果较差[1]。

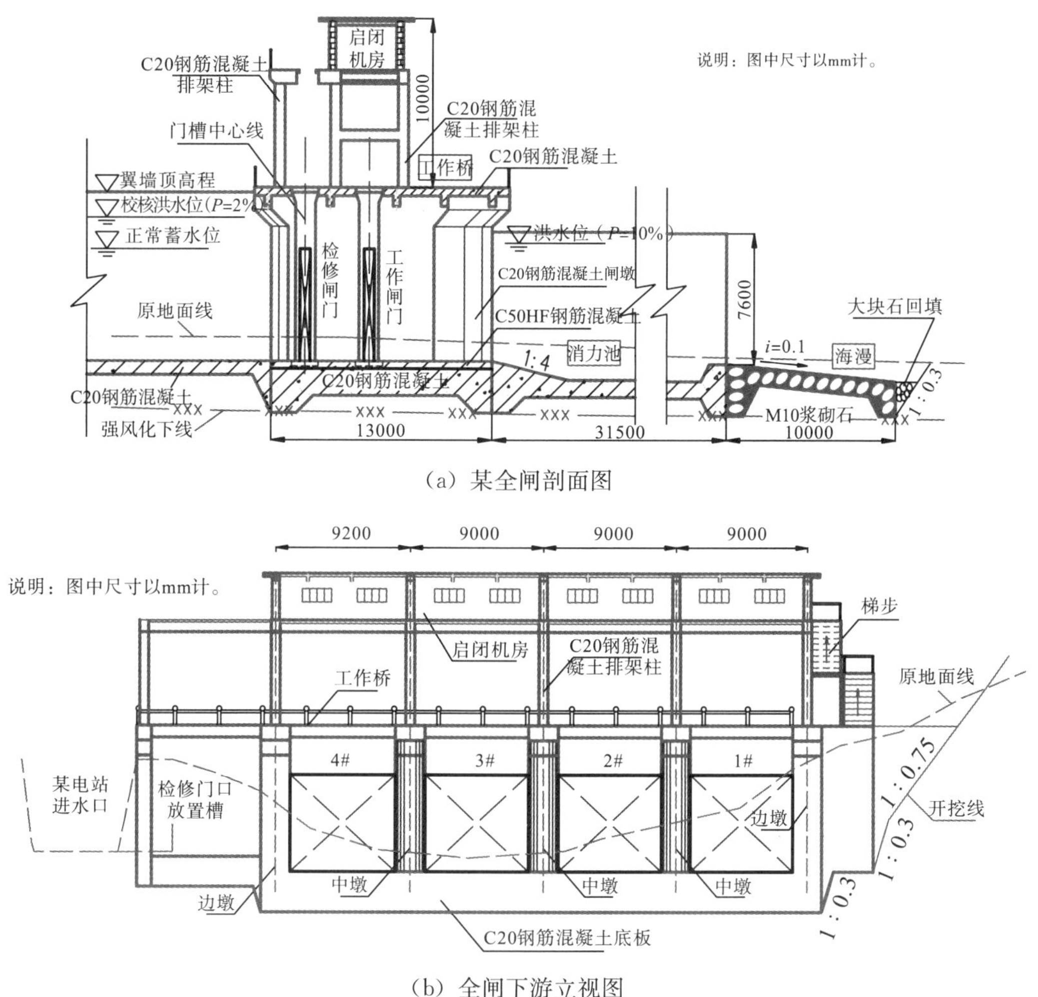

（a）某全闸剖面图

（b）全闸下游立视图

图 4.4－3　某水闸设计示意图

4.4.2　翻板闸

对于河道治理的景观闸打造，可以选择结构简洁、美观大方的翻板闸[1]。

翻板闸主要由面板、支腿、支墩及连杆等部件组成，通过上游来水量的增减自动控制作用于闸门上的合力大小及作用点位置，同时利用杠杆平衡与转动的工作原理，实现翻板闸门的自动开启和关闭。当上游水位升高时，闸门会绕“横轴”逐渐开启泄流；当上游水位下降时，闸门逐渐回关蓄水，使上游水位始终保持在设计要求范围内[1]。翻板闸可以为全水力自控（见图 4.4－4a），或加用液压连杆，即半自动翻板闸（见图 4.4－4b）。

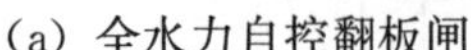

(a) 全水力自控翻板闸

(b) 液压连杆翻板闸

图 4.4－4　翻板闸

翻板闸的优点是造价低廉、工期短、节能环保、简洁美观、维修和管理方便；全开时倾角较小，泄流能力大，水位壅高少；可以自控水位，自动启闭，运行管理安全，省人、省事、省时、省力。翻板闸的缺点是对河流水质要求较高，对河流泥沙的适应能力较弱，因为翻板闸易被推移质、漂浮物卡死，无法自动翻板，影响防洪安全；易造成阻水，暴雨期间，往往经不起瞬间特大洪水的冲击，坝体易被洪水冲毁；经过洪水冲击后，翻板门容易被异物卡住关闭不严，造成水库大量漏水，无法正常蓄水工作；翻板闸在某些水力条件下容易发生小开度频繁翻转拍打现象，长此以往会导致翻板闸门底部和固定件的疲劳破损，以致闸坝漏水严重，直至造成整个翻板闸工程的破坏；坝体上游漂浮物较难清理，导致河道脏乱，污染环境；翻板闸初启水位较高，而回关水位偏低，苛刻的条件有时难以满足使用要求；开闸泄洪不受人为控制，往往在没有征兆或通知的情况下，上游就翻坝泄洪，存在很大的安全隐患。

翻板闸是目前国内最常见的一类自控闸门，是我国研发出来并拥有完全自主知识产权的一种节能、环保型闸门，先后经历了横轴双支铰型、多支铰型、滚轮连杆式和滑块式水力自控型 4 个发展阶段[2]。例如我国汉江支流天河尾间郧西县的天河口翻板闸门、广东省怀集县水下三级水电站翻板坝等。在国外的应用中，日本拟利用翻板坝来防止海啸对沿海岸地带居民的袭击[3]。图 4.4－5a 是目前推广最多的预倾角的滚轮连杆式翻板闸。翻板闸开启状态下的剖面示意如图 4.4－5b 所示。翻板闸采用平板闸门，可以使用钢闸门、钢筋混凝土闸门或新型复合材料闸门，比如特殊复合材料 MGA、MGB，该种材料在水下运行多年无须加润滑油也不会锈蚀。翻板闸门以其巧妙的设计原理，成熟可靠的运行经验，已经成为景观闸中应用最广泛的一种形式[1]，特别适用于洪水陡涨陡落、供电、交通不便的山溪性河道中。在城市河道整治中，为防洪、便于运行管理及美化环境改善景观等亦常采用翻板闸，但翻板闸不能用在多泥沙河流中[3]。

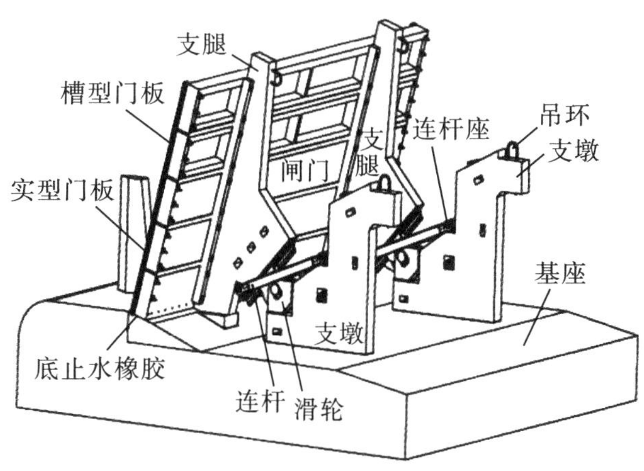

(a) 预倾角滚轮连杆式翻板闸

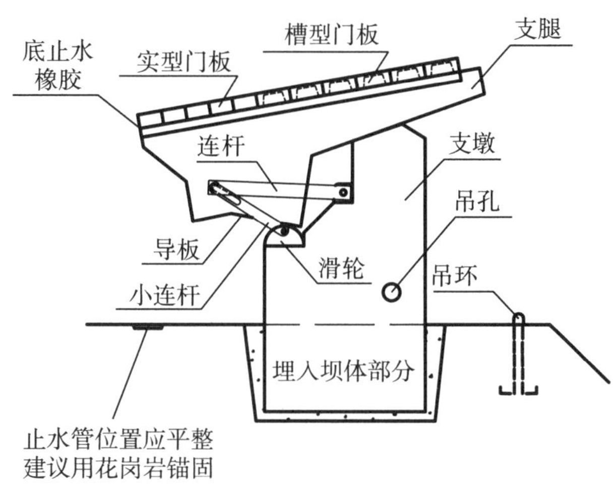

(b) 双连杆翻板闸剖面图

图 4.4—5　翻板闸结构图

4.4.3　钢坝闸

鉴于翻板闸容易被淤沙卡死、影响正常启闭的缺点，近年来发展了一种新型可调控钢板闸门，即钢坝闸（见图 4.4—6）。钢坝闸是一种底横轴驱动翻板闸，由带固定轴的钢闸门门体、启闭设备等组成，土建结构非常简单。钢坝闸的原理是通过两侧边墩内的液压启闭机来带动闸门的拐臂驱动，拐臂带动底轴转动，并且钢闸门叶与底轴铆接在一起，整个启闭过程在 2 分钟之内即可完成，这样就可以达到闸门竖起时蓄水、卧倒时排水的目的[1]。钢坝闸是一种特殊结构的坝闸形式，它没有底门槽和侧门槽，是门叶围绕底轴心旋转的结构。上游止水压在圆轴上，当闸竖起或倒下时，止水不离圆轴的表面，始终保持密封止水状态；侧面止水同样的原理，止水面始终不离开侧胸墙（不锈钢埋件或大理石），故淤沙（泥）不会影响钢坝闸的开启和关闭[14]。在淤积较严重的地区，一般在闸前设挡沙（泥）槛和喇叭口：一是为了有效挡住大的石块；二是当塌坝泄洪时，提高闸门位置的流速，可有效地让泥沙、水混合物直接随洪水冲至下游[15]。

图 4.4-6　钢坝闸

钢坝闸在设计上摈弃了翻板闸复杂的滚轮和连杆结构，是一种新颖、美观、实用的可调控溢流闸。其优点是无中间闸墩，结构简单，节省土建投资；采用简单的启闭机和钢闸门拐臂（见图 4.4-7），底部固定轴开关使得钢坝闸的启闭不会受到河流中淤泥和块石或漂浮物的影响，运行可靠，更适宜在推移质多的河道中使用；易于安装和维护，使用寿命长[15]；闸坝启闭灵活快速，开度无级可调，方便调度，可灵活控制上游水位，适用于急涨急落需要快速开闸泄洪的河道，有利于行洪排涝；可升坝蓄水或塌坝行洪，还可以坝顶过水，形成人工瀑布的景观效果，与周围环境融合性好；启闭设备隐蔽，闸门开启时，横卧水底，无碍通航，行洪能力强[6]；它利用自然又不破坏自然，既可解决城市河道泄洪与蓄水的矛盾，又利于生态环境的保护[14]。其缺点是闸室较宽，闸底板较厚，工程造价高；基础处理要求相对较高，底轴受基础不均匀沉降的影响较大[6]；单扇门页过长，易扭曲变形；不便设置检修闸门，河道内维修时需要放水或设围堰，运行管理不便。

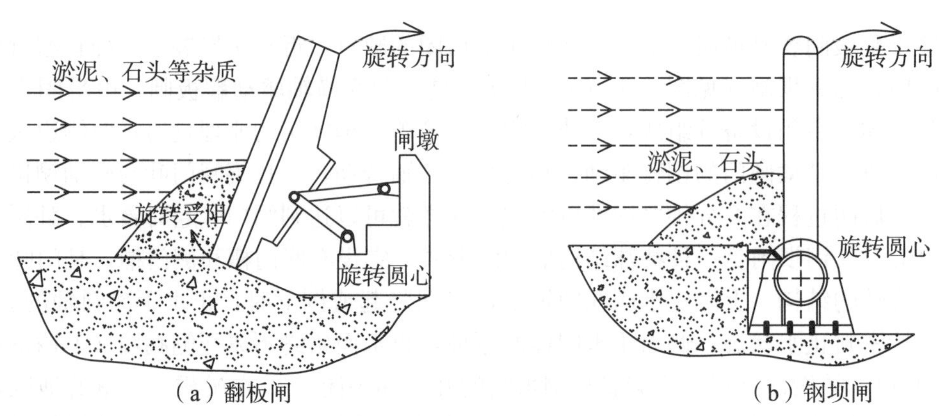

图 4.4-7　钢坝闸与翻板闸运行原理比较

钢坝闸由于底轴驱动及主纵梁结构使闸孔宽度不受传统横梁的限制，广泛应用于闸孔较宽（10～100 m），而水位差较小（1～7 m）的城市宽浅型河流或中小型浅滩河道的防洪治理和景观工程[1]，或山区河道洪水急涨，要求快速开闸泄洪的工程。

4.4.4　气动盾形闸

气动盾形闸是目前国内新颖美观的景观水闸形式之一，是综合传统钢结构翻板闸及橡胶坝优点的一种新型可调节闸门，主要由盾形钢闸门、高分子材料的气袋、埋件、空压系统和闸门控制系统等组成（见图 4.4－8）。门体挡水面是一排强化钢板，气袋支撑在钢板下游面，利用气袋的充气或排气控制门体起伏和支承闸门的挡水，并可精确控制闸门开度[5]，从而维持特定的水位高度，允许闸门顶部溢流。当需要闸门升起挡水时，压缩空气充满气袋，使闸门面板处于挡水状态；当需要闸门倒伏泄水时，打开排气阀将气袋内的空气排放，使得盾形闸门向下游倒伏几乎完全平卧于河床底部。该闸门挡水时的支承结构主要为高分子材料的气袋，最高挡水高度可达到 10 m[4]。

图 4.4－8　气动盾形闸

气动盾形闸门系统具有以下明显的优点[4]：

（1）维持河道净宽，过流能力强。整套气动盾形闸门系统由若干模块化的盾形钢闸门及气袋组合而成，拦河宽度不受限制且中间不需要设置闸墩，适用于不同跨度的河道。气动闸在整个河道宽度范围内可完全倒伏，泄水面几乎与河道宽度一致，能实现大面积高效率泄水，河道景观效果较好，不影响河道的通航。气动盾形门体和闸底铰链的设计亦使得泥沙、树枝、冰块、浮木及其他杂物容易流过，不易造成阻塞。气动闸的门体加筋板兼导流功能，可平顺水流并减少冲刷。

（2）安全性能高。盾形闸门可完全倒伏于河床底部，不影响河道泄洪、景观、通航和水生动物的洄游。既能手动控制水位，又能自动控制水位，特别是对因洪水泛滥时引发的断电，仍可通过手动控制方式紧急排放气袋内的空气实现安全泄洪。泄洪后，即使闸门上沉积污泥等杂物，仍不影响其正常运行。

（3）环保性能好，维护生态。气袋采用食品级材料制作，以压缩干净空气作为驱动，没有任何机械用油，不会造成水和周围环境的污染，更不存在液压启闭机的油泄露现象或启闭时间延长问题，环保性能好。气动闸可完全倒伏在河底，无水位落差，不影响水生物的上下通过，保持河道及生态连续性，有效维护生态环境。

（4）河流蓄水，休闲造景。这个特点非常适宜于城市河流或者人工湖，不影响通航，稳定的水位为周边提供休闲娱乐的水景观，而溢流时形成的瀑布景观更为城市增添优美的风景，成为人文景观。

（5）安装简易，建设周期短，维护方便。气动闸采用组合式的设计，形成各自独立的模块单元，结构简单，抗震性能好。单元模块重量轻，一般都不需要大中型起重设备，安装较为省时省力，大大缩短气动闸建设周期。气动闸故障率较低，维修方便，不需要整体系统更换。

（6）性价比高，使用寿命长。气动闸不需要启闭机械等设备，对土建基础要求不高，只需简单地基，不需设置中间闸墩和维修廊道。无机械驱动，运行时对供电功率要求较小，采用压缩空气作为动力，运行维护成本较低。气袋支撑的盾形钢闸门结构可以安全保护气袋本身，避免被浮木、砾石、冰块等杂物损伤。气动盾形闸整体使用寿命理论上可达到 30 年以上。

（7）不易淤积。气动盾形闸门处于长期升起挡水状态时，闸门上游底部会有一些泥沙淤积，当气袋放气闸门下落倒伏时，大部分泥沙会随水流冲到下游，泥沙对气动盾形闸的闸门启闭没有任何影响。气动盾形闸处于长期倒伏过水状态时，闸门会比下游位置略高，且呈光滑弧面，一直处在过水状态，不会形成泥沙淤积。

气动盾形闸门结构新颖，与周围环境协调，充分满足现代化水利工程生态化、景观化要求，主要应用于城市中心河流水生态景观工程。它不但具有常规挡水功能，而且兼具人造景观、改善水质的功能。它还可应用于河道、水库、海堤、饮水、农田灌溉、防旱排涝等工程[5]。北京清水河环境治理工程以及贵州贵阳南明河综合治理工程（挡水高度为 8 m，跨度为 60 m）均采用了气动盾形闸门系统，取得了良好的水生态景观效果。

4.4.5 弓形闸

弓形闸为半圆拱型结构（见图 4.4－9），圆弧凸向上游侧，挡水时为受压拱，断面为密闭的箱梁结构，面板在上游侧，门叶顶部设计成流线型的导流板，以利于挑流形成瀑布。圆拱两端通过球型支铰支承在闸墩上，支铰长期浸没于水中，要求密封性好，防止水和泥沙进入[6]。

自润滑关节轴承具有一定的调心作用，可传递轴向荷载，消除闸门制造、安装误差，适应闸门变形及微摆动。闸门侧止水布置于圆弧两侧，采用插拔式，由两种 V 形水封组合而成，侧水封组件直接插入侧墙上预留的燕尾形插槽内，不锈钢复合止水座板布置在门叶上。底止水采用 U 形断面及高弹性材质，保证了闭门时底水封与底槛的良好接触[6]。

弓形闸采用双吊点盘香式启闭机，启闭机房布置在排架顶部，钢丝绳通过布置在圆拱形排架上的导向卷筒与闸门两侧吊梁铰接，启吊闸门[6]。

闸门水平横卧挡水，门顶过流形成瀑布景观，导流板上部设人行桥，供检修及观光使用。开启时，启闭机通过钢丝绳拉动闸门吊点，使闸门以铰轴为圆心向上转动，到达60°时停止并锁定，河道行洪过流[6]。

弓形闸的优点是孔口跨度大，造型独特，具有较高的观赏性和新颖性，景观效果好；缺点是闸室长，闸门结构复杂、重量大，制造安装困难，造价高[6]。

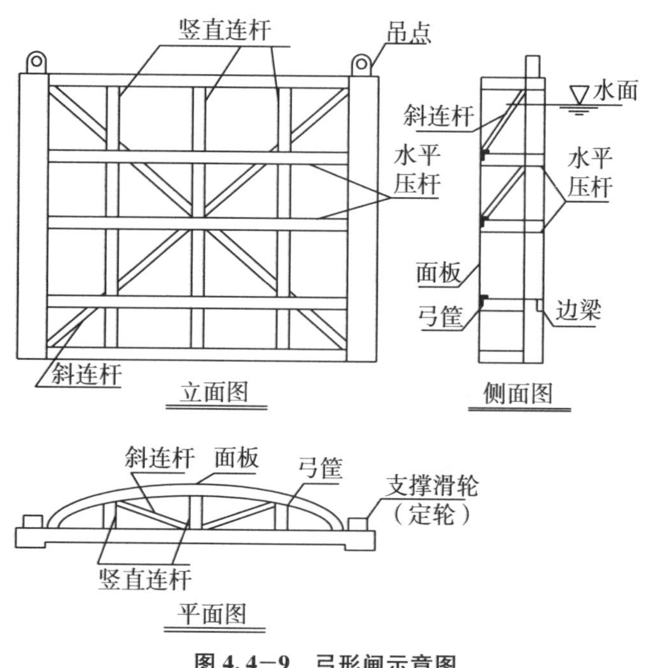

图 4.4—9　弓形闸示意图

4.4.6　其他景观闸

在有条件的河道，景观闸已经不仅限于水闸与周围环境的和谐共处，可以考虑采用创新思维和新型技术，在景观闸的设计上更加华丽出众，在外表上更加博人眼球，甚至成为能够体现城市发展水平的标志性建筑物。现以南京市著名的三汊河河口景观闸为案例作为简单介绍[1]。

三汊河河口景观闸工程在 2004 年 8 月开工，次年 9 月 30 日完成了工程的建设，从此秦淮河水位完成了由自然状态向人为控制的转变。如图 4.4—10 所示，景观闸外形独特，采用“双孔护镜门”式河闸设计方案，分为两孔，每孔净宽 40 m，门高 6.5 m，其顶部设有可垂直升降的小叶门，可停留在高程 5.5～6.65 m 范围内任何位置，不但能调节水位，还能在闸门升起时营造“人工瀑布”的景观效果（见图 4.4—10b）。三汊河景观闸是世界第三座采用“双孔护镜门”类型的水闸，其中大闸门叠加溢流小门的结构形式更是作为世界首创，其技术难度、结构复杂程度在世界低水头河道水闸中名列前茅[1]。

三汊河河口闸在长江枯期时关闭蓄水，使闸上游的秦淮河水位保持在 6.5 m 左右，比长江水位高出约 2 m；等汛期来临时开闸放水，秦淮河水流入长江，等枯期时再次下闸蓄水，由此完成了秦淮河河水的更换循环[1]。

南京三汊河河口景观闸作为国内城市景观闸建设的典例，其华丽出彩的外形和先进独特的设计给人们留下深刻的印象。该工程反映了南京市的城市发展水平，展现了城市面貌，使六朝古都的秦淮水文化在现代的水利建设中得到了发展与提升。作为西部典范的成都市，同样可以借鉴南京市景观闸建设的经验，建设具有蓉城特色的水闸，让成都千年流淌传承不息的水文化在此升华[1]。

(a) 闸门关闭蓄水状态

(b) 闸门开启状态

图 4.4-10　南京三汊河河口景观闸工程

4.5　景观坝设计

河道治理工程中，挡水坝是最常见的水工建筑物，均属于水头较低的溢流堰。其中滚水坝是传统的溢流堰，而橡胶坝和液压升降坝属于新型的可调节坝高的活动坝。以上三种坝型设计在景观坝中占绝大多数，具体坝型比较详见表 4.5-1[1]。

表 4.5−1　三种类型景观坝比较一览表

	滚水坝	橡胶坝	液压升降坝
坝高及规模	规模较大	一般<5 m	坝门 1.5～6 m，坝高可达 10 m
材料	混凝土、浆砌石	高分子纤维及橡胶涂层	混凝土基座与金属挡板
结构特点	结构复杂，稳定	坝袋结构，简单可靠	液压控制坝门，结构简单
阻水效果	阻水，有淤积问题	不阻水，行洪效果好	不阻水，行洪效果好
水位调节	不可调	可调（河底至坝顶）	可调（基座至门顶）
抗冲及抗震		抗震效果好	抗冲效果好
寿命	较长	坝袋需定期更换	部件寿命约 30 年
成本及施工	较高，施工周期长	较低，施工快	较低，施工快
管理及维护	费用相对较高	操作简便，费用低	费用低，可无人看守
适用范围	无要求	流速小，推移质少	流速大，推移质较多河道

4.5.1　滚水坝

滚水坝，即低溢流堰。溢流坝作为大型水利枢纽的溢流坝段负责挡水和泄洪，而在河道治理工程中，传统的滚水坝只保留了抬高水位、拦蓄泥沙的作用。例如城市河道的滚水坝可以壅高水位，创造更多的景观水面；水位高于堰顶时河水可自由泄流，营造瀑布景观效果；乡镇河道的滚水坝可以拦蓄泥沙，提高下游水质，为灌渠引水创造条件。河道中的滚水坝一般采用混凝土坝或砌石坝，常见的是重力式（见图 4.5−1a），也有采用支墩坝等设计形式[1]（见图 4.5−1b）。

（a）双流金马河重力式滚水坝

（b）温江江安河支墩坝式滚水坝

图 4.5−1　滚水坝

滚水坝最常见的堰体形式有实用堰和宽顶堰，宽顶堰的结构呈现出堰顶宽度较大、堰体剖面较宽的特点。实用堰有折线形实用堰和曲线形实用堰两种结构，一般情况下，大型或者中型的河道工程会采用曲线形实用堰，因为其流量系数较大且过流能力强；折线形实用堰较多地应用于小型河道溢流工程中，与曲线形实用堰相比，虽然流量系数较低，但是其设计施工成本较低[7]。

溢流坝的形式简单，结构安全可靠，使用寿命长，其设计与施工有着丰富的经验。但是溢流坝的淤积问题突出，且坝高固定，无法调节水位；由于其采用水跃消能，虽效果较好，但坝身较高，水头较大，稳定和防渗问题突出，因此需要较长的坝前防渗铺盖和坝后消力池，与橡胶坝、升降坝相比，土建量较大。图 4.5—2 为某滚水坝的剖面设计图，采用重力式曲线形堰，虽然坝前堰高只有 3 m，但整个滚水坝工程占用河道长度将近 43 m，工程量较大[1]。

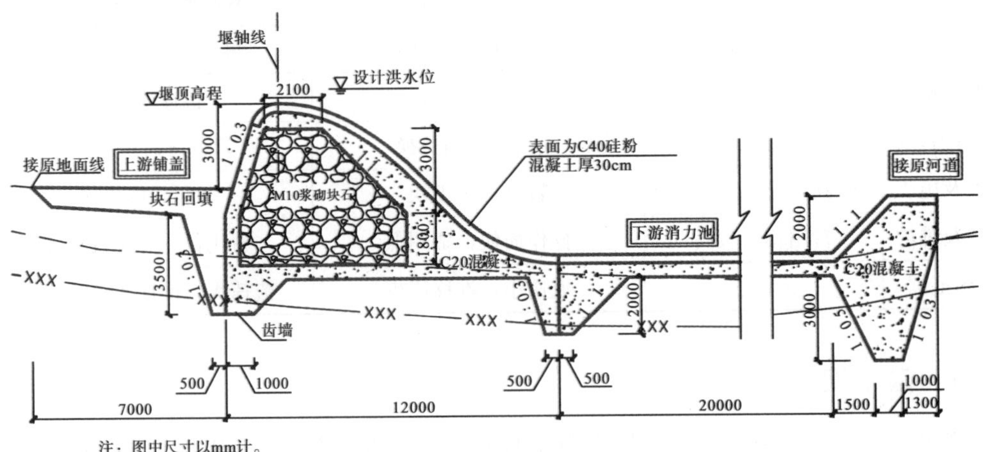

图 4.5—2　滚水坝剖面设计图

为了达到更好的景观效果，构建人与水、人与自然的和谐体系，滚水坝可以在设计上采用新型方案，营造绿色生态环境。比如可将常规滚水坝设置成折线形景观堰，或者对于水头较低（不高于 2 m）的滚水坝，可设计为景观滚水坝，突出绿化效果（见图 4.5—3a、b）。图 4.5—3c 为某低水头滚水坝的景观化打造，采用混凝土直墙式档水堰，镶嵌大小不一的卵石作为点缀，在溢流时可产生不同的浪花，与周围生态驳岸一同展现出非常美观的环境效果。此类型设计适用于流经住宅小区的支沟景观打造，滚水坝高度一般不高于 2 m、水流流速较缓的情况[1]。

(a) 折线形景观滚水坝

(b) 混凝土镶砌石景观坝

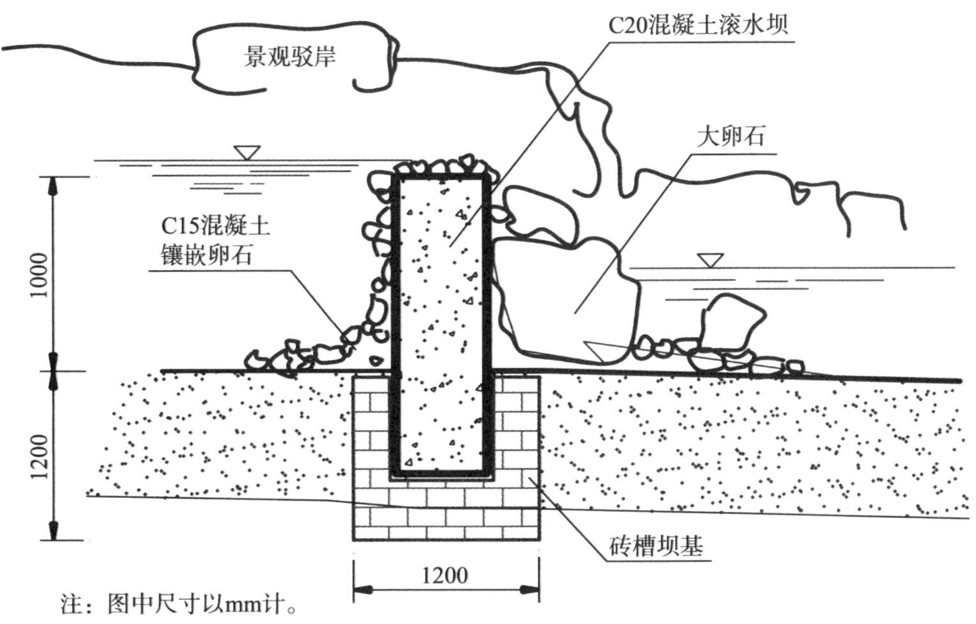

(c) 混凝土镶砌卵石景观滚水坝剖面设计

图 4.5-3　景观滚水坝

4.5.2　橡胶坝

橡胶坝是一种低水头水工建筑物，它是用高强度合成纤维织物作为受力骨架，内外涂敷高分子合成橡胶作为黏结保护层[1]，按设计要求的尺寸加工成高强度胶布，再将其锚固于底板上成封闭状的坝袋[8]，通过连接坝袋和充胀介质的管道及控制设备，用水（或气）胀而形成的一种袋式挡水坝（见图 4.5-4）。由于橡胶坝坝顶允许溢流，故亦属于滚水坝。其主要作用是通过调节阀门来进行坝袋的充坍，以达到控制流量和调节水位的目的，既可充坝挡水，也可坍坝过流。橡胶坝高低调节自如，既起到了闸门、滚水坝和活动坝的作用，又有良好的景观效果，在河道治理中广泛应用于防洪、灌溉、供水以及城市景观建设等[1]，特别是低水头、大跨度的闸坝工程，而不宜用于水位变化过于频繁的河道。

橡胶坝工程一般由土建部分、坝袋及锚固件、充排水（气）设施及控制系统等部分组成。橡胶坝的高度较低，一般小于 5 m，而跨度较大，单跨可达 100 m。根据充胀介质的不同，橡胶坝可分为充水式和充气式两种。其中，充水式橡胶坝在坝顶溢流的水流状态稳定，过水均匀，振动较小；而充气式橡胶坝由于气体压缩性较大，水流溢流时会出现凹口现象，导致水流集中并且对下游冲刷明显，所以充水式橡胶坝更为常见[1]。

橡胶坝作为新型的柔性材料低水头建筑物，其优点众多。由于其特殊结构和特殊材料，橡胶坝的钢材和混凝土用料比传统滚水坝节省 30%～50%；稳定可靠，止水效果好，结构简单，橡胶坝自重荷载明显小于常规材料坝，其基础底板、上游防渗和下游消能工等结构均可做适当简化；造价成本较低，比传统滚水坝可减少 30%～70%；施工周期短，由于橡胶坝袋在工厂预制，现场安装简单快速，整个橡胶坝工程工期一般仅为

2~6个月[1]；跨度大，坝顶可以溢流，塌坝时不影响河道行洪；采用彩色坝袋，造型优美，水体景观较好[6]；橡胶坝坝体为柔性结构，对河床基础适应性很强，抗震和抗冲性能好[1]；袋坝锚固于底板和岸墙上，基本能达到不漏水；坝袋内水泄空后，紧贴在地板上，不缩小原有河床断面，无须建中间闸墩、启闭机架等结构，故不阻水[9]。橡胶坝的缺点是运行时升坝、塌坝时间较长，影响快速截流或泄洪，汛期塌坝与蓄水调度协调较困难；增加泵房，机电设备；需人工定期清理漂浮物[3]；橡胶存在易老化、割裂、开孔等弊端，易出现泄漏问题，需要经常补水（气），容易受到尖锐物体的损坏，寿命较短[6]；对于北方寒冷地区，冬季冰冻对坝袋危害较重[6]；塌坝放水后，出现泥砂淤积覆盖坝袋，需人工清理泥砂，而导致人为损坏坝袋[3]。

图 4.5-4　橡胶坝

橡胶坝的操作灵活简便，但运行时要严格按照规定的方案和操作规程进行，要注意坝袋内的充水（气）压力不能超过设计压力[1]，在充胀坝袋时不得一次将坝袋充至设计高度，宜按坝高分级进行充胀，逐级逐步达到设定坝高，每次停留时间不得少于0.5 h[10]，以免坝袋爆破。橡胶坝虽然很少维修，但需做定期检查，尤其是在洪水过后，要检查是否有漂浮物对坝袋造成刺伤，以及坝体振动、坝袋与底板磨损、河卵石摩擦撞击坝袋等造成的损害。橡胶坝袋容易受到尖利和有尖角物体的损坏，故应划出橡胶坝工程的管理范围和安全区域，专门在坝体上游拦截有危害的漂浮物[1]。坝顶溢流时，可通过改变坝高来调节溢流水深，从而避免坝袋发生振动。当坍坝泄洪时，必须使坝袋坍平，防止坝袋内残留的介质在上游水压力作用下，使坝体产生振动。当下游水位增高时，坝袋坍平易发生飘动或蠕动现象，为防止坝袋拍打，可向坝内充水，使坝袋成为一个充胀的弹性体，增加稳定性。在寒冷地区的冰冻期，充水式橡胶坝应保持自然坍落状态越冬，入冬前放空坝袋及管道内积水，冬季可利用冻冰层或积雪保护坝袋越冬。冬季需运用挡水的橡胶坝，在冰冻期可采取坝前破冰的办法，在坝袋临水面开凿一条小槽，使冰层与坝体隔开，防止冻胀压力对坝体的作用。在高温季节，为降低坝袋表面温度，可将坝高适当地降低，在坝顶上面短时间保持一定的溢流水深，从而减轻坝袋老化[10]。此外，橡胶坝坝袋寿命较短，10～15 年必须更换一次坝袋[1]。

图 4.5-5 为某城市河道的橡胶坝（含泵房）的剖面设计图。为达到更好的效果，泵房和控制室的设计可景观化，如外立面设计为古色古香的八角阁楼；在有通航要求的河道，应在河岸一侧布置船闸[1]（见图 4.5-6）。

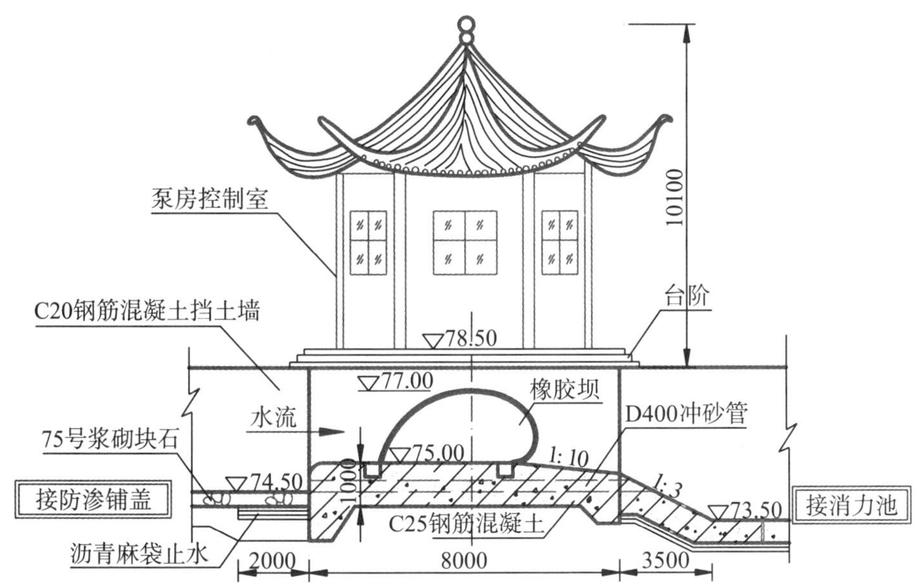

图 4.5-5　橡胶坝（含泵房）剖面设计图

图 4.5-6　府南河橡胶坝右岸布置船闸

4.5.3 液压升降坝

液压升降坝是一种活动坝，又称合页坝、卧倒坝，其原理类似于自卸汽车的力学原理[1]。如图 4.5−7 所示，液压升降坝主要由钢筋混凝土坝面（弧形或直线）、支撑杆、液压杆、液压缸及液压泵站组成[3]。液压升降坝下部为钢筋混凝土坝面（含液压升降基槽），上部采用液压升降系统控制坝门的开合，从而精确控制水位、调节流量，具有挡水和泄水的双重功能[1]。液压升降坝是在钢筋混凝土坝面的背面设置滑动支撑杆作为支撑，构成稳定的支墩坝，利用液压缸内的活塞沿内壁（即轴向）的往复运动，带动液压杆及坝体做直线运动，实现支墩坝活动和固定的相互转换，从而达到升坝时拦水、降坝时泄洪的目的。液压系统中的液压锁定装置，可满足局部开启状态下的过流要求。目前，液压升降坝多用于宽度 20～100 m，水位差 1～6 m 的河道，总坝高可达 10 余米[3]。

(a) 坝门升起

(b) 坝门卧倒

图 4.5−7 液压升降坝

液压升降坝在坝门升起后类似于支墩坝，坝后无须建设混凝土支墩，结构坚固可靠；坝门卧倒后沉入河底，不阻水，并且易于冲沙排淤，行洪效果极佳，甚至不影响航运。此外，液压升降坝投资低、成本小、施工快，液压系统简便，后期运行费用较低，景观效果较好，可改善人文环境（见图 4.5−8）。液压升降坝是应用最广泛的活动坝，技术相对成熟，运行经验丰富，适合于汛期涨落较快河道的景观打造，以及推移质较多的河道[1]。

图 4.5−8 液压升降坝营造小型瀑布的景观效果

4.5.3.1　液压升降坝的结构特点

弧形坝面、液压与支撑杆、液压泵站、液压缸以及油路系统是液压升降坝结构的主要组成部分。其中，弧形坝面采用钢筋混凝土材料，厚度、半径等关键参数需结合坝前挡水水头的实际情况加以确认。多扇坝板共同构成坝面，为确保坝体的止水效果，各坝板间设置止水橡皮而非阻水建筑物（如闸墩）。一般来说，单扇坝板的宽度为 6 m，坝高 1.5～6 m[11]。

液压升降坝的底部通过铰链轴固定于坝基之上，坝面支撑由铰链承力杆负责，液压杆设置于坝面后，通过其伸缩动作来带动坝面的扇形上下升降运动。为控制坝体升降，支撑杆、液压缸均设有解锁装置。通过设置浮标开关，可实现自动坍坝功能[11]。

液压升降坝由固定于底板上的转运轴、挡水平板门、设置于门后的液压升降杆和滑动支撑杆组成。挡水平板门可作近 90°的转动。当它升起（转动到直立位置）时，起挡水作用；当转到小于 90°直到水平位置时，起泄流作用。可随泄流量的大小控制起开度（即 0°～90°）[12]。因此，液压升降坝具有如下特点：

（1）结构简单，不占用河道断面；跨度较大、支撑可靠，抗洪水冲击的能力强；施工简易，除了底板是现场浇筑外，其他部分都是工厂化制作，现场安装。

（2）液压系统利用浮标开关，能根据洪水涨落情况自动完成液压升降坝的启闭操作，实时升降活动坝面，也可采取远程操作方式控制液压系统的功能，运行管理的自动化程度高、劳动强度较低。

（3）在倒伏状态下，液压升降坝平铺河床基础，具有优越的水力条件和泄流能力，不阻水。可以畅泄洪水、泥沙、卵石和漂浮物等，解决了泥砂淤积问题，并使河水清澈，保护环境。在设计水头范围内，能够有效调节活动坝面的高度，以满足下泄流量和上游蓄水水位的要求。

（4）蓄水后，活动坝面门前可形成平静、宽阔的水面，门顶溢流可作为小型瀑布景观[11]，有效改善生态人文环境，提高城市的社会环境等级。

（5）钢筋混凝土的材料强度高，耐久性好，日常维护和管理费用低，只需重点关注液压缸的密封性和防腐性。

（6）与传统闸坝相比，液压升降坝的混凝土工程量小，且无闸墩和金属结构埋件，不仅工期较短，而且可大幅减少建设成本[11]。

（7）适用范围广泛。液压升降坝属于低水头挡水建筑物，广泛应用于中小河流治理中的拦蓄水工程，如城市河道景观、小水电站建设、农田灌溉和环境保护等方面。由于其排砂排漂效果好，特别适用于橡胶坝不宜建造的多砂、多石、多树、多竹和寒冷地区的河流。同时，由于其放坝速度快，不影响防洪安全，特别适用于雨量充沛的南方及洪水陡涨陡落的山区[3]。

4.5.3.2　液压升降坝的过流特性

根据液压升降坝在运行时的工作情况，其过流可分为如下 3 种方式：液压升降坝立坝挡水时上游水头超过坝顶，水流从坝顶过流；液压升降坝局部坝段部分开启，从开启坝扇与挡水坝扇间的局部出流；在洪水期或需大流量放水时的塌坝过流[13]。

1）坝顶过流

液压升降坝的坝顶溢流属于典型的薄壁堰出流，设坝前堰上水头为 H，出流流量计算公式为[13]：

$$Q = m_0 B \sqrt{2g}\, H^{3/2} \tag{4.5.1}$$

式中：m_0为薄壁堰流量系数；B 为溢流宽度。

公式中流量系数 m_0可采用 Rehbock 公式计算：

$$m_0 = 0.4034 + 0.0534\frac{H}{a} + \frac{1}{1610H - 4.5} \tag{4.5.2}$$

式中：H 为堰上水头；a 为堰高；H，a 均以 m 计。Rehbock 公式的适用条件为：$H \geqslant 0.025$ m，$H/a \leqslant 2$。

对于液压升降坝单扇坝面出流，流量系数 m_0 还可使用 Bazin 经验公式计算[13]。

Bazin 经验公式：

$$m_0 = \left(0.405 + \frac{0.0027}{H}\right)\left[1 + 0.55\left(\frac{H}{H + a}\right)^2\right] \tag{4.5.3}$$

Bazin 经验公式的适用条件为：$H = 0.1 \sim 0.6$ m，$H/a \leqslant 2$，堰宽 $b = 0.2 \sim 2.0$ m。

液压升降坝在坝顶出流时，坝下可发生远驱式水跃、临界水跃和淹没水跃等 3 种不同形式的水跃。坝下发生远驱式水跃和临界水跃时，坝下游水位不影响坝的泄流量。当下游发生淹没水跃时，坝下水位仍不影响坝的泄流量。除非下游水位超过坝顶，液压升降坝的坝下水位一般不影响泄流量。当下游水位超过坝顶时，在正常工况下，液压升降坝坝面已放平，液压升降坝已属于塌坝过流，与基本河道过流类似[13]。

2）局部开启出流

可比照三角堰进行计算。

3）塌坝过流

由于坝宽小于上游河槽宽度，过坝水流受到两侧边界收缩的约束，使有效溢流宽度小于实际坝顶宽度，并使水头损失增大，因而降低了坝的过流能力。流量系数 m_0可采用板岛—手谷公式计算[13]：

$$m_0 = 0.4032 + \frac{0.00666}{H} + 0.0535\frac{H}{a} - 0.0967\sqrt{\frac{(B_0 - B)H}{B_0 a}} + 0.00768\sqrt{\frac{B_0}{a}} \tag{4.5.4}$$

式中：H 为堰上水头；a 为堰高；B 为堰宽；B_0为河槽宽；以上均以 m 计。公式适用条件为：$B_0 = 0.5 \sim 6.3$ m，$B = 0.15 \sim 5$ m，$H = (0.03 \sim 0.45)\sqrt{B}$ 。

流量系数 m_0也可使用有侧收缩的 Bazin 经验公式计算[13]。

液压升降坝采用钢筋混凝土坝面、高标准的液压装置和高科技的混合止水材料等组成，是一种新技术、新产品，具有造价适中、管理经济、检修方便、使用寿命长、运行活动自如、拦水和排水时速快、效果好等优点。它的推广应用因发挥了一定经济、人文、景观和生态作用而受到广大业主的欢迎[13]。

本章小结

在河流综合治理过程中，各个地区为充分开发河道的综合效益，加强生态环境建设以及美化环境，建设拦蓄景观工程已成为各地发展考虑的重要内容。最近几年，国家大力号召推动城镇化进程和加强水生态文明建设，人们也越来越重视河道内拦蓄景观工程的建设，因为它不仅能够满足灌溉发电、景观建设以及环境保护等需要，而且还有利于提高城市品位，提升两岸环境形象，具有功能性和美观性两种重要功能。

本章 4.1 节先讲述了拦蓄景观建筑物的分类，包括拦砂坝、拦砂坎、景观闸以及景观坝，再讲述了拦蓄景观建筑物设计的总体原则。4.2 节介绍了拦砂坝设计的主要内容和方法，包括拦砂坝修建的作用、拦砂坝的选址要求与布置原则、拦砂坝坝高的确定、拦砂量计算方法以及各种拦砂坝的设计要求。4.3 节先介绍了拦砂坎的作用和分类，再介绍了景观拦砂坎的分类和适用条件。4.4 节介绍了全闸、翻板闸、钢坝闸、气动盾形闸、弓形闸等景观闸的设计内容方法和优缺点，其中气动盾形闸门是综合了传统钢结构翻板闸和橡胶坝的优点的一种新型闸门，为目前国内广泛运用。4.5 节讲述了滚水坝、橡胶坝以及液压升降坝 3 种景观坝的设计内容方法以及优缺点，其中液压升降坝技术相对成熟，运行经验丰富，是应用最广泛的活动坝。

思考题

1. 拦蓄景观建筑物的主要形式及选型原则是什么？
2. 拦砂坝的作用及适用条件是什么？拦砂坝的选址和布置原则是什么？
3. 拦砂坎的分类及位置选择原则是什么？
4. 简述景观闸的分类、各自优缺点及其适用范围。
5. 简述景观坝常见的形式、优缺点及其适用范围。

参考文献

[1] 周宏伟，梁煜峰，王子豪. 成都地区河流健康评价与综合治理［M］. 上海：上海浦江教育出版社，2016.

[2] 陶光慧. 浅析城市景观翻板闸门的设计选型［J］. 四川水力发电，2014（33）：75－78.

[3] 饶和平，朱水生，唐湘茜. 液压升降坝与传统活动坝比较研究［J］. 水利水电快报，2015（36）：23－26.

[4] 陈东清. 气动盾形闸门系统在南明河水景观工程中的应用［J］. 水利建设与管理，2013（33）：59－61.

[5] 范杰利，卢明锋，王珑. 大跨度高挡水气动盾形闸在河流景观工程中的应用［J］. 中国水利，2017（8）：45－47.

[6] 李国宁. 景观水闸在内蒙古河道整治工程中的应用［J］. 内蒙古水利，2016（7）：64－65.

[7] 孙士玲，李爱青，刘寿辉. 滚水坝设计方案研究［J］. 中国水运，2017（17）：120－121.

[8] 刘彦琦，张梁，王瑞瑶. 城市河道治理中景观坝坝型的对比与优选［J］. 水电站设计，2017（33）：19－22.

[9] 单国成，雷铁强. 充水式橡胶坝的设计与施工［J］. 水运工程，2007（10）：99－101.

[10] 廖芳珍，石自堂. 橡胶坝设计与管理中几个问题的探讨［J］. 中国农村水利水电，2014（12）：145－147.

[11] 张立群. 城市河道液压升降坝的选型设计［J］. 黑龙江水利科技，2015（43）：117－119.

[12] 马贵友，朱水生，李强. 高寒地区大型液压升降坝设计问题探讨［J］. 人民长江，2014（47）：62－64.

[13] 王劲松. 液压升降坝应用研究［J］. 城市建设理论研究，2011（22）：43－47.

[14] 江飞. 钢坝闸门在城市景观河道中的应用［J］. 中国农村水利水电，2011（12）：142－143.

[15] 刘斌. 钢坝闸门在城市景观河道中的应用［J］. 新材料新装饰，2014（3）：410.

[16] 陈孟权. 城市景观闸门和启闭机的布置与设计［J］. 水利科技，2013（2）：70－72.

[17] 百度百科. 拦砂坝［DB/OL］. https：//baike. baidu. com/item/%E6%8B%A6%E6%B2%99%E5%9D%9D/1949293? fr=aladdin.

[18] 百库文库. 拦砂坝工程［DB/OL］. https：//wenku. baidu. com/view/9823d5faba0d 4a7302763adc. html.

[19] 百度百科. 水土保持工程措施［DB/OL］. https：//baike. baidu. com/item/%E6%B0%B4%E5%9C%9F%E4%BF%9D%E6%8C%81%E5%B7%A5%E7%A8%8B%E6%8E%AA%E6%96%BD/2174477.

第 5 章　景观小品设计

绪论

景观小品是指供人休息、装饰、展示以及为城市管理和方便人们使用的建筑设施。景观小品具有类型多样、设计美观、色彩纯粹的特点，它不仅能满足人们的生活需要，同时也能给予人们精神寄托，是生态和民生两大建设的重要环节。近年来，有人将景观小品与水利事业建设联系起来，认为这样有利于构建良好的水环境，人们也因此越来越重视景观小品的建设。

景观小品设计在推动景观小品建设中起到画龙点睛的作用，因为它既体现了景观小品的实用功能和精神功能，同时也体现了景观小品整体设计的风格与品位，所以景观小品设计尤为重要。

本章主要先讲述景观小品的分类，再分别介绍亲水平台、滨水景观、水埠码头、亭台水廊、牌坊等各种景观小品的作用和设计方法，让读者能够深入了解它们。

5.1　景观小品的分类

随着城市化进程的加快，调整治水思路，充分体现人与水、人与自然和谐相处和可持续发展的现代理念，让大家真切地感受到未来美好的水环境[2]，这是城市水利建设发展的推动力，更是为创建城市生态化环境带了个好头。

小品，即小的艺术品。在涉及环境艺术设计的景观工程中，景观小品是规划设计的亮点，一般体量较小，但对整个游憩空间起到了点缀作用。景观小品既属于河道治理工程的附属建筑物，有其巨大的实用价值，也是精雕细琢的点睛之笔，给人带来精神的愉悦以及美的享受，是整个景观工程中不可或缺的关键因素[1]。

在城市河道治理工程中，景观小品不仅包括人们熟知的亲水平台、亭台楼阁，实际上，那些小的、精致的构筑物都属于景观小品的范畴，比如岸边的座椅、垃圾桶、防护栏、街灯、电话亭等。随着国家经济实力和人民物质文化需求的增长，景观环境只是满足实用功能还远远不够，富有美感的艺术小品越来越多地被人们所追求，它给人们带来的休闲和愉悦已经成为一个城市发展水平、人民生活质量的客观体现。本节将以不同的形式分类，逐一介绍欣赏景观小品的设计艺术[1]。

景观小品在景观中具有艺术性和功能性两个方面。它是景观环境中的一个视觉亮点，吸引游客驻足观赏，同时又必须为人们提供服务需求。景观小品分为艺术类和功能类。其中，艺术类包括雕塑、置石、盆景、喷泉、井泉、小水池、花坛等，功能类包括指示牌、标示牌、灯具、桌椅、垃圾箱、电话亭等。小品虽小，却是整个景观小品的一部分，因此无论其大小、位置、色彩、做工的精细、材料的质感等都要讲究[3]。景观小品具有精美、灵巧和多样化的特点，设计创作时可以做到“景到随机，不拘一格”，在有限空间得其天趣[4]。景观小品从使用角度可分为以下几类[5]：

(1) 休息类。包括各种造型的靠背园椅、园桌、园凳、花架、凉亭和遮阳的伞罩等；常结合环境，用自然块石或混凝土做成仿石、仿树墩的凳、桌；利用花坛、花台边缘的矮墙和地下通气孔道来作为椅、凳等；围绕大树基部设椅凳，既可休息，又能纳荫。

(2) 服务类。包括为游人服务的饮水泉、洗手池、公用电话亭、时钟塔等；为保护园林设施的栏杆、格子垣、花坛绿地的边缘装饰等；为保持环境卫生的园厕、果皮箱、烟灰缸和废物箱等；为方便交通的园路、园桥、台阶、蹬道等。

(3) 解说类。包括布告板、导游图板、解说牌、指路标牌、警告牌、管理牌，以及动物园、植物园和文物古建筑的说明牌、阅报栏、图片画廊等，都对游人有宣传、教育的作用。

(4) 管理类。包括园墙、园门出入口、园灯等，其中园灯的基座、灯柱、灯头、灯具都有很强的景观效果。

(5) 饰景类。包括水景、石景、山景、雕塑、日晷、花台、纪念碑、鸟舍与鸟浴盆等；各种可移动和固定的花钵、饰瓶，可以经常更换花卉；装饰性的日晷、香炉、水缸，各种景墙（如九龙壁）、景窗等，在河道景观中起点缀作用。

(6) 运动游乐类。包括运动场地、健身器材，以及被动性设施如滑梯、秋千、单杠等，主动性设施如沙坑、戏水池、攀爬架等。

(7) 其他类。包括喷洒灌溉和音响等。

现代景观小品时尚简约化的设计理念，带动了周边景观附件的协调发展，使得城市景观设施和景观小品有了革新，充满了时尚的意味。例如，对垃圾桶、路灯、指示牌等公共设施的隐蔽性设计，对座椅、路灯、树穴、花钵、铺地等景观附件的艺术性设计，都顺从着流畅的线条，带给人们前卫的设计理念，又不乏其以人为本的使用性。这样的配套设计对整个景观环境增添了美感和舒适性[2]。

5.2 景观小品的设计

景观小品的设计原则包括以下几个方面[6]：

(1) 功能性原则。景观小品的设计要考虑人类心理需求和行为习惯，如私密性、舒适性、归属性等，保证其基本的使用功能，建立人与小品之间的和谐关系。景观小品多为公共服务设施，必须满足游人在游玩中的各种活动，如岸边的桌椅设施或凉亭可为游人提供休息、避雨、等候和交流的空间，而厕所、废物箱、垃圾桶等更是人们户外活动必备的服务设施。

（2）艺术性原则。景观小品设计是一门艺术的设计，景观小品设计的审美要素包括节奏韵律、对比协调、尺寸比例、体量关系、材料质感以及色彩等。从审美艺术的角度来设计景观小品，使视觉体验和心理感受在对景观之美的审视中产生情感的愉悦，提升人们的生活品质。因此，景观小品的设计应具有较高的视觉美感，符合美学原理。

（3）文化性原则。历史文化遗产是不可再造的资源，代表着一个民族和城市的记忆，保存有大量的历史信息，可以为人们带来文化上的认同感和提高民族凝聚力，使人们有自豪感和归属感。景观小品的文化内涵既能增加其观赏价值和品位，也是构成现代城市文化特色和个性的一个重要因素。因此，建设具有地方文化特色的景观小品，一定要满足文化背景的认同，积极地融入地方的环境肌理，真正创造出适合本土条件的、突出本土文化特点的景观小品，使景观小品真正成为反映时代文化的媒介。

（4）生态性原则。景观小品对环保、节能和生态的要求充分体现在对石材、木材和植物等材料的利用。生态景观设计在形式、结构等方面也要求景观小品尽可能地与周边自然环境相衔接，营造与自然和谐共生的关系，唤起人与自然的情感联系，使观者在欣赏之余受到启发，进而反思人类对环境的破坏，唤醒人们对自然的关怀。

（5）人性化原则。景观小品的设计必须符合人的行为习惯、性格爱好、活动尺度等基本要求，追求以人为本的理念，并逐步形成人性化的设计导向，在造型、风格、体量、数量等因素上更加考虑人们的心理需求，使园林小品更加体贴、亲近和人性化，提高公众参与的热情。富于人性化的景观小品能真正体现出对人的尊重与关心，这是一种人文精神的集中体现，是时代的潮流与趋势。

（6）创造性原则。景观小品的设计应当不断推陈出新，勇于探索新材料、新技术、新构想，使景观小品以形象而优美的方式展示自然，提升景观小品的美学价值，让游人更好地了解自然、认识自然，让生态科学更加平易近人。

5.2.1　亲水平台

如今人类向往返璞归真的自然生活，不管是在生活社区还是在旅游景区，对水环境的要求越来越高，不但要欣赏到水，还要能亲近水。因为水的功能已经不局限于旅游观赏，其对周边环境的呼应以及生态保护等功能得到更多人的注意和重视。人们渴望见到天蓝水清、绿树成荫、鱼虾畅游、飞鸟盘旋的河道生态景观。亲水平台就为接触水生动植物、了解水环境提供一个良好的平台[16]。亲水平台是指高于水面，从陆地延伸到水面上，使游人更方便接触所想到达的水域，供人们戏水玩耍的一个平台。在公园、湖泊、河流、湿地、海滨等以水资源为依托的景点非常注重对亲水平台的打造，主要形式有景观浮桥、水上步道、观景走廊等[17]。人们可以通过亲水平台行走在波光粼粼的水面、观赏池中怒放的鲜花、逗玩水中活蹦乱跳的鱼类、欣赏沿岸秀丽的山水风光等，通常在浮动平台上铺设防腐木板可以完成一个实用且美观的亲水平台。图 5.2－1 是成都市府南河某河段的亲水平台。该亲水平台通过铺设木板，修建古色古香的庇荫走廊，使外观既简单又大方，从而方便行人游客欣赏府南河美景，感受成都的休闲文化[1]。规模较小的亲水平台给人以温馨、亲切的感觉，是小孩子们嬉戏玩耍的乐园，也是老人们茶余饭后散步休息的好去处。而规模较大的亲水平台还可以用作露天茶座，给游客们的休闲娱乐带来了方便[7]。

图 5.2−1　府南河亲水平台

亲水平台设计的出发点就是在保证结构安全的前提下充分体现亲水功能，展现人文平台与自然景观的完美融合。亲水平台的总体布局可遵循以下几个原则[8]：①亲水平台实体（不透水）建筑不得超出规划驳岸线；②亲水平台应根据工程的自然条件及岸线规划情况，进行合理的布置，提高岸线利用率，同时为今后的发展留有余地；③满足水利部门的防汛要求；④既要最佳组织调配地域内的有限资源，又要保护该地域内生态自然和特色历史遗留；⑤强调亲水平台前沿线的变化、多样性以及水体的可接近性，创造出市民及游客渴望滞留的休憩场所。

亲水平台形式多样，但须从陆地延伸到水面，在设计上可以充分发挥。比如采用防腐木材料，结构简单，耐久性较强（见图 5.2−2）；或用浮筒来搭建浮动平台（见图 5.2−3），平台高度能够适应水域本身水位变化，在任何季节都可以满足人们的亲水戏水需求[1]。它们的特点是适合多水位的河流湖泊，加上可以在表面铺设防腐木，打造简单美观的亲水平台[16]。

(a) 湖泊边的亲水平台

(b) 小型河道边的亲水平台

图 5.2−2　防腐木材料亲水平台

图 5.2－3　浮筒式亲水平台

人民生活水平的提高和城市经济建设的发展，对滨海、滨江城市岸线规划、亲水平台设计提出了越来越高的要求。亲水平台不仅要具有保护游人不被侵袭的安全功能，而且要与周边自然景观、传统文化融为一体，为居民提供优质的生活环境，为城市带来更大的魅力和经济效益。然而，现代城市滨水亲水平台设计无疑是最综合、复杂、富有现代感的水工建筑物设计。因此，在亲水平台设计时，应格外注意总体布局、高程确定、断面结构形式等问题，这些都是决定亲水平台设计成败的关键[8]。

典型的亲水平台设计断面见图 5.2－4。固定式的亲水平台结构稳定耐用，但需要设置一个基础来支承平台及其上面的荷载，基础的尺寸也有相关的要求[1]。

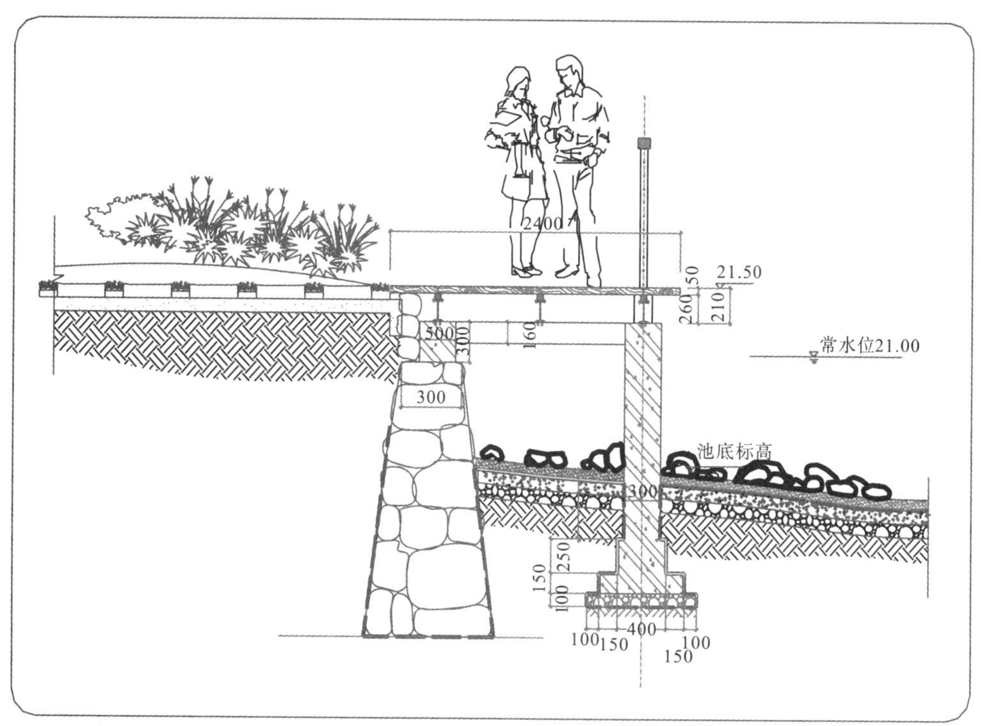

图 5.2－4　亲水平台典型设计断面图

现代景观设计中的亲水平台都以生态设计作为设计理念。这种设计理念倡导尊重物种多样性，减少对资源的剥夺，保持营养和水循环，维持植物生态环境和动物栖息地的质量，以改善社区环境及促进生态系统的健康。它所追求的目标是让人们的生活环境更具自然气息，更遵从自然的规律，追求景观的可持续发展。因此，现代景观中的亲水平台十分注重加强建筑和绿地交接处的植物配置、社区外围的植物配置、硬质地面和绿地之间道路边缘的植物配置，以及水池岸边的植物配置等。例如在社区的边缘、建筑的墙脚、小溪的岸边种植多种多样的野草、野花，都会创造出纷繁的景观景点，以吸引人的视线[7]。

图 5.2-5 为亲水平台实例。

图 5.2-5 亲水平台实例

5.2.2 滨水景观

滨水一般是指在城市中同海、湖、江、河等水域濒临的陆地建设而成的具有较强观赏性和使用功能的一种城市公共绿地的边缘地带[18]。滨水景观（Waterfront landscape）是指对临近所有较大型水体区域的整体规划和设计而形成的优美风景，按其毗邻的水体性质不同，可分为滨河、滨江、滨湖和滨海景观。城市滨水区景观主要是指对于位于城市范围内的较大型水体区域进行规划设计而形成的优美风景[9]。城市河道在治理后由于防洪标准较高，堤防较高而常水位较低，无法满足人们的亲水需求，则可以在岸边（特别是沿河街心公园内）专门布置小型水景观，如景观湖（见图 5.2－6a，b）、假山池塘（见图 5.2－6c）、景观溪流（见图 5.2－6d）等[1]。

（a）阶梯状小型景观湖

（b）小型生态景观湖

（c）假山池塘水景观

（d）人造溪流景观

图 5.2－6　小型水景观

滨水空间是城市中重要的景观要素，是人类向往的居住胜境。水的亲和与城市中人工建筑的硬实形成了鲜明的对比，水是人与自然之间情结的纽带，是城市中富于生机的体现[1]。城市滨水区是构成城市公共开放空间的重要部分，并且是城市公共开放空间中兼具自然地景和人工景观的区域，其对于城市的意义尤为独特和重要。营造滨水城市景观，即充分利用自然资源，把人工建造的环境和当地的自然环境融为一体，增强人与自然的可达性和亲密性，使自然开放空间对于城市、环境的调节作用越来越重要，形成一个科学、合理、健康而完美的城市格局。在生态层面上，城市滨水区的自然因素使得人与环境间达到和谐、平衡的发展；在经济层面上，城市滨水区具有高品质的游憩、旅游的资源潜质；在社会层面上，城市滨水区提高了城市的可居性，为各种社会活动提供了舞台；在都市形态层面上，城市滨水区对于一个城市整体感知意义重大。滨水空间的规划设计，必须考虑到生态效应、美学效应、社会效应和艺术品位等方面的综合，做到人与大自然、城市与大自然和谐共处[1]。

由于小型滨水景观拥有与天然河道隔离的人造水面，水深通常较浅，内可养鱼，辅以周边绿化，即可打造成市民休闲散步、孩童嬉戏玩耍的最佳去处，亲水效果极佳[1]（见图 5.2－7）。

图 5.2-7　孩童在小型滨水景观边玩耍

城市滨水景观发展面临的主要问题有以下几个方面[10]：①在发展模式方面，部分地区的滨水景观的建设片面性地以优化环境景观为手段而达到财政增收的目的，这种具有明显滞后性的发展模式显然忽视了滨水地带环境景观的发展要求；②在空间设计方面，城市规划仅将滨水空间局限于某一区域，对其整体性缺少可行性和持续性分析，造成空间设计的局限性；③在管理方法方面，滨水景观的规划使得在城市管理中生态观念与景观观念相冲突，无论前期的综合调查还是后期的详细规划都影响了城市生态发展，滨水地区环境景观失去了生态特征。

城市滨水景观的设计原则包括以下几个方面[9]：

（1）滨水景观开发与文化保护相平衡的原则。城市滨水区有着独特的城市空间形态和城市结构，而以水为基础的社会发展，产生了许多特殊的民风民情，蕴藏着丰富的历史与文化内涵。滨水景观设计需要重新审视滨水区大量的古建筑、历史遗迹、风景名胜等文化遗产，充分考虑当地历史文化遗产的保护与发扬、历史文化精神和地方风土人情脉络的继承。在滨水景观的规划设计中兼顾当地的历史性、现代性与自然性，从而提升滨水区的知名度和城市形象，增加文化气息，增强城市魅力，全面打造一个具有强烈文化氛围的空间环境，增加城市居民的文化归属感。

（2）滨水景观开发与生态保护相平衡的原则。在滨水景观设计中，需要充分保护原有自然资源，包括城市河流水系、滨海水系、滨湖水系等，保护滨水空间的原始自然保留地、湿地、坡地、森林、生物栖息地以及大的植被斑块等生态环境。避免因不适当的开发建设而对滨水资源造成破坏，必要时采取各种手段进行严格监控和引导，保护滨水景观中的自然资源，保持原有生物多样性，保持滨水景观的可持续发展。建立完整的河流绿色廊道，沿河道保留足够宽的绿带，并与郊野基质连通，从而保持河流作为生物过程的廊道功能。

（3）全方位立体化设计原则。滨水景观的设计不应只追求美学上的平面美感，而要从立体化角度出发注重整体性空间设计。将滨水景观设计作为一个整体单位来思考和管理，多专业多角度融合，达到整体最佳状态，实现优化利用，树立大景观的概念，不局限于局部设计和优化。将软、硬两个空间环境景观维度展现了出来，从而促进滨水景观设计的协调性布局。充分考虑各方面因素，统筹规划，打造生态、实用、美丽三位一体的城市区域，提升城市环境景观质量，创造相应价值。

（4）功用性原则。城市滨水景观的设计不是孤立的，它具有一定的功用性，即要满足市民的休闲需要，构建景观开放的亲水性人文活动空间。同时，水系统的安全性问题要纳入城市安全体系。功用性原则指导下，城市滨水环境设计需要从多方面考虑，才能满足城市中不同年龄、不同职业、不同文化层次人们的多种需求，让市民能够更好地认同自己生活的环境。

滨水景观的设计旨在建立人与滨水环境之间的联系，使处于其中的人们产生认同感，把握并感知自身生存状况，进而在心理上获得一种精神归属感。现代设计的观念要求把建筑、环境和社会结合在一起，当作一个有机整体去设计。城市滨水景观的设计方法包括以下几个方面[10]：

（1）考虑人与环境协调的设计方法。基于滨水区域临水的特点，注重水的合理规划，在保持绿地应有作用的同时，将景观与基础设计建设有机融合。城市滨水景观的设计要适用于不同群体，无障碍绿色步行道的坡度大小以及道路的铺设都要在不破坏生态的同时，最大化地体现人性化特点。滨水景观中的建筑小品设计应采用仿生形态，以增加滨水区域景观的特色和活力，与周边的环境相协调。

（2）特色人文景观设计方法。水域孕育了城市和城市文化，成为城市发展的重要因素。一座知名的城市大多伴随着一条名河的兴衰变化。城市滨水景观的设计要在表现水与文化关系的同时，还应具有这座城市的特色。最常见的城市文化打造方式是在滨水环境景观设计过程中，赋予其历史故事或人物经历，秉持城市自身的特点，立足于实际，增加城市的生命力。

（3）多学科领域协调的设计方法。城市滨水景观的设计不只是简单的工程制图，而是多专业领域的拓展，涉及生态环境学、河流动力学、城市规划、历史文化等各个专业学科领域。综合设计方法是在对当地历史文化、社会环境状态的综合分析后，利用相关学科的专业理论，提出滨水景观设计方案。例如，从水利工程设计角度考虑城市滨水景观设计，将会避免水环境不利问题的出现，对滨水地区的景观设计产生积极作用。

如图 5.2−8 所示的佛山千灯湖，以人工湖为中心，将市民广场、湖畔咖啡屋、掩体商业建筑、水上茶坊、柏树茶店、21 世纪岛湾、花迷宫、历史观测塔、雾谷、凤凰广场、湖边溪流等多种活动空间有机组合起来，通过一系列的合理组合和排布形成一个湖光山色相辉映，以绿树、茶亭、溪流点缀其间的美丽休闲地方，创造多样性的活动空间，培育新的市民文化，为市民提供舒适、方便、安全、充满“水”和“绿”自然要素城市外部空间和生活舞台[18]。

图 5.2−8　佛山千灯湖的滨水景观

图 5.2−9 为滨水景观实例。

图 5.2—9　滨水景观实例

5.2.3　水埠码头

水埠码头是指河道、池塘边用石块等砌成供人取水、洗涤、游玩、交易或泊船的台阶状构筑物（见图 5.2—10）。水埠码头是沿河景观设计的重要活动节点，联系了陆路和水路的交通和交流，成为人们日常生活的依靠和情感交流的驿站，使人们获得心理上的归属感。水埠码头是沿河景观中最具美感的景观空间，是建筑美和环境美的结合。水是运动的，而水埠码头停驻在河道边，有走有停，动静相和。同时，水埠码头打破了水道岸边的成片连续性，打破了僵直、生硬的驳岸空间，拉近了人与水的关系，使原来整齐的河岸变得丰富，水陆相互包容，也给予了水道驳岸适当的点缀，成为河道空间完美、必要的景观元素。

图5.2－10 供洗涤和泊船用的水埠码头

水埠码头的传统做法是将长木头打入河底，上面铺盖椿石板，再用石块砌筑驳岸，并常留有缝隙可以渗水，也有些用作下水道的出水口。水埠有的凸出水岸，有的凹入墙内，有的转折而下。驳岸上通常不做栏杆扶手，以方便船只的停靠和上下货物的通行，偶尔有些水埠侧边会加砌石凳供休息使用。

沿河水埠根据公共开放性的不同程度，可分为公用水埠、半公用水埠和私用水埠3种形式。公用水埠属于完全开放的公共空间，常位于商业街市繁忙的地段附近，其临水面比较开阔，目的是满足大型商品、人流疏散以及船只停靠的功能。半公用水埠多位于建筑之间的巷道临河处，满足居民之间、邻里之间的用水需求。人们在此劳作嬉戏，水埠成为聚落邻里之间社会、生产活动的交往点，成为居民日常行为、心理活动的凝聚点，展现着聚落的归属感与场所精神。如今，私用水埠已逐渐消退为历史回忆，现代河道的水埠码头成为城市人群公共活动和交流的场所[19]。

根据不同的地形和环境，水埠的形态多有变化；同时根据不同的使用功能需求和环境的限制作用，其尺寸也有很大的不同。水埠按其平面形式不同可分为平行式、垂直式、转折式3种（见图5.2－11）。其中，平行式占地比较小，石材使用量也少，精致灵巧，但同时驻留的游人也会少些。垂直式直接面对河流，尺寸比平行式的水埠大。转折式水埠常在河道较深的地方出现，其高差平台多一个或者几个，在不同的季节、不同的水位下适应性强。

（a）平行式

（b）垂直式

（c）转折式

图5.2－11 各种形式的水埠码头

水埠码头设计的基本原则包括以下几个方面[11]：

（1）功能性多样性原则。水埠码头景观场地是对城市居民自由开放，使用者包括不同年龄、不同职业以及不同情感需求的人群，景观设计时应充分考虑场所的功能和景观的多样性及可变性。水埠码头景观作为大众化的公共户外景观平台，作为城市独特的区域，其需求应满足大众的户外需求，而非仅仅满足少数团体和个人意愿。

（2）亲水性原则。水埠码头的景观设计应该充分考虑人们亲水性的潜在欲望，包括生理亲水和心理亲水。其中，生理亲水是指与水的直接接触，通过听觉、触觉方式与水产生互动；心理亲水则更加注重心理及精神层面的感受，是人潜意识对环境的感知与想象。

（3）人性化原则。水埠码头景观设计应考虑人的体验，在保证其基本功能的前提下，针对不同的群体相应考虑设计不同的户外空间体验，满足最基本的户外尺度规范；考虑不同视角会产生不同的景观效果；考虑因户外植物的季相变化影响人们的情感因素；考虑人所处在不同的高差变化中体验不同层次的景观。

（4）可持续发展的原则。水埠码头景观既包括大自然所赋予的土地、水体、植物等自然资源，也包括丰富的地域人文资源。从可持续的景观设计出发，将生态、经济、社会等方面融入可持续景观发展理念中。在经济和社会方面，都强调可持续性发展，通过延续场地历史文脉、保持城市记忆，增强人们的归属感和城市的特色。

5.2.4 亭台楼阁及水廊

亭台楼阁自古就是富有诗情画意的建筑物，是古人赏弄琴棋、吟诗作画的附庸风雅之地，坐落于奇山秀水之间，装饰着山河美景。如今，亭台楼阁依旧常见于现代河道治理工程中，不但可供游人休憩，而且本身古典的外形点缀在河道岸边，美不胜收[1]（见图 5.2—12)。

（a）湖边仿古亭

（b）成都府河边仿古亭

图 5.2—12 现代水景观打造中的亭台楼阁

根据建构方式及选材的不同，亭台可分为以下几种[20]：①瓦面亭台（见图 5.2—13)。依照中国传统形式，采用现代材料及建造手法，亭顶用石瓦或琉璃瓦装饰，柱面贴条砖或刷漆的亭台，通过仿古形式创造出有趣的建筑空间。②仿天然亭台（见图 5.2—14)。在自然景观中或仿自然的景观中，采用仿天然的材料装饰而成的亭台。例如，用塑树皮的亭顶与周围的环境相融合，用木材建造的亭台使人产生亲切感。③西式亭台（见图 5.2—15)。依照西方传统形式，采用现代材料建造的、富有异域风情的亭台。例如，采用东洲七的红色亭顶、像墨西哥帽的亭台、添加了挂落和围栏的亭台等。④钢材亭台（图 5.2—16)。钢材和阳光板组合的亭台，结合休息坐凳设计，亭子的作用就像一把伞，既保留了亭台原有的古朴风味，又合理地利用了现代的材料，给人新奇的感受。⑤框架亭台（见图 5.2—17)。采用现代框架结构的亭建，在一定程度上打破了原来亭建结构的形式，强调了通透性，令人有耳目一新之感，既为寻觅休闲的人们提供了方便，又成为具有观赏性的“雕塑品”。

图 5.2−13　瓦面亭台

图 5.2−14　仿天然亭台

图 5.2−15　西式亭台

图 5.2−16　钢材亭台

图 5.2−17　框架亭台

水廊是指建造在水边或水中，用来连接两个景观建筑物或观赏点，具有挡风遮雨、交通联系和空间划分作用的景观小品（见图 5.2−18）。它在建造上由梁柱和屋顶组成，形式丰富且变化多样，可以从各个方面与环境相协调，利用水面的镜面或水生植物等，形成优美的景观，创造出生动诱人的空间效果[20]。

虽然亭台水廊的方案借鉴了古代园林设计的风格，但有别于古典园林的是仿古亭台楼阁作为小品，数量较少地散布在河边，而非江南风格园林设计中的亭台遍布，处处是景。相反，富有古典色彩的香榭亭台点缀在现代化的河道治理和城市环境中，体现着一个城市的文化底蕴和现代气息，这种相融恰到好处（见图 5.2−19a）。此外，可以利用涉河建筑物来打造仿古小品。例如，图 5.2−19b 为成都府河某桥，设计者利用桥边护栏巧妙地布置了一处浮雕画牌坊，描绘了古代成都水边房屋形态，生动有趣，体现了成都千年来悠远水文化的历史内涵[1]。

图 5.2-18 水廊实例

(a) 古典阁楼与现代环境相融合

(b) 景观牌坊

图 5.2-19 仿古景观小品设计欣赏

5.2.5 驳岸及护栏

沿河地面以下，保护河岸（阻止河岸崩塌或冲刷）的构筑物称为驳岸（护坡）。驳岸是河道景观工程的组成部分，必须在符合技术要求的条件下具有造型美，并同周围景色协调[21]（见图 5.2-20）。

驳岸按断面形状不同可分为整形式和自然式两类。对于大型水体和风浪大、水位变化大的水体，常采用整形式直驳岸，用石料、砖或混凝土等砌筑整形岸壁。对于小型水体和大水体的小局部，常采用自然式山石驳岸，或有植被的缓坡驳岸。自然式山石驳岸可做成岩、矶、崖、岫等形状，采取上伸下收、平挑高悬等形式[21]。

驳岸是起防护作用的工程构筑物，由基础、墙体、盖顶等组成，修筑时要求坚固和稳定。驳岸多以打桩或柴排沉褥作为加强基础的措施。选坚实的大块石料为砌块，也有采用断面加宽的灰土层作基础，将驳岸筑于其上。驳岸最好直接建在坚实的土层或岩基上。如果地基疲软，须作基础处理。驳岸常用条石、块石混凝土、混凝土或钢筋混凝土作基础；用浆砌条石、浆砌块石勾缝、砖砌抹防水砂浆、钢筋混凝土以及用堆砌山石作墙体；用条石、山石、混凝土块料以及植被作盖顶。在盛产竹、木材的地方，也有用竹、木、圆条和竹片、木板经防腐处理后作竹木桩驳岸。驳岸每隔一定长度要有伸缩缝。其构造和填缝材料的选用应力求经济耐用，施工方便。寒冷地区驳岸背水面需作防冻胀处理。方法有：填充级配砂石、焦渣等多孔隙易滤水的材料；砌筑结构尺寸大的砌体，夯填灰土等坚实、耐压、不透水的材料[21]。

图 5.2－20　驳岸实例

滨水驳岸的基本功能包括以下几个方面：

（1）防洪功能。城市滨水驳岸发挥着防洪减灾的安全功能，是保护城市不受河流冲击和自然灾害影响的重要手段。防洪护堤的稳定性直接影响人们的生命安全。在汛期，河水渗入路堤外的地下水层，以缓解洪水；在旱季，地下水通过堤防反向渗入河流，起到缓解洪水和调节水位的作用；调节水位，提高水体的自净能力，对恢复水体生态平衡起着重要作用[12]。

（2）安全功能。滨水驳岸是游人在亲水活动中利用率最高的设施或场所，其设计的安全性直接影响游人对滨水空间的体验效果。驳岸作为水陆交会的过渡区域[13]，安全功能是一切亲水活动的基础，是建立风景优美、景色独特的滨水景观以及满足视觉及功能要求的根本保障。

（3）亲水功能。驳岸的设计应该因地制宜，因地就势，自然古朴，突出人性化设计，不但要抵抗洪水的侵袭，还要尽可能地满足人们的亲水需求，不仅体现人与自然的和谐相处，而且可以让人们在水边感受自然，放松身心。可根据洪水线的不同设置和不同层次的开放空间，在水岸边布置一些平台、台阶、栈桥、石矶等，使人可以贴近水面，并达到触水和戏水的目的，增加亲水的可能性[13]。

（4）景观观赏功能。在进行城市滨水景观设计时，要结合当地所在区域位置、地理环境、资源文化等各方面元素，发挥不同地域景观视觉特色功能。而滨水驳岸作为重点设计，在满足游人观赏需求的基础上要结合美学特点来进行设计。由于驳岸在材质上效果差异较大，易形成粗犷与柔和的对比，在不同地方和不同环境发挥各自不同的景观视觉作用[12]。

(5) 文化沉淀功能。滨水驳岸设计作为城市文化发掘和组织的承载者，对城市中的历史文化、民间艺术都有一定的影响力。在城市滨水驳岸设计中，有必要结合城市肌理、民俗人文等特点，营造出富有地方特色的历史文化气氛，通过历史文化墙体、驳岸形体等设计元素合理地融入滨水景观中去，烘托个性鲜明的人文景观[12]。

(6) 生态功能。驳岸作为景观设计中唯一具有水域和陆域双重属性的地域，具有水生和陆生两大生态系统，有显著的自然生态特点[13]。生态驳岸设计是城市岸线开发利用的手段和措施，加强潮汐、湿地、动植物、水源、土壤等资源的保护，增加水体自净能力、丰富河流生物、调节水位、涵养水体等生态功能对于构成完整的滨水生态驳岸系统、形成水陆复合型生物共生的生态系统有着重要的影响[12]。

滨水驳岸的基本形式包括以下几种[12]：

(1) 草坡入水式驳岸。采用草坡入水的柔性生态驳岸，按土壤的安息角进行放坡，坡度较缓。软硬景观相结合，种植层次丰富，形成自然野趣的河道。在周边滨水植物净化湖水的同时，使环境充满自然气息。

(2) 仿木桩驳岸。仿木桩驳岸使用直径 15～20 cm、深 1～2 m 的仿木桩，组合排列生动有趣，将工程技术和生态绿化结合起来，达到仿古效果。

(3) 湿地驳岸。湿地水生驳岸运用泥土、植物及原生纤维物质等形成天然草坡，以自然野趣为主题，体现特色，对生态干扰最小，为公众提供愉快的亲水场所，也是鸟类喜爱的栖息地。从生态效益出发，水生驳岸不仅增加了湿地水体与驳岸土壤的联系，还强化了湿地的生态功能，是滨水空间常用的驳岸类型。

(4) 亲水台阶式驳岸。常用于用地空间较小、河道较窄的滨水景观带。设计时考虑亲水台阶可以缓解坡高差异，并保留未来水上活动预留出入口，实现自然景观向人工景观的过渡。

(5) 石砌驳岸。采用自然式石砌驳岸设计，与滨水区原有岸线完美结合，景观效果更加自然，便于游人开展亲水活动。石块与石块之间形成许多孔洞，既可以种植水生植物，又可以作为两栖动物、爬行动物、水生动物等的栖息地，形成一个复杂的生态系统。既满足景观的要求，又满足生态的要求。

(6) 直立式驳岸。为了让游客有更好的观水、近水体验，延续城市绿道，实现从自然向人工景观的过渡，在局部景观段设立直立式驳岸，打造城市阳台，保证其良好的亲水、护岸效果。

栏杆中国古称阑干，也称勾阑，是道路、桥梁、建筑上和公共场所的安全防护设施，是河道治理不可或缺的一部分，其设计需要考虑安全性、实用性及美观性三方面。栏杆应以坚固、耐久的材料制作，并能承受规范规定的水平荷载，民用建筑设计通则对栏杆高度做了相关规定，不同的临空高度采用不同的栏杆高度。当采用垂直杆件做栏杆时，其杆件净距不应大于 0.11 m，以防止儿童不小心跌落河中。在保证安全性、实用性的前提下，应该尽量考虑栏杆与周围建筑物的协调性[1]。

栏杆外形各异，类型多样。按使用情况分类，栏杆可分为艺术型栏杆和功能型栏杆；按结构形式分类，栏杆可分为节间式与连续式两种，节间式由立柱、扶手及横挡组成（扶手支撑于立柱上），连续式则具有连续的扶手，由扶手、栏杆柱及底座组成；按组成材料分类，可以分为非金属栏杆、金属栏杆、组合式栏杆等，目前还有一些河道采用新材料栏杆，比如仿木栏杆等[1]。

非金属栏杆包括混凝土栏杆和石材栏杆等。混凝土类栏杆多用预制立杆，下端同基座插筋焊接或预埋铁件相连，上端同混凝土扶手中的钢筋相接浇筑而成（见图 5.2－21a)。图 5.2－22 给出了混凝土栏杆的典型断面尺寸。石材栏杆多采用花岗岩制作，上部为石扶手，下部为石栏杆（见图 5.2－21b)，其由天然石材经物理加工制作，抗老化能力较强，外观厚重美观，具有现代气息[1]。

(a) 混凝土栏杆

(b) 石材栏杆

图 5.2－21　非金属栏杆

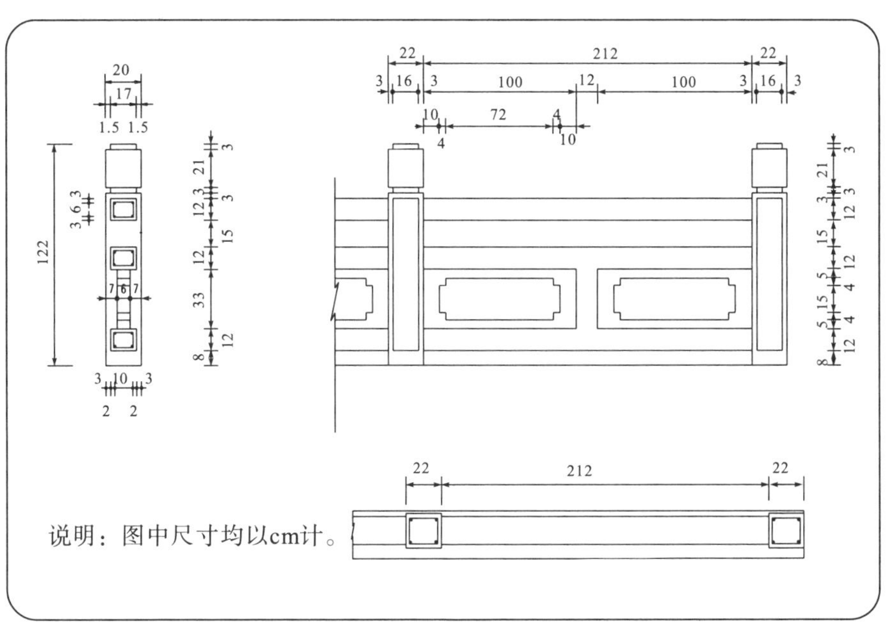

图 5.2－22　混凝土栏杆尺寸示意图

金属栏杆有多种形式，由钢、铸铁、铝合金等材料组成。有的采用不锈钢，安装稳固，不生锈，不变色，耐腐蚀，抗风化能力较强。图 5.2－23a 采用的是横条式栏杆，这种栏杆建筑装配价格低廉，但过于简单的栏杆在实际使用过程中很容易损坏，作用较小也无甚美学价值。图 5.2－23b 为竖条式栏杆，比横条式栏杆结构稍复杂些，但由于多为预制与现场装配构件，因此在施工问题上也不会有多大难度，建筑造价也相对便宜。图 5.2－24 给出了两种竖条式栏杆的断面尺寸，以供参考[1]。

(a) 金属栏杆（横条式）

(b) 金属栏杆（竖条式）

图 5.2－23　其他类型的组合式栏杆

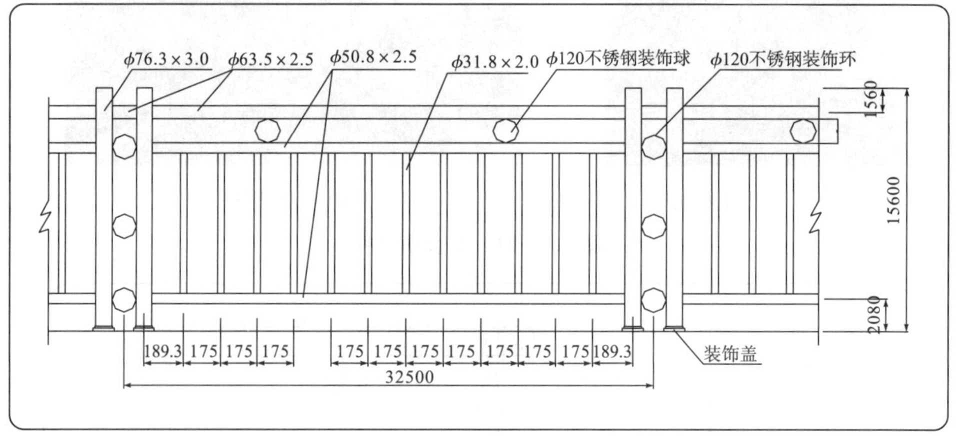

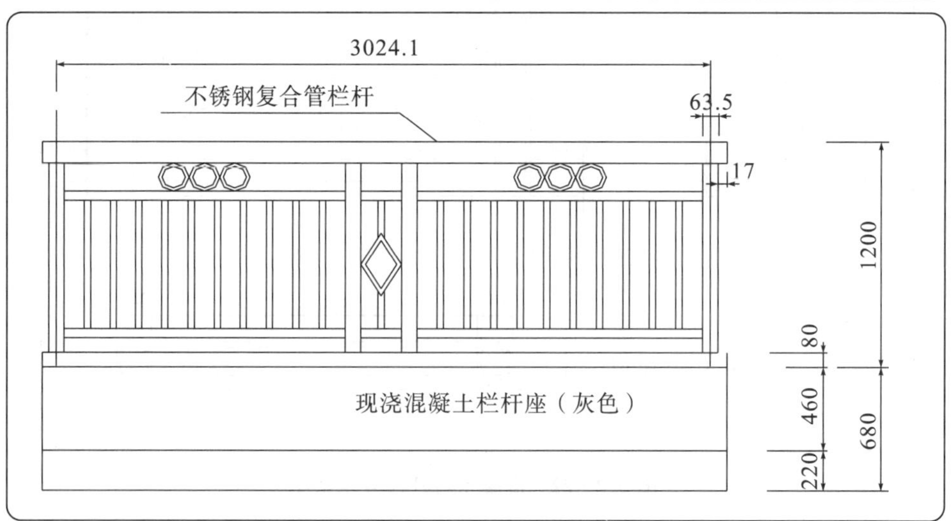

图 5.2－24　两种竖条式金属栏杆典型断面尺寸

组合式栏杆是由两种以上单一材料组成的栏杆。常见的组合式栏杆是钢筋混凝土和金属栏杆相结合。图 5.2－25a，b 为府南河治理工程采用的组合式栏杆，结构上稳定，外观看上去也不会显得单一。此外还有适合生态堤防使用的组合式栏杆，如图 5.2－25c 所示。目前，我国采用的栏杆形式有了发展，引进新材料，比如仿木栏杆，见图 5.2－25d，纯天然总能让人产生无限的接近自然的感觉，仿木栏杆正好将现代化的材质与自然元素相结合，既现代化又不失其自然的美感[1]。

(a) 府南河组合式栏杆

(b) 府南河组合式栏杆

(c) 有景观效果的组合式栏杆

(d) 仿木栏杆

图 5.2－25　组合式栏杆及仿木栏杆

5.2.6　休憩设施及其他景观小品

在河道治理工程中，我们不能仅局限于将亲水平台、亭台楼阁等当作景观小品，其实哪怕一个精致的座椅、街灯、垃圾桶、电话亭，都是一件精美的艺术小品。在设计中不要忽略这些细节，避免粗制滥造，注意风格的统一和文化的传承延续，力争使城市河道治理成为一件完美的景观设计作品。图 5.2－26 列举了成都府南河治理工程中一些颇具美感的景观小品，可为今后的同类型设计提供思路[1]。

图 5.2－26　休憩设施及其他景观小品欣赏

座椅是景观小品中最基本的组成部分（见图 5.2－27），是为人们提供的不可缺少的休闲设施。它既是为欣赏周围环境所设，也是组成景观的重要亮点。座椅应安置在树叶覆盖的阴凉下，如果一年四季都经常使用，也可考虑顶上封起来。座椅可分成独立式和连排式两种，以满足不同的人群需要。座椅材料多为木材、石材、混凝土、陶瓷、金属、塑料等，应优先采用触感好的木材，木材应做防腐处理，座椅转角处应作磨边倒角处理[4]。在没有绿荫的地方，可采用配套的遮阳伞和桌椅，能为人们遮阳避雨，增强了使用功能。除此之外，还有一些特殊形式的坐具，比如一些花坛，在界定空间的同时还是造型优美的长椅[15]，其长度往往根据花坛的周长来定。座椅也可以设置为曲线形态、折线，并和周围景观相结合使之与环境和谐，给人们以新的视觉感受和休息体验[14]。

图 5.2－27　休憩设施实例

公共休憩设施设计的基本原则包括以下几个方面[15]：①经济实用性原则。公共休憩设施是使用频率最高、数量最多的景观小品。在满足功能要求的前提下，应选用经济耐用、安全舒适的材料，做到结构合理、造型简洁、美观大方、舒适耐久。②人性化原则。公共休憩设施设计要做到以人为本，坚持人性化设计的原则。以人机工程学原理为依据，准确了解人机工程学原理，设计出更合理、更适合人使用的公共休息设施。关注无障碍设计，充分考虑残疾人、老人、儿童等人群的需求，这是社会细微关怀、人性化的重要体现。公共休息设施设计要考虑环境和人的心理的因素，充分考虑人流和道路情况，合理设置休憩设施。③与环境相协调原则。充分了解城市文化，了解市民的生活习惯，找到符合城市特色的独有的设计风格，将公共休息设施融入环境中，折射出地方的文化特征、地域风情，设计出与环境相协调、符合城市特色的休憩设施。④生态环保原则。新的休息设施，要与原有的设施相协调，尽量选用人工合成材料和绿色环保材料，像塑料、竹材、石材等，减少对生态环境的破坏。

其他的景观小品包括饮水器、指示牌、标示牌、垃圾箱、灯具等。饮水器的设置是一种人性化的关怀，是一种以人为本的景观小品。这种供水设施也是街道及公共场所的重要装点之一。饮水器分为悬挂式饮水设备、独立式饮水设备和雕塑式水龙头等。指示牌、标示牌属于功能类景观小品，其中指示牌用于指明道路的方向，标示牌用于说明一些特定的建筑物、介绍历史名胜、教育宣传栏等。垃圾箱是在公共园林出现以后为公众服务的，好的垃圾箱应该是美观和功能兼备，并且与景观环境相协调，有些单独设计的垃圾箱常常成为环境一景。垃圾箱制作材料种类很多，有铁材、钢材、木材、石材、混凝土、GR 钢、FPR（玻璃钢）、陶瓷等各种成品。有烟灰箱的垃圾箱应选择有耐火构造的材料制作。灯具属于功能类的景观小品，景观中的照明灯具已层出不穷，而它作为一种景观小品在艺术上及功能上都在突飞猛进地发展。现代灯具基本上可以分为两种：

一种以欣赏为主，根据不同的环境景观特色进行灯光再创造，给人视觉上带来极佳享受，只可远观；另一种以实用为主，为人提供活动空间，不仅为欣赏，更为人使用，适合各种活动特点，在使用与不自觉地欣赏之余达到较高的艺术境界。景观灯具的设计要根据不同绿地在具体环境中所处的地位、规模的大小及其具体的形式来对待每一处具体的灯光环境设计，并考虑人们的视点变化[14]。

本章小结

景观小品是用来为人们提供生活需要和精神享受的景观艺术品，它具有功能性和艺术性两大重要功能，具有巨大的实用价值，对人们所处的自然空间进行修饰点缀，对整个景观工程中起到点睛之笔的作用。因此，富有美感的景观小品越来越被人们所喜爱，人们也开始对景观小品进行精心设计并运用到生活中去。

本章 5.1 节讲述了景观小品的分类，从功用性角度，景观小品可以分为艺术类和功能类；从使用角度，景观小品可以分为休息类、服务类、解说类、管理类、饰景类、运动游乐类以及其他类。5.2 节在首先讲述了包括亲水平台、滨水景观、水埠码头、亭台水廊、牌坊、驳岸、护栏、休憩设施等在内的各类景观小品的分类、作用以及使用材料，其次讲述了各类景观小品的设计内容、原则和方法，最后讲述了各类景观小品的适用条件和优缺点。

思考题

1. 景观小品的概念、作用及分类是什么？
2. 景观小品的设计原则是什么？
3. 亲水平台的作用及其特点是什么？
4. 滨水景观对城市发展有什么作用？其设计原则和设计方法是什么？
5. 水埠码头的作用及分类是什么？
6. 根据建构方式及选材的不同，常见的亭台类型有哪些？
7. 滨水驳岸的基本形式有哪几类？各类滨水驳岸有哪些特点和作用？
8. 公共休憩设施设计的基本原则是什么？

参考文献

[1] 周宏伟，梁煜峰，王子豪. 成都地区河流健康评价与综合治理［M］. 上海：上海浦江教育出版社，2016.

[2] 吴相凯. 城市滨水之亲水景观规划探析［J］. 美与时代，2010（6）：95－97.

[3] 李君. 景观小品的创新性设计初探［J］. 科技风，2012（8）：179.

[4] 岳帅. 浅谈景观小品设计及表现［J］. 农业科技与信息，2008（1）：25－28.

[5] 陈祺，王小鸽，龚飞. 园林景观小品创新设计探析［J］. 现代园艺，2016（1）：66－68.

[6] 宋季蓉，臧慧. 浅谈景观小品设计原则［J］. 现代装饰，2011（9）：35.

[7] 王冰. 小议景观设计之“亲水平台”［J］. 美术大观，2007（12）：175.

[8] 戴海新，姜大荣. 上海徐汇滨江亲水平台设计［J］. 水运工程，2013（1）：96－100.

[9] 孙硕. 国外城市滨水景观规划方法初探 [J]. 水运工程，2018（10）：34－39.
[10] 王莉莉. 关于城市滨水环境景观设计的探讨 [J]. 大众文艺，2017（22）：72.
[11] 王惠敏. 城市码头遗址景观空间整合性设计研究 [J]. 城市规划研究，2016（4）：40－42.
[12] 侯征. 探析城市滨水空间生态驳岸设计 [J]. 规划与设计，2018（12）：125－126.
[13] 康蕾. 滨水城市驳岸空间的景观设计方法研究 [J]. 现代园艺，2018（5）：136－137.
[14] 张玲. 城市公共空间中的休息设施设计与研究 [D]. 哈尔滨：哈尔滨师范大学，2012.
[15] 李亭翠. 浅析城市公共休息设施设计 [J]. 佳木斯教育学院学报，2013（4）：275－279.
[16] 百度文库. 防腐木亲水平台 [DB/OL]. https：//wenku. baidu. com/view/9f56b676bf23482fb4daa58da0116c175f0e1eeb. html.
[17] 百度百科. 亲水平台 [DB/OL]. https：//baike. baidu. com/item/%E4%BA%B2%E6%B0%B4%E5%B9%B3%E5%8F%B0.
[18] 百度百科. 滨水景观 [DB/OL]. https：//baike. baidu. com/item/%E6%BB%A8%E6%B0%B4%E6%99%AF%E8%A7%82/10132432.
[19] 道客巴巴. 黔阳古城空间特色研究 [DB/OL]. http：//www. doc88. com/p－418440 7130822. html.
[20] 百度文库. 设计训练与实例亭 [DB/OL]. https：//wenku. baidu. com/view/9621d5609b6648d7c1c746f0. html.
[21] 百度百科. 驳岸 [DB/OL]. https：//baike. baidu. com/item/%E9%A9%B3%E5%B2%B8.

第6章　湿地、水库保护设计

绪论

水库湿地是人为对自然的河流湿地区域性改变或重塑，是重要的人工湿地，是人为影响局部生态环境的基本方式之一。水库湿地的生态功能主要体现在物质循环、生物多样性维护、调节河川径流和补充地下水、调节区域气候和固定二氧化碳，以及降解污染和净化水质等方面，通过灌溉影响农田、林地、草地生态，通过水力发电减少矿物能源和薪柴的使用，维护自然生态等。湿地和水生态环境直接相连、密切相关，水文要素特别是湿地与生态环境之间联系的纽带，它既是湿地属性的决定性因子，也是水生态环境中最重要的因子[1]，湿地是富饶物种基因库，陆地上的天然蓄水库，为人类的生产生活提供了丰富的资源[2]。湿地也是水生态环境的重要组成部分，水生态环境是湿地的重要支撑和基础，没有良好的水生态环境，也就没有健康完整的湿地。

生态恢复就是人们有目的地把一个地方改建成定义明确的、固有的、历史上的生态系统的过程，这一过程的目的是竭力仿效那种特定生态系统的结构、功能、生物多样性及其变迁过程。湿地恢复则是指通过生态技术或生态工程对退化或消失的湿地进行恢复或重建，再现干扰前的结构和功能，以及相关的物理、化学、生物学特性，使其发挥应有的作用[3]。

本章主要讨论湿地水库保护设计的生态学原理以及实际应用，通过介绍典型湿地、水库的生态现状以及需水量计算，提出合理的生态治理措施，并为未来湿地、水库保护设计发展提供宝贵经验。

6.1　湿地、水库生态概述

6.1.1　湿地的定义与分类

全球最大的生态系统是地球生物圈。在生物圈中按照大的尺度划分，可以分为海洋生态系统和陆地生态系统。而陆地生态系统按照主体生物群落分类划分为森林、荒漠、草地、河流和湖泊等生态系统。森林生态系统是陆地生态系统中分布最广、结构最复杂、类型最丰富的一种生态系统。与陆地生态系统相对应的海洋生态系统，面积占全球的 70%，其生态功能和对于生物多样性的维护作用极为巨大。而湿地生态系统是水陆相互作用形成的特殊自然复合体，包括河流、湖泊和沼泽生态系统，以及陆地与海洋过渡的滨海湿地生态系统，具有重要的生态功能，支持了全部淡水生物群落和部分盐生生物群落，具有丰富的生物群落多样性[5]。因此，从重要性角度分析，也有学者把森林、湿地和海洋并称为全球三大生态系统。

湿地的概念分为狭义和广义两种。狭义的湿地概念是指陆地和水体之间的过渡区域，即有湿生或水生植物生长的区域，强调泥炭的存在。广义概念以《湿地公约》为代表。《湿地公约》于 1971 年由苏联、加拿大、澳大利亚等 39 个国家签署，后又于 1982 年对于湿地概念进行了修订。按照《湿地公约》的湿地定义，“湿地系指不问其为天然或人工，长久或暂时的沼泽地、湿原、泥炭地或水域地带，带有静止或流动，或者为淡水、半咸水或咸水水体者，包括低潮水深不超过 6 m 的海域”。按照这个定义，湿地包括湖泊、河流、沼泽、蓄滞洪区、河口三角洲、滩涂、水库、池塘、泥炭地、湿草甸、水田以及低潮时水深浅于 6 m 的海域地带。世界保护监测中心估计全球湿地面积约为 570 万平方千米，约占地球陆地面积的 6%。其中，2%是湖泊，30%是泥塘，26%是泥沼，20%是沼泽，另有 15%是洪泛平原。全世界湿地的分布，北半球多于南半球，主要分布在欧亚大陆和北美洲。我国湿地面积约占世界湿地面积的 11.9%，居世界第四位[6]。

湿地是以水为基本要素的区域，水与陆地具有不可分割的联系。湿地是各种陆地与各种类型水域之间的相对稳定过渡区[7]。复合区域生态交错区，是自然界中陆地、水体和大气之间进行物质循环和能量流动互相平衡的产物[8]。《湿地公约》的定义比较完整和准确，可以在流域和区域层次上把湿地作为一个整体进行考察，有利于综合管理。图 6.1-1 为湿地景观。

图 6.1-1　湿地景观

6.1.2　湿地的基本生态特征

湿地产生于陆地和水体交界的延伸面上，是水域和陆地过渡形态的自然产物。河流、湖泊和水库等水体与陆地交界面上形成了河流湿地、湖泊湿地；在海洋和大陆的交界面以及河流入海口地区形成了滨海湿地；在洼地、河汊、蓄滞洪区和内陆湿润区域形成了沼泽湿地。湿地既具有水域的生境特征，又兼有陆地的生境特征，这给多种动植物的生存创造了良好的生命支持条件，成为生物多样性丰富、生产量很高的独特的生态系统。

湿地生态系统是由水体、陆地、大气和植物4大要素交互作用形成的系统，系统的结构和功能既不同于陆地生态系统，又不同于水域生态系统。湿地结构的特征主要体现在水文、土壤和植被综合特征上。

湿地的水文条件是湿地生态系统最主要的生境要素。湿地依靠水文循环注入营养物质，又带走生物和非生物物质，所以湿地对于水的运动和滞留极为敏感。湿地水量的注入因素包括降雨、径流注入、地下水补充、洪水以及潮汐；湿地水量的输出因素包括径流输出、补给地下水、蒸发、蒸腾以及感潮外流，按照这种分析可以很容易地计算湿地的水量输入输出关系。水文条件包括水流注入流量、流出流量、水深、水温、淹没水深、水文周期、淹没频率和历时等。水文条件决定了湿地的生产力明显高于静水湿地。由于湿地一般生产力较高，而分解作用缓慢且输出迟缓，使得有机物在湿地内积累，加之泥沙淤积和植物阻水等因素，湿地诸多生物因素又反过来影响水文条件。

湿地的土壤主要特点是由于水过饱和条件下形成无氧条件的土壤，使得有机物质的有氧呼吸生物降解作用受到限制，动植物的残体不易分解，有机质含量越来越高。泥炭沼泽土的有机质含量高达60%～80%。泥炭的积累过程标志着湿地特别是沼泽湿地的发育不同阶段。

湿地的植被系统特征是由湿地生境多样性所决定的。由于湿地处于水陆交错地带，存在所谓“边缘效应”，加之水文周期内干旱与洪水往往交错出现，水位变幅较大。在这种异质性强的生境下，依靠自然选择，各种耐干旱或耐水淹的植物在湿地落户，因而形成了湿地特有的水生植物和湿生植物丰富的植被，并相应形成了丰富的两栖动物和涉禽生物群落。

湿地的物质循环系统是从湿地的绿色植物开始，通过光合作用，物质和能量依靠食物链进入昆虫、软体动物、鱼虾等植食动物，进一步流入水禽、涉禽、两栖动物、哺乳动物等不同的营养级，最后部分有机物被微生物分解，部分成为泥沼，又将能量储存在土壤中。

6.1.3 水库的定义与分类

为了区分于小型的鱼塘，水库通常是指蓄水量大于10^6 m^3具有明显河流来水特征的蓄水水体，大坝是水库的标志。水库是一种介于河流和湖泊间的半人工半自然水体，广泛分布于世界各地，尤其是天然湖泊分布比较少的地区。如果把早期通过河流引水的蓄水池看成最早的水库，人类在公元600年前就有建造水库的记录，但以大坝为标志的水库只有100年的历史，而现有大部分水库是在第二次世界大战后30年里兴建的。根据库容量，水库划分为大型、中型和小型水库，但不同的国家和地区有不同的划分标准。在欧美地区，小于10^8 m^3为小型水库，大于10^9 m^3为大型水库，介于两者之间的水库为中型水库。在我国，小于10^7 m^3为小型水库，大于10^8 m^3为大型水库。水库的功能在早期主要是防洪和发电，随着经济发展的需要，水库的功能趋于多用途，对城市的生活与工业的供水正成为水库的重要功能，尽管供水量占水库调水量的比例不是很大，所产生的社会效益却是空前的，这是水库生态学研究最大的推动力[11]。

6.1.4 水库的基本生态特征

6.1.4.1 水库的物理结构特点

水库又称为人工湖泊（Man—made lakes），这反映了水库与自然湖泊在湖沼学上具有一定的相似性。把水库与湖泊进行对比，不难发现水库与湖泊在很多方面的差别特别明显。水库大坝位置、结构及水库的运行管理过程取决于水库的职能，决定了水库的基本形态结构。水库的结构与运行管理造成水库与湖泊在物理环境上既存在着本质的差异，也有量上的差异，物理环境的不同导致了两个水体在化学和生物学过程的差异[11]。

水库一般造于河谷中，水体表面狭长，呈树枝状，水库岸线发展系数相对于湖泊大；水库库盆纵向剖面呈三角形，从入水口到大坝有明显的坡度，大坝处最深。水库通常位于流域的端部，来水主要来自河流的径流，水库坡面直接径流只占相当少的一部分，出库水流深度、流速视水库的职能、出水口位置等具体管理过程而定。但总的来说，水库吞吐流相对比较快，水力滞留时间（Hydraulic retention time）相对比较短，水位波动大，岸线不稳定；水库补给系数大，流域对水库水量水质影响占主导地位。因此，水库水动力学过程表现出强烈的不稳定性，尤其在洪水期和枯水期。水库特有的形态结构及吞吐流特征导致水库从河流入水库处到大坝在物理、化学和生物学上均存在一个纵向梯度，在生境上表现出由激流环境到静水环境的过渡。

6.1.4.2 水库生态系统基本特征

1）入库水流

流域上的降水，扣除损失（蒸发等）后，经由地面和地下的途径汇入河网，形成水库的入库水流；在汇流过程中，土壤及成土母质的组成成分，树木及农作物枯枝落叶等伴随径流过程进入水库，成为水库水质的组成部分。因此，流域的土壤类型、土地利用状况、植被覆盖程度等对入库水流水质具有决定性作用。流域陆地生态系统不仅是水库生态系统的水补给源，也是水库生态系统的营养来源[12]。

2）水库生态学过程空间异质性

根据水库的形态结构和吞吐流特征，水库由水库入水口处到大坝可依次分为河流区（Riverine zone）、过渡区（Transition zone）和湖泊区（Lacustrine zone）。但这 3 个区并不是独立的、固定不变的，而是在时空上动态变化的，均可膨胀或收缩，依水库的吞吐流特征而定。各区水动力学过程不完全一样，在化学组分、生物学指标方面存在一定的梯度。河流区位于水库入水口处，既窄又浅，河水流速虽已开始减慢，但仍是水库中流速最快、水力滞留时间最短的区域。入库水流从流域上带来了大量的营养盐，以及无机和有机颗粒物，造成河流区营养物含量最高，透明度最低；同时，浮游植物的生长受光抑制，营养盐靠平流输送，浮游植物生物量及生长率均相对比较低。开始沉淀的悬浮物主要是粒径大的泥沙，而淤泥和黏土吸附着大量的营养盐被水流输送到过渡区，底部沉积物主要是外源性，营养盐含量少[11]。

过渡区相对于河流区结构上宽而深，水流流速进一步减缓，这时粒径小的淤泥、黏土和细颗粒有机物大量沉积，是悬浮物沉积的主要区域。由于沉积的淤泥和黏土对营养盐有较强的吸附能力，使该区水中营养盐的浓度进一步降低，底部沉积物营养盐的含量比其他两个区高。悬浮物的大量沉积，使过渡区透明度升高，浮游植物生长受光限制现象得到改善，同时该区营养盐的含量仍相对比较高，因此浮游植物的生物量及生长率是水库中最高的区域[11]。

湖泊区位于水库大坝处，是水库最宽最深的区域，水库中各环境变量的纵向梯度分布及对浮游植物生长率和生物量的影响，外源和内源有机物相对重要性的纵向变化极易出现垂直分层现象，但垂直分层不稳定，受水库的吞吐流特征控制。湖泊区水流流速最慢，粒径更小的颗粒物进一步沉淀，水体透明度在 3 个区中最高。由于营养盐一方面在过渡区被细小的悬浮物大量吸附沉积到水库底部，另一方面被浮游植物生长吸收，湖泊区表层水营养盐的含量比其他两个区低，营养盐靠水体内部营养盐循环补充的比例有所增加，但水体仍处于相对营养缺乏状态，浮游植物生长主要受营养盐限制。湖泊区底部内源性有机沉积物比例比前面两个区高[11]。

3）出库水流

出库水流的水质取决于水库的水质。水库出现垂直分层现象时，不同水层的水质是不一样的，这时出库水流水质取决于出水口的位置选择。在水库具体运行管理过程中，出库水流可影响水库的水流及垂直分层，从而影响水库水动力学过程，使水库水质发生变化。尽管水库与湖泊在生态学研究方法上没有本质的差别，但由于水库水动力学的特殊性，水库生态系统在空间与时间上所表现出的异质性与湖泊生态系统有着根本的区别。采样方案能否反映水库生态学的时空异质性对于一具体水库的研究是十分重要的[11]。

6.1.4.3 水库生物群落结构与动态

由于水库生态系统的环境条件波动大、快而不规律，尤其在相邻两次大的骚动事件期间，水库中的生物常缺乏足够的时间进行种群的生长和繁殖，以维持和扩充种群。水库中物种迁入至灭绝过程快，生物多样性相对较低，生态位相对较宽。生物相互作用机制既有“上行效应（Bottom － up)”，也有“下行效应（Top－down)”，视水库的具体条件而定。水库有别于湖泊的一个明显特征是在水库建造初期，在蓄水过程中淹没了大量的植被，腐烂降解的树木既提供了食物，又提供了特殊的生境及隐蔽场所，水库生物净生产量，尤其是鱼类的净生产量比较高，到了稳定期，净生产量开始降低[11]。

水库浮游植物生长的限制因子主要是光和营养盐，单位体积的浮游植物生长率从入水口到大坝呈降低趋势，但单位面积生长率相差不多。过渡区是浮游动物分布的密集区，浮游植物和颗粒状有机物是其主要的食物来源。水库鱼类种类组成与同纬度湖泊相差不大，但各种鱼的相对密度存在一定的差异。

6.1.5 湿地、水库的生态问题

6.1.5.1 湿地生态问题

湿地是目前受到威胁最大的生态系统。由于湿地被开垦与改造、污染、生物资源过

度利用、泥沙淤积和水资源不合理利用等，导致湿地不断退化和消失，生物多样性锐减，水土流失加剧，水旱灾害频繁，造成巨大的经济损失，甚至威胁到了人类的健康和生命。现状湿地面临的危机包括水体污染、水质质量较差、水体富营养化、水量减少、生物多样性减少、土壤恶化、湿地退化等问题[13]。

随着人为经济活动的增强和对水资源不合理的配置和使用，湿地面积越来越小，其主要表现在：①上游地区一系列大中小水库的建设，切断了湿地的供水水源；②河流的控制工程建成之后，没有把自然湿地列入分水计划，导致水库以下的河段常年干枯断流，湿地无水可供；③几乎所有湿地汇流区域都不同程度地存在着日益突出的水资源供求矛盾，为稳定工农业生产，各湿地周边地区不断扩大着对湿地水资源的需求，使湿地在缺水时期形成了水源只出不进的状况，加剧了湿地缺水的程度[10]。

湿地保护是保护生态安全和社会可持续发展的需要，湿地是极其重要和特殊的生态系统，具有涵养水源、净化水质、调蓄洪水、控制土壤侵蚀、美化环境、调节气候等巨大的生态功能，湿地以其特殊的功能，维系着水、生命、文化及多方面的关系。良好的湿地生态系统既是保障国家生态安全的需要，也是经济社会可持续发展的重要载体，是保护人类的生存环境和国家可持续发展的战略资源的需要。通过对湿地的保护，可以有效控制河流的污染，促进经济社会的可持续发展[14]。

6.1.5.2　水库生态问题

水库的一般水环境问题包括水库淤积、水位消落带、回水变动带、水质污染、富营养化等。例如东平原水库因其来水含沙量较少，水位变动较小的特点，水库淤积、水位消落带、回水变动带的水环境问题相对较小，实现水库水环境目标的最大威胁是库水咸化和水库富营养化问题[15]。

1）水质逐渐恶化

水库水质污染主要是源于水库周围的城市污水、工业污水、大气污染物的降落以及养殖过程中向水体过量施肥投饵。污染物的类型多种多样，包括重金属、植物污染物、需氧有机物质、化工物质、无机盐、病原微生物等。这些物质的排放严重超过了水库的自然净化能力，导致了库区水质恶化，扰乱了水生态系统的正常功能和稳定性。同时，由于排放污水中富含氮、磷等有机物质，水体呈现富营养化，大量藻类植物繁殖，更甚者会出现水华现象，使水丧失了使用价值[16]。

2）水土流失严重

我国水库库区由于受到水力侵蚀，出现了严重水土流失现象，大量泥沙随着水流入库区，致使水库泥沙增加，库区容量减少，严重影响了水库的正常使用和经济效益。此外，泥沙中含有大量的营养物质，也会造成水库水质富营养化，影响水库水质质量。例如刘家峡水电站，每年库区周围的市县流入到库内的淤泥就达到3.446 万吨。最新资料显示，丹江口水库及上游流域面积水土流失面积达到 5.1 万平方千米，年均土壤侵蚀量达到 1.82 亿吨。因发生水土流失，1968 年到 1988 年流入到库内的泥沙占到了水库库容的 8%，因此我国水库的水土保持工作非常严峻[16]。

3）生物多样性减少

水库的建立必然会对河流的连续性造成影响，阻断了鱼类的洄游通道。当水库库区向下游泄水时，会造成坝下水温升高、水气饱和，从而干扰了水生生物的正常繁殖环境。水体富营养化和水质浑浊，也会造成水生动植物的物种减少，导致食物网断链，生态循环受阻。因此，水库的修建打破了原有生态系统的多样性，改变了生物的生存环境，干扰了生物的正常繁殖规律，影响了生物的正常繁殖，造成了生物的多样性的减少。生态系统多样性的改变，造成优势群体的改变、新物种入侵、原有物种消失[16]。

4）地质灾害发生概率增加

修建水库和水库的运行可能会引起地质灾害，如泥石流、滑坡、地震等。因人为操作不当、蓄意破坏、超限蓄水等可能造成水库决堤事故发生，这必然会给库区生态环境和人们的生命、财产安全造成重大影响[16]。

6.2 湿地生态保护设计

6.2.1 我国的湿地现状

湿地不仅仅是传统认识上的沼泽、滩涂等，还包括部分河流、湖泊、鱼塘、水库和稻田。据统计，全球约 8.6×10^6 km^2 湿地，面积约占陆地面积的 1.4%。我国有 38 类天然湿地和多种人工湿地，在我国湿地总面积中，库塘湿地占 5.94%，湖泊湿地占 21.70%，沼泽湿地占 35.60%，河流湿地占 21.32%。此外，我国湿地生物资源也很丰富，有湿地水鸟 271 种，其中属重点保护的水鸟有 56 种；湿地鱼类 1000 多种，占我国鱼类总数的 1/3；湿地高等植物约 2276 种，占全国高等植物种数的 71.9%。水库湿地是人工湿地的一种，它泛指灌溉、水电、防洪等目的而建造的人工蓄水设施[3]。

我国是世界上各种湿地资源最丰富的国家之一，共拥有湿地 3848 万公顷，居亚洲第一位，世界第四位。我国建立的湿地资源保护区共有 353 处，其中 30 块湿地被列入湿地公约国际重要湿地名录，湿地保护区总面积达 550 万公顷，40%的天然湿地和 33 种国家重点珍稀水禽得到了有效保护。

1992 年 7 月 31 日，我国正式加入《湿地公约》。根据我国的实际情况以及《湿地公约》的分类系统，我国将湿地划分为近海及海岸湿地（低潮时水深 6 m 以下的海域及沿岸海水浸湿地带）、河流湿地、湖泊湿地、沼泽和沼泽化草甸湿地 4 大类 26 种类型[2,9]。

湿地是地球上水陆相互作用形成的独特生态系统，有着独特的生态系统结构与功能，它不仅集土地、水、生物等自然资源于一体，为人类生存和社会发展提供了大量生活资料和生产资料，还具有显著的生态环境功能，被誉为“地球之肺”“生命的摇篮”。建立湿地自然保护区是保护湿地的最佳途径之一，随着我国林业六大工程的顺利实施，尤其是野生动物与自然保护区建设工程实施以来，我国加强了湿地自然保护区的建设和管理，湿地自然保护区数量增长很快，基础设施能力建设得到了明显的加强和提高。目前全国已建立自然保护区 353 处，其中，国家级 46 处，湿地面积为 402 万公顷；同时还建立了省级湿地类型的自然保护区 121 处，使 1600 万公顷的天然湿地和 33 种国家重点珍稀水禽得到了保护。此外，湿地自然保护区还对保护我国大江大河源头、主要河流入海口、候鸟繁殖和越冬栖息地等发挥了主要作用。在长江、黄河和澜沧江源头建立的三江源湿地自然保护区，对西部地区的水源涵养和水土保持发挥了重大作用[2]。

6.2.2　湿地生态保护方法

湿地生态系统保护建议：建立湿地自然保护区、建立人工湿地处理污水、建立湿地公园、开展湿地保护的国际合作。

6.2.2.1　人工湿地

人工湿地是由人工建造和控制运行的与沼泽地类似的地面，将污水、污泥有控制地投配到经人工建造的湿地上，在污水与污泥沿一定方向流动的过程中，主要利用土壤、人工介质、植物、微生物的物理、化学、生物三重协同作用，对污水、污泥进行处理的一种技术。其作用机理包括吸附滞留、过滤、氧化还原、沉淀、微生物分解、转化植物遮蔽、残留物积累、蒸腾水分和养分吸收及各类动物[4]。

人工湿地是自然湿地的人工演变，主要通过对湿地内填料、植物和微生物的优化管理实现污染物去除性能的强化。随着对湿地内部基质吸附、植物和微生物吸收过程的研究深入，大量的人工湿地用于去除富营养化水体中的有机物、氮和磷，甚至推广至水源保护。

构建湿地不仅可以清除生活污水、农业废弃物，也可以增加水生啮齿动物、鸭鹅以及其他动物的数量。但是，在湿地周围修筑堤坝或硬质护岸，会致使水生啮齿动物因失去生态环境而绝迹，同时鸭鹅等水禽因免遭啮齿动物天敌的侵害而过度繁衍。

6.2.2.2　人工湿地的生态净化原理

一般认为人工湿地成熟以后，填料表面会吸附大量微生物，形成生物膜，植物根系分布于池中，整个自然生态系统通过物理、化学及生物化学三重协同作用净化污水。植物是人工湿地的重要组成部分，人工湿地系统中的植物代替曝气机输氧，同时也为碎石等基质内微生物群落创造了有利的活动场所[17]。

6.2.2.3　人工湿地的设计与建设

1）人工湿地的布设原则

（1）统筹兼顾，保证防洪安全。依据干支流防洪标准、河道特性及周边地质地形条件，在保证防洪安全的前提下，在干流及支流口布设湿地，避免阻碍行洪道路。

（2）因地制宜，合理确定湿地位置和规模。根据工程区域河道的不同地形、地貌以及两岸滩地的不同基质条件，尽量保留原有表层土壤，减少植物栽植客土量，并提出切实可行的植物措施布置方案，在适宜的条件下发挥最大的生态及景观效益。在干流的一级支流中，依据污染程度、河道形态及水文条件，选择污染较重和滩地相对开阔的位置。

(3) 生物措施与工程措施相结合。将水生植物种植与拦水建筑物蓄水水位相协调，在拦水建筑物上游形成水面两侧浅水区域及回水末端适宜区域种植适量水生植物，达到净化水质及美化河道景观的作用。

(4) 以水生植物措施为主，辅以必要的工程措施。为满足湿地中水生、湿生植物生长对水深和土质的要求，充分利用现有水利工程调节作用，在适当位置布设挡水堰或拦水埂等工程，并采取适当的换土和覆土措施。

(5) 以净化水质为主要目的。在水生植物种类选择和布置中，充分考虑植物的耐污性能和净化能力，并在湿地规模和水流形态上满足污染物削减要求，以达到净化水质的目的[17]。

2) 人工湿地建设

人工湿地技术在我国被广泛应用于农业面源污染控制及生活污水、垃圾场渗滤液、采油废水、啤酒废水、制浆造纸废水等的处理。随着研究的逐渐深入，人工湿地还被用于改善饮用水源水质、减少水体富营养化、抑制藻类疯长。在国外，人工湿地被广泛用于处理各类型污水。

人工湿地系统的分类多种多样。不同类型的人工湿地对特征污染物的去除效果不同，具有各自的优缺点。根据植物的存在状态，人工湿地主要分为浮水植物系统、沉水植物系统、挺水植物系统三种类型。不同类型人工湿地结合使用以及传统污水处理方法联合使用可以获得更好的出水水质，如成都活水公园。从工程实用的角度出发，可按照系统布水方式的不同或水流方式差异把人工湿地分为自由表面流人工湿地和潜流型人工湿地。其中，潜流型人工湿地又包括水平潜流人工湿地、垂直潜流人工湿地和潮汐潜流人工湿地[17]。

图 6.2-1 为人工生态湿地景观。

图 6.2-1 人工生态湿地景观

6.2.3 湿地生态保护的意义

湿地与森林、海洋并称为地球三大生态系统，具有涵养水源净化水质、蓄洪防洪、调节气候、维护生物多样性等重要生态功能。湿地资源十分丰富，但随着经济的发展和城市化进程的加快，掠夺性开发和不合理利用等导致湿地面积和资源日益减少，功能和效益下降。湿地的减少和功能的退化，不仅对生态环境造成严重破坏，不利于人与自然和谐发展，而且影响整个经济和社会的可持续发展，进而危及人类的生存。面对湿地面积大幅度减小，湿地物种受到严重破坏等威胁，湿地保护刻不容缓[13]。

湿地保护是保护生态安全和社会可持续发展的需要，湿地是极其重要和特殊的生态系统，具有涵养水源、净化水质、调蓄洪水、控制土壤侵蚀、美化环境、调节气候等巨大的生态功能，湿地以其特殊的功能，维系着水、生命、文化及多方面的关系。良好的湿地生态系统既是保障国家生态安全的需要，也是经济社会可持续发展的重要载体，是保护人类的生存环境和国家可持续发展的战略资源的需要。通过对湿地的保护，可以有效控制河流的污染，促进经济社会的可持续发展[13]。

由于水的流动性和水生态系统的整体性，决定了湿地保护应该以流域为单元进行统一管理。湿地是各种污染物的汇聚之地。某一湿地所面临的威胁与湿地流域的生态环境退化息息相关。流域湿地问题，只有按照流域的湿地分布规律，利用流域生态学最新理论与实践成果，进行流域生态管理，才能从根本上协调好各方面的关系，从而做到保护湿地流域的可持续发展。

6.2.4　湿地生态需水量计算

6.2.4.1　基本概念与计算方法

湿地生态环境需水量是指能够遏制湿地生态环境恶化趋势，并逐步使湿地生态系统恢复到健康的状态所需要的适宜水量[18]。

目前国外采用的计算方法主要有湿周法和栖息地法两种。

（1）湿周法：利用湿周作为栖息地的质量指标来估算湿地的水量值，通过在临界的栖息地区域现场搜集湿地的几何尺寸和水量数据，并以临界的栖息地类型作为湿地的其余部分的栖息地指标。该法需要确定湿周与水量之间的关系，找到湿周—水量关系曲线中的变化点。

（2）栖息地法：根据现场数据采用物理和数学模型模拟水量变化和栖息地类型的关系，通过水力学数据和生物学信息的结合，来确定适合水生生物生长的水量。

以上两种方法资金耗费都较大，并需要长时间的观测和实验。

6.2.4.2　湿地生态需水量计算

湿地生态需水量计算包括湖泊洼地生态环境需水量、湿地植物需水量、湿地土壤需水量和野生动物栖息地需水量[19]。

1）湖泊洼地生态环境需水量

湖泊洼地生态环境需水量是指为保证特定发展阶段的湖泊生态系统与功能，并保护生物多样性所需要的一定质量的水量，包括湖泊洼地生物需水量、湖泊蒸散发需水量和水生生物栖息地需水量。湖泊洼地生态环境需水量是以生态环境现状为出发点，为保证湖泊洼地发挥正常的环境功能，为维护生态环境不再恶化并逐步改善所需的一定质量的水量。湖泊洼地生态环境需水量主要考虑为维持湖泊湿地特定的水、盐以及水生生态条件，湖泊洼地一年内消耗的水量。根据水量平衡的原理，在无取水的自然条件下，湖泊洼地的计算公式如下：

$$\nabla W = P + R_i - R_f - E + \nabla W_g \tag{6.2.1}$$

式中：∇W 为湖泊洼地蓄水量的变化量；P 为降水量；R_i 为入湖水量；R_f 为出湖水量；E 为湖泊洼地水面的蒸发量；∇W_g 为地下水的变化量[10]。

为维持湖泊洼地的生态环境功能，要求湖泊洼地的蓄水量不发生变化，即$\nabla W=0$，对北方河流而言，由于蒸发量大于降水量，所以在地下水位维持动态平衡的条件下，必须补充一部分水量消耗于湖泊洼地的水面蒸发。因此可以认为，湖泊洼地生态环境需水量主要是用以维持湖泊洼地水量平衡而消耗于水面蒸散的净水量[10]，其计算公式如下：

$$W_E = \sum A(E - P) \times 10^{-3} \tag{6.2.2}$$

式中：W_E为湖泊洼地生态环境需水量，m^3/a；A 为湖泊洼地的水面面积，m^2；E 为相应水面的蒸发量，mm；P 为湖泊洼地的降水量，mm。

2）湿地植物需水量

湿地植物的正常生长所需要的水分即为植物需水量，其中蒸腾耗水和土壤蒸发是最主要的耗水项目，占植物需水量的 99%，因此把植物需水量近似地理解为植物叶面蒸腾和棵间土壤蒸发的水量之和，称为蒸散发量[10]。从理论上可以表达为：

$$\frac{\mathrm{d}W_p}{\mathrm{d}t} = A(t)E(t) \tag{6.2.3}$$

式中：W_p为植物需水量；$A(t)$ 为湿地植被面积；$E(t)$ 为蒸散发量；t 为时间。

3）湿地土壤需水量

在一定的时空尺度内，土壤中具有一定的含水量，但并不能代表土壤的需水量，因此土壤含水量并不是解决土壤需水量的办法，但是它却是一个参照。不同的湿地土壤，持水量、含水量和水的特性就会有差异[10]。湿地土壤需水量的计算公式为：

$$Q_t = \alpha\gamma H_t A_t \tag{6.2.4}$$

式中：α 为土壤需水量；γ 为土壤密度；H_t为土壤厚度；A_t为湿地土壤面积。

4）野生动物栖息地需水量

野生动物栖息地需水量是鱼类、鸟类等栖息繁殖需要的基本水量。以湿地的不同类型为基础，找出关键保护物种，如鱼类或鸟类，根据正常年份鸟类或鱼类在该区栖息、繁殖的范围内计算其正常水量。为避免与湿地土壤需水量的重复，这里只计算地表以上低洼地的蓄水量（满足野生动物栖息繁殖的必须水量）。

野生动物栖息地需水量可用下式计算：

$$Q_1 = 1/6(A_b + A_t + \sqrt{A_t A_b})\delta_1(T_1 + B) \tag{6.2.5}$$

$$Q_2 = 1/6(A_b + A_m + \sqrt{A_m A_b})\delta_2(T_2 + B) \tag{6.2.6}$$

式中：Q_1，Q_2分别为野生动物栖息地理想需水量和最小需水量；A_b为湿地区正常年面积；A_t为洪水期湿地面积；A_m为枯水期湿地面积；T_1为洪水期水平面高度；T_2为枯水期水平面高度；B 为正常年水平面高度；δ_1，δ_2分别为水平面高度修正系数。

6.2.4.3　计算意义

湿地是一种重要的自然资源，具有调节河川径流、滞洪、净化水体、调节局部气候等多种功能，对区域的生态平衡起着重要的作用[10]。湿地的水文条件对保持湿地的结构和功能十分重要，因此湿地生态系统需水规律的研究对湿地生态系统的保护有着重要的意义[18]。

6.2.5　湿地生态保护展望

湿地是一个完整的生态系统，它形成了一个自循环的体系，具有良好的社会、环境、经济效益，在改善和美化生态环境、提供良好的视觉景观方面都具有长远的发展潜力。水库型湿地景观对于提高整体环境质量、节约资源、增进人类与自然的交流具有重要的意义，也具有广泛的应用前景。随着国外现代以人为本思想的引入，适当地将人的活动加入湿地景观规划与设计中，并适度地增加人的活动区域，能更好地建立和完善生态平衡，这样在不破坏湿地公园的湿地资源的同时，也给湿地景观更多的生机与发展方向；同时湿地景观及恢复性设计由单一设计到整体多样化设计，既为区域内的湿地景观资源进行设计，也为其恢复、保护、更新、管理等做出设计，从而避免了因只重视某一方面而忽略其他方面造成的损失[3]。

湿地景观及其恢复性设计更加强调的是生态、人文的理念，虽然是一种相对理想的状态下的研究，但是在景观设计师和环境科学工作者精诚合作的前提下，这种理想状态能够逾越并能突破，从而实现湿地景观的恢复性设计，为人类创造更多的精神财富[3]。

6.3　水库生态保护设计

6.3.1　我国的水库现状

我国的湖泊和水库众多，据初步统计，目前约有大小湖泊 24880 个，总面积 83400 km^2，约占国土总面积的 0.8%，总蓄水量 7×10^{11} m^3，水库 83219 座，总库容为 4.3×10^{11} m^3。这些湖泊在防洪、灌溉、养殖、航运、发电、生活用水和观光旅游等国民经济活动中占有十分重要的地位。

我国是世界上水库最多的国家，15 m 以上的高坝水库占全球的 46%，水库在发挥其经济与社会效益的同时带来的生态问题也日益严峻。以三峡水库为例，其建成蓄水后，使之前的 600 km 长的库区变为了水流缓慢的人工湖泊，水体的平均流速由 3 m/s 降低到 0.8 m/s，水体本身的自净能力和输送污染物的能力降低，使污染物滞留时间增加、扩散能力降低，水环境容量减少，从而导致水库水质的恶化，水污染加重。此外，伴随着大量的移民搬迁、水库淹没和水文情势的变化，珍稀水生动物（如中华鲟、白鲟等）、库区“四大家鱼”、河口及近海营养物质平衡和渔业资源等均受到不同程度的影响。对位于干旱、半干旱地区的河流来说，原有的自然径流量小，再经过大坝的拦截，导致下游河段几乎断流的例子屡见不鲜，河流的生态功能也随之消失。据统计，山西省在 26 条主要河道上修建了 756 座水库，总库容占河道天然径流量的 40%，枯水期多数河道断流，且水污染严重，在检测的 104 个断面中，各项指标能达到Ⅰ至Ⅲ类水质标准的仅占 12%，低于Ⅴ类水质标准的高达 73%，河流不再具有原有的生态功能。

平原水库水深浅、水域面积大、回水较长，因而坝线较长、坝高小、工程量大。水库蓄水后，一方面，水体由流动变为相对静止，加之气温、光照等环境因素有利，使浮游生物过量繁衍，水体易出现富营养化；另一方面，水库汇集了上游城镇的废污水以及农业和养殖等面源污染，致使水体受到污染。此外，人为活动也加剧了对水库周边生态环境的破坏，农田耕作，上游森林资源的过度砍伐，加剧水土流失，缩减了动物的生存空间，影响区域生态平衡。

人类对水库建设和水资源利用程度的不断增强使水文循环受到严重的扰动，水资源自然循环的途径和通量发生变化改变，其可再生能力也有不同程度的改变，出现了一系列诸如水资源短缺、河流断流、地下水位下降、水质污染等水资源、水环境问题。我国北方地区普遍出现了河流断流、大面积河床荒芜、沙化，很多河流已经成为季节性河流，部分河道常年处于干涸状态，破坏了水生生物繁衍的环境，干涸的沙质河床又成为危害四周风沙的来沙场所。河流大量建设蓄水工程，层层拦截利用地表水资源，致使河流下游及平原地区地表径流减少，河长缩短，尾闾湖泊及湿地萎缩甚至消失，造成河流生态的退化[20]。

生态、环境的保护是我国可持续发展的根本性问题，维护生态系统的良性循环必须重视水资源的合理开发与保护，充分考虑生态环境用水和水资源的永续利用。河流水资源拦蓄工程究竟应该给下游河道生态环境配置多少水，如何调控使水资源开发利用与生态环境保护相统一，现在关于水库工程生态环境需水配置及调控的理论和方法较少，需要进行相关问题的深入研究[20]。

6.3.2 水库生态保护方法

生态修复是在一定的区域背景条件下，为解决生态系统退化和生态环境破坏的问题，对受损的生态系统进行修复，使生态系统逐步恢复到健康状态并保持长期稳定的过程。

6.3.2.1 水库水体富营养化的处理

(1) 通过物理化学降解措施来降低水库内部水体的磷负荷。

(2) 通过灌溉等来调节水位，从而控制营养物质和藻类生长，进而改善鸟类生境、促进鱼类活动以及改善水质。

(3) 通过微生物处理池的方式，并且种植水生高等植物，培育潜水湿地生态景观。

(4) 通过建设水上游乐设施、水生植物观赏园等措施增加水库的娱乐价值，提高多样性[3]。

6.3.2.2 水库不同分区的生态保护

(1) 临近岸边的浅水区内种植挺水植物，对陆源或入库污染物，进行阻截、过滤和吸收，这是系统的第一道水体修复屏障。

（2）在坝前深水区和岸边浅水区的过渡区域适当种植浮水植物，在改善生态系统、给鱼类提供食物、隐蔽条件的同时，进行水质改善和净化。

（3）坝前深水区进行无饵养殖，通过收获鱼类等水产品补偿回水区内耕地淹没的经济损失，同时去除部分氮磷等营养盐。

（4）设置生态过滤坝，沉降和滞留入库悬浮颗粒物，削减入库营养负荷，实施主库区水质保护。另外，过滤坝不仅能有效抑制因回水区周期性的交替落干造成的沉积物营养盐释放，同时还能避免回水区内耕地在水位落干时进行农作，减少化肥、农药入库量。

（5）无论主库是否调度运行，净化系统将能保证在一定水位运行，能够实现水体修复的稳定和高效运行[4]。

6.3.2.3　生态保护方案

（1）积极实施天然林保护工程，把库区纳入退耕还林计划，种植经济林树种，如板栗、核桃等，既起到绿化保护作用，又能够增加经济效益。

（2）进行生态移民，把偏、散居民点集中规划建设，集中处理生活垃圾，保护水库。

（3）清理库区垃圾。

6.3.2.4　生态修复技术改善水质

（1）建立入库河口的生态湿地。

为有效拦截水库上游区的污染，可在河口上游适宜地点建立人工湿地保护带。湿地建设以生态修复为中心，以自然绿化为基础，在河滩地种植芦苇、菖蒲、风车草等净化水质的水生植物，利用湿地的物理吸附、化学讲解和生物分解能力，构筑水质净化防线，在净化水体的同时，形成优美的生态湿地公园。

（2）建设库滨带生态防护林。

生态防护带作为水库水域的最后一道保护屏障，在截留净化地表径流、缓解面源污染、净化水质方面起到重要作用。建设库滨带生态防护林要在当地做好退耕还林的宣传，并制定优惠补偿政策。

（3）加强上游区水土流失治理。

在水库上游水土流失易发区，采取工程措施与植物措施相结合的治理方法，通过整修梯田，建设拦砂坝、塘坝、水窖等小型工程，通过植树造林、种草等措施营造水土保持和水源涵养林，在坡度较陡地区实施封山育林、退耕还林行动，通过流域生态修复逐步改善水库上游生态环境[21]。

6.3.3　水库生态需水的基本概念

6.3.3.1　生态需水与生态用水

20世纪90年代由国家“九五”攻关“西北地区水资源保护与合理利用”项目明确

提出了“生态需水”概念，认为生态需水是指为维护生态系统稳定、天然生态保护与人工生态建设所消耗的水量，也就是生态用水（Water use）。综合国内外大量的研究成果和文献，生态需水可以解释为生态系统达到某种生态水平或是维持某种生态系统平衡所需要的水量，或者是发挥期望的生态功能所需要的水量，从水量配置来说是合理的、可持续的；生态用水则是某种生态背景下或某种生态系统平衡下所使用的水量，不一定是合理的和可持续的水量。对于某一个特定生态系统，其生态需水有一个阈值范围，具有上限值和下限值，超过上限值和下限值都会导致生态系统的退化和破坏。但是生态用水则不存在这样的阈值，主要是被动接受的水量。生态用水常常是由于自然原因，如降水、洪水等造成水的储存或者汇集，也可能由于人为原因，如截流、引水、筑坝等形成的相关系统供水。因此二者存在着区别。生态用水在数量上可能多于生态需水，也可能少于生态需水，生态用水和生态需水主要应用于天然水域和植被、人工林草、维持城市景观、农业灌溉以及水土保持造林种草等方面的研究[20]。

生态耗水主要强调了生态系统特别是生物（植物、动物、微生物）生存消耗掉的水量，如蒸散量，需要通过水循环或者径流等途径及时给予补给，体现了周期性和重复补给的特点；而且，生态用水主要体现在现状环境条件下生态系统被动接受的水量。生态耗水是生态用水的重要组成部分，应该小于或等于生态用水量。

生态需水和环境需水常统称生态环境需水、生态需水或环境需水[20]。虽然生态需水与环境需水两者之间存在着交叉和重合的部分，但是从概念上来讲是两个不同的概念，应该加以区别对待。生态需水主要侧重于生物维持其自身发展及保护方面；而环境需水则主要体现在环境改善所需要的水。例如，将黄淮海平原和西北干旱地区进行研究对比，发现两个地区的生态环境需水侧重点各不相同，在西北干旱地区关注的焦点是生态需水，而环境需水在黄淮海平原则表现得比较突出[22]。

生态需水是维持生态系统中具有生命和生物体水分平衡所需要的水量[20]。其主要表现在以下几个方面：①维护天然植被生长所需的水量，如森林、草地、湿地植被等需水；②水土保持及其水保范围之外的林地草地植被建设所需要的水量，如绿洲、生态防护林等需水；③保护水生生物栖息地及产卵和洄游所需要的水量，如维持湖泊、河流中鱼类、浮游生物等生存、繁殖所需的水量[22]。

环境需水是指为保护和改善人类居住环境及其水环境所需要的水量。其主要表现在以下几个方面：①改善用水水质所需的水量。对于河流，应保证枯水期的最小流量限制，使其维持河流最基本的环境功能，达到一定的污净比，以期达到改善水质的目的；对于湖泊，主要是加强受污染水体的水量交换，提高水体自净能力和降低单位容积的纳污量，以达到湖泊功能的要求和水质标准。②协调生态环境。为了维持水沙平衡、水盐平衡以及维护河口地区生态环境，需要保持一定的下泄水量或入海水量。③回补地下水。在地下水超采区为了遏制超采地下水所引起的地质环境等问题，需要一定的回灌用水。④美化环境。主要是指城市净化、绿化及公园湖泊等用水。⑤休闲娱乐需水。主要是指游泳、划船、垂钓等休闲、娱乐用水。

6.3.3.2 人类活动影响

水域生态系统是自然生态系统的重要组成部分，在为人类提供生活、生产基础产品的同时，还存在维持生态系统结构、生态过程和区域生态环境的功能。

人类建造水利工程用来控制天然径流，以便获得更多的土地和灌溉水量，对径流的控制改变河流径流天然分配，扰乱了水生生物原有的生命周期。水坝将部分陆地生态系统变为水生生态系统，引起自然生态环境的急剧变化，破坏了原有区域生态系统的结构。水库内水流缓慢，水混合程度降低，形成不同的水层，底层水溶解氧浓度降低，河底的质地，如沙土、黏土、砾石等对于生物群落的性质、优势种和种群的密度等影响较大。水坝蓄水后形成静水区，截留粗颗粒物质等沉积物，割断了上下游河流能量的流动，改变了大坝下游物种的构成和生产力。同时，水坝也割裂了鱼类的洄游路线，使得鱼类觅食洄游和生殖洄游受阻。洪水控制工程使得河流系统缩短、变窄、平直，隔断了河流和洪泛区之间的天然水力联系，导致洪泛平原和湿地大量消失。土地利用方式（森林砍伐、放牧、农业和城市化）改变也是自然水文循环发生变化的主要原因，土地利用的变化改变了下垫面情况，影响了流域产水量的空间分布。例如，城市化过程中不透水面的增加降低了土壤渗透率，增加了洪峰流量和发生频率；干旱期间用水增加使基流补给和枯水流量变小。河流汇流区域下垫面的变化改变了河流水量补给来源，当这种变化超过生物所能适应的变化范围时，将导致河流生物多样性的丧失[20]。

人类活动导致河流的物理变化可归纳为：河流的长度缩短和蜿蜒性下降；河流的流速趋于恒定，浅滩和深潭消失；沿河的洪泛平原和湿地消失；沿河两岸的植被减少。所有这些物理变化都改变了河流的水力和生物特性，导致河流生态系统的退化[23]。

6.3.4　水库生态需水量计算

生态需水是指在自然生态系统的保护和建设中，生态系统维持稳定发展所必需的水资源总量。它只受生态系统结构和环境因子的影响，生态需水具有水资源的性质。由此，对于生态需水量的确定，不能只考虑所需水量的多少，同时还应考虑在此水量下水质的好坏[24]。合理确定生态需水量，首先要满足生态系统对水量的需求，其次确保水质能保证生态系统处于健康状态[25]。

生态用水是指生态系统实际利用到的水资源总量，它受经济用水、生活用水的影响，往往被挤占和压缩。生态用水比例是指生态系统实际用水量与水资源总量的比值，它是从经济系统的角度间接计算用水比例的，其计算公式如下[24]：

$$P_{生} = \frac{\alpha(W - W_{工} - W_{农} - W_{生} + W_{回})}{W} \tag{6.3.1}$$

式中：$P_{生}$为生态用水比例；W 为水资源总量，m^3；$W_{工}$为工业用水量，m^3；$W_{农}$为农业用水量，m^3；$W_{生}$为生活用水量，m^3；$W_{回}$为回归水量，m^3；α 为有效性系数，由于水体污染，水资源的有效性降低，$0<\alpha\leqslant 1$，根据地表水水质标准从Ⅰ类到Ⅴ类，α 呈逐渐减小趋势，α 可按表 6.3-1 取值。

表 6.3-1　水体质量与有效性系数 α

水质标准	Ⅰ	Ⅱ	Ⅲ	Ⅳ	Ⅴ
α	1.0	0.9	0.7	0.5	0.3

生态用水比例为10%的流量覆盖了60%的底质，这一流量是水生生物特别是鱼类生存的临界点或最低流量限值点。比例为30%～100%时的流量，会使湿润底质增加40%，这是水生生物需求从较好到最佳的生存条件范围。比例为10%、30%、60%的流量是生境变化的转折点，而且这3个流量覆盖了从最小到接近最大流量的范围，并能保护绝大多数河流自然环境，所以比例为10%、30%、60%的流量具有代表性。国内外的研究均表明：在平均流量相同情况下，水生生物在绝大多数河流中具有相似性，水文学和生物学的这种相互关系具有重要意义[24]。

6.3.4.1 最小生态需水量计算

（1）Tennant法是根据水文资料和年平均径流量百分数来描述河道内流量状态。该方法认为：多年平均流量的10%是保持大多数水生生物短时间生存所推荐的最低短时流量；多年平均流量的30%是保持大多数水生生物有良好栖息条件所推荐的基本流量；多年平均流量的60%是为大多数水生生物在主要生长期提供优良至极好栖息条件所推荐的基本流量[26]。

局限性：未考虑水量的年内分配，水生生物对流量的要求在不同的季节有所不同。该方法根据多年平均流量的一定比例统一划定，未考虑水量需求的年内变化问题，与水生生物生境要求不相符合。

（2）最小月平均径流法是以最小月平均实测径流量的多年平均值作为河流的基本生态需水量[26]。在该水量下，可满足下游需水要求，保证河道不断流。在水利项目中，常采用90%保证率最枯月平均流量法计算。可根据已有水文系列最枯月平均流量观测结果，按保证率计算求得。

局限性：适合于干旱、半干旱区域，生态环境目标复杂河流，对北方缺水地区生态环境目标相对单一地区，计算结果偏差较大。

（3）湿周法采用湿周作为栖息地质量指标，绘制临界栖息地区域湿周与流量的关系曲线，根据湿周流量关系图中的转折点确定河道推荐流量值[26]。

局限性：受河道形状影响较大、河床形状不稳定且随时间变化的河道，没有稳定的湿周流量关系曲线，也没有固定的增长变化点。

（4）R2—Cross法采用河流宽度、平均水深、平均流速以及湿周率等指标来评估河流栖息地的保护水平，从而确定河流目标流量[26]。

局限性：不能确定季节性河流的流量；精度不高；不适合北方寒区的季节性河流。

（5）水文—生物分析法是采用多变量回归统计方法，建立初始生物数据与环境条件的关系，来判断生物对河流流量的需求，以及流量变化对生物物种的影响。

局限性：生物数据难获得，对影响因素之间的相互作用关系缺乏认识，主要应用于受人类影响较小的河流。

（6）综合法确定河流的生态环境需水量是从河流生态系统整体出发，根据专家意见综合研究流量、泥沙运输、河床形状与河岸带群落之间的关系[26]。

局限性：需要多专业的专家队伍，资源消耗大，需要时间长。

6.3.4.2　水库下游生态需水量计算

水库对上游来水的拦蓄作用会导致下游河道来水量急剧减少，这对下游河道的生态环境会造成很大的影响。河道生态需水量是为满足河道生态系统的各种基本功能健康所需的用水，主要包括河道生态基流、河流水生生物需水量和保持河道水流泥沙冲淤所需输沙水量等。在河流上兴建水库，其下游河道水量大幅度减少，破坏了原始河流生态的连续性，容易引起下游河道水质恶化、水生生物绝种或迁徙等。因此，水库在控制运行计划中应增加生态需水量约束，在协调水库各种用水保证率的同时，保证下游河道一定的生态环境用水，这对于保护水库下游河道的生态环境具有重要意义[27]。

1）生态需水量的计算方法

目前国内计算河道生态需水量的方法主要有：通过河道流量与生态环境关系进行综合计算的 Tennant 法，采用 90%保证率最枯连续 7 d 的流量作为设计值的 7Q10 法，合理确定临界区域的水生栖息地湿周的河道湿周法，适用于一般浅滩式的河流栖息地的 R2－Cross 法等。其中，Tennant 法因方法简单、数据容易获得且对生态系统的描述较为科学而应用得最为广泛[27]。

Tennant 法是一种统计分析的方法，依据观测资料而建立起来的流量和河道生态环境之间的经验关系，它仅仅使用历史流量资料就可以确定生态需水量，容易将计算结果与水资源规划相结合。该方法将全年分为 2 个计算时段，根据多年平均流量百分比和河道内生态环境状况的对应关系，直接计算维持河道一定功能的生态需水量。

生态需水量与河道内生物种群的生活习性密切相关，具有一定的时空变化规律。例如大部分鱼类在春、夏季习惯向上洄游觅食和繁殖后代，此时所需要的生态需水量就多，冬季则洄游到下游水量丰厚的河道过冬，此时上游的生态需水量就少。Tennant 法在考虑这种变化时简单地把 1 年分成少水期和多水期，且在多水期和少水期各长达 6 个月的时间跨度只采用 1 个均值流量来描述生态需水量，显得不够细致。因此，在应用 Tennant 法时，考虑改进 2 点：一是多水期和少水期时间划分。多水期和少水期的划分应该根据具体河道的生物种群活动周期进行修正。二是少水期的生态需水量计算。Tennant 法中少水期的生态需水量为平均流量百分比的一个固定值，这样的计算方法在很多地方不能通用，比如中小河流上游地区，少水期每日的径流量变化极大，经常会出现断流的情况，此时河道中一般是不会有鱼类活动的，这也符合河道生物种群的生活习性，因此所需的生态需水量不需要很大。另外，对于水库下游河道生态需水量的计算，涉及水库综合效益以及其他方面用水保证率的问题，少水期无谓的弃水用来保持本不需要很多的生态需水量，可能会影响水库的供水保证率。因此，在少水期，应结合实际的天然状态来水量，采用旬月或者更小时间间隔的来水量来修正 Tennant 法计算的生态需水量。天然来水量可以采用多年平均径流量或者典型年旬月径流量来表示。总之，改进 Tennant 法少水期的生态需水量可用下面的约束条件进行约束[27]：

$$当W_{入库} > W_r 时，W_{生态} = W_r \tag{6.3.2}$$

$$当W_{入库} < W_r 时，W_{生态} = W_{入库} \tag{6.3.3}$$

式中：$W_{入库}$为时间间隔内水库的入库流量；W_r为 Tennant 法计算少水期生态需水

量；$W_{生态}$为生态需水量。

这种改进方法是采用实际河道天然径流量来反映河道生物种群的生活习性的，是比较科学，并且也解决了水库枯水期用水紧张和下游生态需水量之间的矛盾。

2）生态需水量的确定

根据年径流量控制同倍比法求出典型年逐月径流量，从典型年逐月径流量数据可以看出，个别月的实际径流量$W_{入库}$小于 Tennant 法推求的月生态需水量W_r，这主要是由于水库上游集雨面积较小，属于山区性流域，径流量时间变化较大，通过历史资料研究，少水期经常会有断流的情况发生。在这种天然的生态环境下，生态需水量主要是基于河道生态基流和保持河道水流泥沙冲淤必需的流量考虑，其量级比考虑河流水生生物需水量要小得多。同时，少水期的水资源量是有限的，各种用水量之间是矛盾的，因此对于多功能水库来说，生态需水量的计算必须要细致。考虑这种实际情况，对各月生态需水量进行修正，即当该月水库入库水量$W_{入库}$大于W_r值时，生态需水量按W_r计算；当该月$W_{入库}$小于W_r时，生态需水量按入库水量$W_{入库}$计算[27]。

6.3.5 水库来水量计算

6.3.5.1 影响来水量

上游的小型水库和灌溉面积消耗了一定的水量，使流域来水量减少。用水量消耗有3种形式：①灌溉排水（也称回归水量）。根据灌溉制度设计，田面要保持不同的水深，在变浅水深、打药换水和灌溉结束后，排除多余的水量，这部分水沿排水渠进入河道，水量为灌溉用水量的25%～40%。②渗漏水量。部分灌溉水量渗入土壤中，以地下渗流形式向流域下游流动，在沟岸或以泉水流出地表进入河道，渗漏量一般为1～3 mm/d。③蒸发。水田是由原来的草地开垦或旱田改种的，改变了原地貌和植被，由植物叶面和陆地蒸发改变为植物叶面和水面蒸发，增加了蒸发量。增加部分为水面蒸发与陆地蒸发的差值。从以上灌溉水量消耗的3种形式分析看出，灌溉排水和渗漏水量只滞后了汇流时间，未减少流入河道的水量，只有增加的蒸发量是灌溉用水给流域造成的水量损失，即减少的年径流量[28]。

6.3.5.2 减少来水量

根据分析结果，减少的来水量为增加的水田面积和小型水库水面蒸发与陆地蒸发的差值[28]。其计算公式为：

$$W_{少} = (W_{水} - W_{陆}) \cdot F \tag{6.3.4}$$

式中：$W_{少}$为上游用水减少的年径流量，万立方米；$W_{水}$为水面蒸发水量，$m^3/667\ m^2$；$W_{陆}$为陆地蒸发水量，$m^3/667\ m^2$；F 为增加的水田和小型水库水面面积，m^2。

$$W_{水} = E \times 0.93 \times 667 \times 10^{-3} \tag{6.3.5}$$

$$W_{陆} = (H - P) \times 667 \times 10^{-3} \tag{6.3.6}$$

式中：E 为蒸发器蒸发量，小型水库水面为全年蒸发量，水田为灌溉期蒸发量，mm；H 为多年平均降雨量，mm；P 为多年平均径流深，mm。

水库月平均入库流量按水库水量平衡方程式求得：

$$Q_{入} = Q_{出} + \frac{\nabla V}{\nabla t} + Q_{损} \tag{6.3.7}$$

式中：$Q_{入}$为月平均入库流量；$Q_{出}$为月平均出库流量；$\nabla V/\nabla t$ 为月内库容变化流量，蓄水时为正，供水时为负；$Q_{损}$为月内水库蒸发、渗漏等损失。

水库运行水文资料的观测与计算涉及的因素复杂，常常出现各种各样的问题。实践证明，库容曲线斜率偏大往往是使供水期枯季流量偏小的主要原因。

库容曲线斜率偏大的同时使水库蓄水期入库流量偏大，因此就一个水利年度讲，对年径流量影响不大，只是改变了径流的年内分配。

兴建水库后的水文资料是建库前资料的后续，使水文资料得到连续积累，同时对水库的科学经济管理运行也是有必要的[29]，但很多水库运行管理部门往往都忽视水文工作，没有进行必要的水文观测与资料整理，应该加强水库的水文测验与整编工作，以保证水库运行水文资料的取得与精度。

6.3.6　水库现状天然来水量计算

水库现状天然来水量是指在断面以上流域现状水利工程条件下的天然来水量，来水量受上游水利工程的调蓄影响，而上游水利工程建成年份不同，故对水库断面各年来水量影响也不一致。各年水库断面来水量需统一换算到现状水利工程条件下的断面来水量[30]。

水库断面现状天然来水量采用在实测来水量资料系列中，加入水库库区提水工程提取水量、水库蒸发损失水量、水库渗漏损失水量，并扣除上游水利工程未建成年份应拦蓄水量[30]。其计算公式为：

$$W_{来} = W_{出} \pm \Delta W + W_{提} + W_{蒸} + W_{渗} - W_{拦} \tag{6.3.8}$$

式中：$W_{来}$为水库现状天然来水量；$W_{出}$为实测出库水量；ΔW 为实测水库蓄水变量；$W_{提}$为库区提水工程提取水量；$W_{蒸}$为水库蒸发损失水量；$W_{渗}$为水库渗漏损失水量；$W_{拦}$为水库上游水利工程未建年份应扣除的拦蓄利用水量。

上式计算时段 Δt 为月。

各项要素的计算：$W_{出}$，ΔW 由水库实测资料计算而得，其余项目计算方法如下。

6.3.6.1　水库蒸发损失水量

水库的蒸发损失水量是指水库水面蒸发水量与陆面蒸散发水量的差值[30]，按以下公式计算年水库蒸发损失水量：

$$W_{蒸} = 0.1f[e - (P - R')] \tag{6.3.9}$$

式中：$W_{蒸}$为水库年蒸发损失水量（万立方米）；f 为水库年平均水面面积（km^2）；e 为水库年水面蒸发量（mm）；P 为库面年降水量（mm）；R'为年径流深（mm），以实测出库水量和蓄水变量之代数和计算。

水库年蒸发损失水量为库面年水面蒸发量与年陆地蒸散发量的差值，水库水面蒸发损失水量采用水库水文站实测水面蒸发资料，年陆地蒸散发量近似地用年降水量与年径流深的差值表示[30]。将求得的年蒸发损失量按水面蒸发量月分配数分配到各月，求得各月蒸发损失量，以此乘以与各月水库平均蓄水位相应的水面面积，求得各月水库蒸发损失水量。

6.3.6.2 拦蓄水量

水库上游水利工程拦蓄利用水量与水库上游各水利工程的年来水量及兴利库容有关。一般小型水库拦蓄利用系数为1.0～1.5，由小型水库的兴利库容乘以1.0～1.5的拦蓄利用系数作为小型水库年最大可能拦蓄利用水量。小型水库年拦蓄利用水量根据水库年来水量采用面积比法分别计算各小型水库的年来水量，当算得的年来水量大于最大可能拦蓄利用水量时，取最大可能拦蓄利用水量作为年拦蓄利用水量；当算得的年来水量小于最大可能拦蓄利用水量时，取年来水量作为年拦蓄利用水量[30]。

小型水库年来水量计算公式如下：

$$W_{小} = \left(\frac{F_{小}}{F}\right)W \tag{6.3.10}$$

式中：$F_{小}$，$W_{小}$分别为上游小型水库流域面积、年来水量；F，W 分别为水库断面以上流域面积、年来水量。

小型水库拦蓄利用水量的月分配按同年水库断面各月来水量月分配比计算[30]。

中型水库拦蓄利用水量有实测资料时采用实测资料，无实测资料时参考小型水库拦蓄利用水量的计算方法计算[30]。

6.3.6.3 库区提水量

水库库区提水工程的提取水量采用水库水文站历年水文调查资料，由此求得各月水库库区提水工程的提水量[30]。

6.3.6.4 渗漏损失水量

水库渗漏损失水量可根据实测资料或实验分析数据确定，由此求得各月水库渗漏损失水量[30]。

6.3.7 水库生态保护的意义

水库是重要的人工湿地，兼有河流和湖泊的特征。与河流相似之处是水体有一定的流速，仍保留河流的某些特征；与湖泊相似之处是水体保持相对静止，水体交换率低；水库生产力不及湖泊，而高于河流。因此水库是一个半河、半湖的人工水体，具有明显河流特征的蓄水水体，但水库水位变幅较大，且由于水库是拦截河流而成，所以水库分布与河流分布一致，更多时候分布在山区峡谷中[3]。

水库的生态保护，不仅有利于库区的生态建设、库区动植物的栖息地培育，提高水库资源的综合利用功能，还能促进库区的经济建设，提高资源的利用效率，带来更加丰富的物产资源，造福人类。

6.4　湿地、水库保护设计实例应用

6.4.1　湿地生态保护实例应用

6.4.1.1　成都活水公园原状

成都是一座美丽的历史文化名城，有“天府之国”的誉称。自古以来，成都与水就结下了不解之缘，古有都江堰水利灌溉工程，今有府南河生态活水公园。可以说，成都因水而兴、因水而荣[31]。

成都府河与南河（简称府南河）绕城而过，形成抱城的格局。府南河南河段（一号桥至二号桥段）是人口密集区，河道水流量大，河岸狭窄，河岸离护河通道的距离不足 300 m。到了近代，由于水运逐渐被陆运所取代，20 世纪 60 年代两河水量明显减少，污染也日趋严重，河中生物几近绝迹，人居环境的恶化极大地威胁着城市的生存和发展。80 年代的府南河脏、乱、差，河水散发着阵阵臭味。尤其是近几十年来，随着城市大规模的建设和发展，水污染问题日渐暴露和突出。成都市的生态环境质量随着城市的发展也受到了一定的损害。在这座城市中，原本还大量生存着除人类以外的一定数量的其他物种，如昆虫、鸟类、爬行动物、各种苔藓类、菌类、灌木、乔木、草本植物等。由于人类过去发展观的限制，在发展的过程中牺牲了这些物种的利益。城市生态公园的兴建，城市人工河流湿地生态系统的构建，不失为人类对自己行为的一种反思[32]。

6.4.1.2　人工湿地生态系统

成都活水公园是世界上第一座城市综合性环境教育公园，占地逾 24000 m^2，坐落于成都市中心府南河畔，是一个具有国际知名度的环境治理的成功案例。园中庞大的水处理工程，从府河取水，依次流经厌氧池、流水雕塑、兼氧池、植物塘、植物床、养鱼塘等水净化系统，每天从河中抽出 200 m^3 河水除去细菌、重金属后再回到河中，向人们演示了人与自然界由“浊”变“清”、由“死”变“活”的生命过程[31]。

成都活水公园最大的特点就是引入了人工湿地，模仿湿地的构造方式和特点，在园中净化水质，做到水体的循环利用。这座以水为主体的城市生态环境公园的设计秉承了“天人合一”的东方哲学和“人水相依”的生态理念，以“鱼水难分”的象征意义，将鱼形剖面图融入公园的整体造型，喻示着人类与水和自然“水乳交融”的依存关系[31]。

人工湿地塘床生态系统为活水公园水处理工程的核心，由 6 个植物塘、12 个植物床组成。污水在此经沉淀、吸附、氧化还原、微生物分解等作用，达到无害化，成为促进植物生长的养分和水源。此外，对系统中的植物、动物、微生物及水质的时空变化设有几十个监测采样管，便于采样分析，为保护湿地生态及物种多样性的研究提供了实验场地，有较高的科技含量和研究价值。人工湿地的塘床酷似一片片鱼鳞，呼应了公园的总体设计，其中种植的漂浮植物有浮萍、紫萍、凤眼莲等，挺水植物有芦苇、水烛、茭白、伞草等，浮叶植物为睡莲，沉水植物有金鱼藻、黑藻等几十种，与自然生长的多类鱼、昆虫和两栖动物等构成了良好的湿地生态系统和野生动植物栖息地。塘床系统既有分解水中污染物和净化水质的作用，又有很好的知识性和观赏性。据了解，目前活水公园的日处理污水能力为300 t，是整个成都市的“绿肺”之一。成都活水公园曾荣获过多项国际上的环保大奖[33]。

在人工湿地的建设中，一定要注意保持其生态系统的完整性，种植合适的陆生和水生植物，合理控制密度，营造动物的良好栖息地，以建设优秀的人工湿地系统。

活水园的设计师强调这里的景色仿佛就是长在那里，有“属于它自己的生命”。活水园为900万市民提供了一个集环境教育和休闲于一体、生态环境优化的城市公园。公园对保护生态环境的教育功能无所不在，寓教于乐，融化在游人赏景、休闲、寻找自然的行为中[33]。

活水公园的市政水净化工程是很好的环境教育范本。在市中心营景结合水处理，在世界上也是少见的。生态水净化的过程刺激好奇的人们去探究科学和自然环境的奥秘。雕塑、溪泉和其他设计元素激起审美的情趣。林荫道、茂密的树、清澈的水、碧绿的草坪，令市民尽情呼吸新鲜甜美的空气，享受大自然的惠泽。活水公园最重要的使命在于透过每一个设计要素，增强市民的环境保护意识。设计师并不是再建自然，而是将公共环境艺术糅合于保护自然之中[34]。

图6.4—1为成都活水公园实景。

图6.4—1　成都活水公园实景

6.4.1.3　活水公园总结

人工湿地系统是一个完整的生态系统，它形成了内部的良好循环并具有良好的经济效益和生态效益，而活水公园作为人工湿地生态系统的典型代表，也在生态环境保护方面发挥了巨大作用。活水公园通过模仿自然湿地系统，营建具有地域性、多样性和自我演替能力的局部生态系统，起到了改善生态环境的作用，同时创造了优美景观，提供了适宜的活动场所。活水公园以生态的、科技的理念，自然地营造出了属于这个时代的景观，在设计上表现了自然之美，生态之美。在上海世博会中，城市最佳实践区成都案例的原型就是成都活水公园，演绎主题为“活水文化，让生活更美好”。该案例宣传以“人工湿地水处理系统”为主要内容，以水保护为主题，让更多的人了解生态理论和生态理念的应用。通过上海世博会的案例可以看出，活水公园除了满足生态效益、使用功能之外，还可以作为生态展示场地，起到了提升、美化人居环境的作用，有效宣传了环保理念。这是一个长期的过程，需要市民的参与和互动。公园的管理单位可以组织一些社区范围的环保活动，使附近居民融入公园的环保事业中来，把生态的理念传达出去[35]。

6.4.2　水库生态保护实例应用

6.4.2.1　新立城水库生态现状

新立城水库位于吉林省中部，是长春市主要供水水源和唯一的大型防洪工程。新立城水库枢纽工程由大坝、输水洞、溢洪道三部分组成，大坝全长 2680 m。水库多年平均径流量为 2.34×10^8 m^3，正常高水位为 219.63 m，汛限水位为 218.83 m，总库容 5.92×10^8 m^3。新立城水库主要汇水河流——伊通河，属第二松花江支流，属季节性小河，枯水期经常断流且径流年际变化较大。库区气候四季分明，属于温带大陆性季风气候。年平均温度为 4.6℃，一般封冻 140～150 天，年平均降水深 595.3 mm，多年平均蒸发量 935.2 mm。新立城水库库区内植物主要以乔灌木为主，在水库上游浅水区及库湾可见少量的芦苇等水生植物。库区内的鱼类主要为人工放养的鳙鱼和鲢鱼，占 70%以上，其次是杂食性的餐条、鲤鱼、鲫鱼等[36]。

近年来，随着水库上游工农业的不断发展，使得通过径流进入库区的氮、磷等污染物日益增加，直接导致了库区内水体的富营养化程度的加剧。2007 年 7 月，新立城水库出现了大面积的蓝藻暴发和水质恶化，严重影响了长春市的供水安全。因此，开展水库生态需水量研究，加快治理水库环境污染和控制水库生态恶化刻不容缓[36]。

6.4.2.2　新立城水库生态需水计算与保护

长期以来，在水库的利用过程中，人们往往一味追求最大限度地利用水资源，而忽略为维护水库生态环境质量和水生生物生存所需的水量，造成水库或下游河流生态退化、鱼类减少甚至消亡的后果。以长春市主要饮用水源地——新立城水库为计算实例，根据水库的环境特征和生态结构特点估算生态需水量，为水库生态调度提供了科学依据，同时对水库及下游河道的生态保护和城市的供水安全具有重要的现实意义[36]。

1）蒸散需水量

以生长挺水植物和浮水植物为优势种的水库，此项需水量是水库水生高等植物蒸散需水量与水面蒸发需水量的和。水生植物不发达的藻型水库，此项需水量只为水面蒸发需水量。根据河流水面面积、降水量、水面蒸发量，可求得水面蒸发需水量。其计算公式为：

$$\text{当 } E > P \text{ 时}, Q_E = A(E-P) \tag{6.4.1}$$

$$\text{当 } E < P \text{ 时}, Q_E = 0 \tag{6.4.2}$$

式中：Q_E为计算时段内水面蒸发需水量，m^3；A 为计算时段内平均水面面积，m^2；E 为计算时段内平均蒸发量，m；P 为计算时段内平均降水量，m。新立城水库属水生植物不发达的藻型水库，此项需水量只为水面蒸发需水量。经计算得出，水库年蒸散需水量为 2.56×10^7 m³。

2）环境稀释需水量

根据水质污染模型，水库水质与水库蓄水量、入库流量和污染物排入量有关，水库水体环境容量是水库水体的稀释容量、自净容量和迁移容量之和[36]。因此，满足水库稀释自净能力所需的最小需水量即为环境稀释需水量，其计算公式如下：

$$Q_c = \frac{\Delta T[W_c - (C_s - C_0)Q_{out}]}{(C_s - C_0) + K C_s \Delta T} \tag{6.4.3}$$

式中：Q_c为环境稀释需水量，m³；ΔT 为枯水期时段，d；C_0为背景值浓度，mg/L；C_s 为水污染控制目标浓度，mg/L；W_c 为现状排放量，mg；K 为水体污染物的自然衰减系数，1/d；Q_{out}为从水库中排泄出的流量，m³/s。

新立城水库库区属饮用水源地一级保护区，故库区内水体水质执行《地表水环境质量标准》（GB 3838—2002）中Ⅱ类水体水质标准和《生活饮用水卫生标准》（GB 5749—85）中的相关要求。新立城水质历年监测统计数据表明，除总磷和总氮两项指标属常年全年均值超标外，其他各项指标均不超标，故选择 2008 年总磷和总氮两项监测数据，估算此项需水量[36]，结果见表 6.4－1。

表 6.4－1　新立城水库环境稀释需水量

水质项目	背景值（mg/L）	标准值（mg/L）	年均值	环境稀释需水（m³）
总氮	0.4	0.5	0.43	2.27×10^7
总磷	0.015	0.025	0.04	2.85×10^7
总量				5.12×10^7

3）输沙需水量

水库输沙需水量是指为维持水库流量稳定，实现冲刷与淤积的动态平衡所需的库内水量[36]。一般水库输沙需水量的计算公式如下：

$$Q_s = \frac{S_t}{C_{max}} \tag{6.4.4}$$

$$C_{max} = \frac{1}{n}\sum_{i=1}^{n} \max C_{ij} \tag{6.4.5}$$

式中：Q_s为输沙需水量，m³；S_t为多年平均输沙量，t；C_{max}为多年最大月平均含沙量，kg/m³；C_{ij} 为第 i 年第 j 月的月平均含沙量，kg/m³；n 为统计年数。新立城水库多年平均输沙量 13 万立方米，年平均含沙量变化为 0.035～0.078 kg/m³，多年最大月均含沙量为 20 kg/m³。经计算得出，新立城水库输沙需水量为 1.1×10^7 m³。

4）库区及下游水生生物及其栖息地需水量

根据生产者、消费者和分解者的优势，物种的生态习性和种群数量，确定水生生物生长、发育和繁殖的需水量。Tennant 法解决的是水生生物、河流景观及娱乐条件和河流流量之间关系的问题，是一种更多依赖于河流流量统计的方法，建立在历史流量记录的基础上，将多年平均天然流量的简单百分比作为基流，适应于任何有季节性变化的河流[36]。

由于新立城水库内鱼类的产卵期大多其中在 4～7 月份，且多数水生生物的生长活动期也都集中在 5～10 月份，因此，水库内最小生态需水量为：一般用水期（当年 10 月到次年 3 月）取多年月平均流量的 10% 作为水库最小生态需水量，鱼类产卵育幼期（当年 4 月到次年 9 月）取多年月平均流量的 30%作为水库最小生态需水量，计算结果见表 6.4−2。综合计算结果，得出新立城水库库区及下游水生生物及其栖息地需水量为 $1.60\times10^{8}\ m^{3}$[36]。

表 6.4−2　新立城水库多年月平均流量及最小生态流量（单位：m³/s）

月份	月均流量	生态流量	月份	月均流量	生态流量
1 月	0.75	0.075	7 月	4.88	1.46
2 月	0.73	0.073	8 月	5.69	1.71
3 月	0.67	0.067	9 月	1.37	0.41
4 月	0.62	0.19	10 月	0.92	0.09
5 月	1.23	0.37	11 月	0.78	0.08
6 月	1.99	0.60	12 月	0.33	0.03

5）景观保护与建设生态需水量

景观需水量可根据研究区生态环境特点，确定植被类型、缓冲带面积和景观保护与规划目标等相关指标来计算。新立城水库的景观需水量，主要为库区内栽植的景观植被需水量[36]。植被需水量的计算可采用面积定额法，其计算公式如下：

$$Q_i = F_i Z_i \tag{6.4.6}$$

式中：Q_i 为 i 类型植被的生态环境需水量，m^3；F_i 为 i 类型植被的面积，hm^2；Z_i 为 i 类型植被的生态环境用水定额，m^3/hm^2。新立城水库的景观植被需水量计算结果见表 6.4−3。

表 6.4−3　新立城水库景观植被需水量

植被类型	植被面积（hm²）	植被用水定（m³/hm²）	植被需水量（m³）
乔灌木	3150	2900～4450	1.16×10^{7}
水生植物	400	9572	3.83×10^{6}
植被需水总量	1.54×10^{7}		

注：植被用水定额引自《用水定额》（吉林省地方标准）（DB22/T 389—2010）。

6）总结

将以上各项生态需水核算结果进行汇总分析，结果见表 6.4−4。由表可知，新立城水库生态需水总量为 $2.63\times10^{8}\ m^{3}$，库区及下游水生生物及其栖息地需水量、环境稀释需水量和蒸散需水量为水库生态需水量的主要组成部分。新立城水库生态需水总量占总库容的 44.4%，占兴利库容的 84.8%。

近年来，新立城水库为充分利用区域雨洪资源，避免水资源浪费，缓解城市的用水短缺，积极采取了水库调度的动态控制方案，即在非汛期采取正常高水位（库容 3.43×10^8 m^3）运行，汛期采取汛限水位（库容 2.90×10^8 m^3）运行，水库的兴利库容由原来的 2.75×10^8 m^3增加至 3.10×10^8 m^3。水库设计供水量为 0.89×10^8 m^3/a，水库每年的渗漏量为 8.95×10^8 m^3。若按照 95%的供水保证率供水，在采取新的控制方案后，库容基本可以满足生态需水和长春市的城市供水的水量需求。

库区及下游水生生物及其栖息地需水量，在水库生态调度时称为水库的生态调节流量。水库生态调度是指水库在实现防洪、发电、供水、灌溉、航运等社会经济多种目标的前提下，兼顾河流生态系统需求的调度方式。相关的水行政主管部门在进行水资源分配时，将保护河流生态需求的流量即下泄生态流量纳入决策中，才能保证水库下游河流的生态安全和健康。由表 6.4－4 可知，新立城水库的水生生物及其栖息地需水量（下泄生态流量）为 1.60×10^8 m^3，占水库多年平均径流量的 68.4%，占兴利库容的 51.6%，在水库正常运行的情况下，库区水量可以满足生态调度的下泄流量需求[36]。

表 6.4－4　新立城水库生态需水量核算结果（单位：10^8 m^3/s）

	蒸散需水量	环境稀释需水量	输沙需水量	下泄生态流量	景观需水量	生态需水总量
核算结果	0.26	0.51	0.11	1.60	0.15	2.63
各项/总量	9.9%	19.4%	4.2%	60.8%	5.7%	100%
排序	3	2	5	1	4	
总库容	5.92	—	—	27%	—	44.4%
兴利库容	3.10	—	—	51.6%	—	84.8%
年均径流量	2.34	—	—	68.4%	—	—

6.5　湿地、水库生态保护探索性发展

地球陆地表面生长着各种各样的植物，生长在河流及其两岸的植物种类尤为丰富。植物为人类及其他动物、微生物提供生存、发育必需的物质、能量、栖息地和适宜的环境，是地球上生命存在和发展的基础。

湿地是珍贵的自然资源，也是重要的生态系统，具有不可替代的综合功能。湿地不仅为地球上的动植物提供了生存栖息空间，还为人类带来了丰富的物质资源。水库是重要的人工水利建筑物，不仅能够拦蓄洪水、调节水流，还可以用来灌溉、发电、防洪和养鱼。但是随着人口的增加、经济的发展，人类对湿地生态的开发不断增强，大型水库的不断兴建，湿地生态系统、水库周边生态环境遭受的胁迫也日益严重，库区及岸边植被急剧减少，取而代之的是硬化河岸，从而削弱了水域与陆域的联系，降低了水体自净能力，导致湿地生态系统退化，库区生态环境严重破坏。植物作为湿地生态系统、库区周围环境的重要组成部分，在固土护坡、保持水土、水质净化、塑造岸边景观等方面具

有极其重要的功能。因此，采用植物措施对受损湿地生态系统及库区环境进行生态修复，重建湿地生态环境，实现人与自然的和谐，达到“水清、岸绿、景美”的目标具有十分重要的现实意义。

现代生态治河工程，首先考虑河道生态系统是一个有机的整体。生态水利不是治水阶段的更替，而是现代水利的内涵，作为水利工程建设主要内容的河道建设，必须摒弃“就水论水”的传统思维定式，融入回归自然、恢复生态、以人为本、人水相亲、与自然和谐的新理念，满足时代对水利建设提出的多样化要求。要突破以往水、山、人、文、景分离的单一做法，实现水利与景观、防洪与生态、亲水与安全的有机结合，把河道建设成绿色走廊、亲水乐园和旅游胜地，使河道建设在保证防洪排涝、供水灌溉、交通航运等基本功能的同时，进一步提高对生态、自然、景观、文化的承载能力[37]。

现代水利工程要统筹考虑其对生态与环境的影响，将水土流失治理、生态与环境建设和保护放在重要位置，在规划、勘测、设计、施工、运行管理各个阶段，优先考虑生态与环境问题，要有前瞻意识，用景观水利、生态水利的理念去建设每一个水利工程。工程设施本身的建设要在规范允许的范围内，辅之以合理的人文景观设计，充分考虑其建筑风格的观赏性，以及与周边自然景观的和谐与协调。已建水利工程可结合工程的扩建、改造、加固等机会，增强或增加水土保持、水生态与环境保护等方面的功能。此外，现代水利工程还要在保持水利工程功能正常发挥、安全运行的前提下，有效地保护水资源与水环境，促进自然环境的自我修复，使水资源得到有效涵养与恢复，最终使得每个水利工程成为一个水资源保护工程、环境美化工程、弘扬水文化的工程，促进社会的可持续发展，实现人与自然的和谐相处。

本章小结

本章主要讨论了湿地、水库的生态保护措施及实例应用，学习本章，有助于进一步了解我国湿地、水库的生态保护现状、生态保护问题与改善措施，通过计算湿地、水库的生态需水量，提出更有利的生态保护措施以及提高应对生态问题的能力，为湿地、水库的生态建设提供借鉴。主要结论归结如下：

(1) 人工湿地是自然湿地的人工演变，人工湿地可有效地降解富营养化水体中的有机物质，降低磷指标，是湿地生态恢复和有效保护的重要措施。

(2) 湿地生态环境需水量的计算，为遏制湿地生态环境恶化趋势，逐步使湿地生态系统恢复到健康的状态提供了量化依据，并为湿地的生态保护设计、人工湿地的设计应用提供了数据支持，使湿地生态保护措施更加具体明确。

(3) 水库的生态保护按不同分区分别进行，每种保护措施都有针对性，为解决水库生态系统退化和生态环境破坏的问题，对受损的水库生态系统进行修复，使生态系统逐步恢复到健康状态。

(4) 在理解水库生态需水量基本概念的基础上，进行水库生态需水量、水库天然来水量的计算，从而确定库区的最佳生态需水量，为水库的生态设计提供依据，最大限度地发挥水库的综合功能与效益。

(5) 生态水利不是治水阶段的更替，而是现代水利的内涵。湿地、水库的生态保护设计，是现代水利中水利与生态环境相结合的综合设计，这种方式更加综合地考虑了水利生态环境因素，为更好地保护生态环境提供了设计依据，为湿地、水库未来的发展提供了有力的借鉴[38]。

思考题

1. 湿地与水库的定义与分类是什么？
2. 当前湿地与水库面临的生态问题是什么？
3. 湿地、水库生态需水量的计算方法有哪些？各自具有什么特点？
4. 湿地、水库生态需水量的计算包括哪些方面的内容？
5. 湿地、水库生态保护的措施有哪些？
6. 湿地、水库生态保护的目标是什么？

参考文献

[1] 丁金水. 青海高原水库湿地及水生态保护研究 [J]. 水生态学杂志，2010，31 (2)：9－16.

[2] 蔡述明，王学雷，杜耘，等. 中国的湿地保护 [J]. 环境保护，2006 (2A)：24－29.

[3] 仝涛. 水库型湿地景观恢复性设计研究——以琵琶寺水库项目为例 [D]. 长沙：中南林业科技大学，2012.

[4] 汤显强. 丹江口水库水体富营养化生态修复对策初探 [J]. 长江流域资源与环境，2010 (S2)：165－171.

[5] 谷彦昌，赵程鹏. 浅谈大沽河湿地的管理与保护 [J]. 科技与生活，2009 (23)：1.

[6] 赵汀，赵逊. 自然遗产地保护和发展的理论与实践——以中国云台山世界地质公园为例 [M]. 北京：地质出版社，2005.

[7] 王铭河. 浅谈湿地保护存在的问题及对策 [J]. 中国科技投资，2017 (1)：343.

[8] 陈久和. 城市边缘湿地生态环境脆弱性研究——以杭州西溪湿地为例 [J]. 科技通报，2003，19 (5)：395－398.

[9] 唐小平，黄桂林. 中国湿地分类系统的研究 [J]. 林业科学研究，2003，16 (5)：531－539.

[10] 田冰. 河北省自然湿地生态需水量分析 [J]. 水土保持应用技术，2007 (2)：34－36.

[11] 林秋奇，韩博平. 水库生态系统特征研究及其在水库水质管理中的应用 [J]. 生态学报，2001，21 (6)：1034－1040.

[12] 王孟，叶闽. 生态水文学在水库水质管理中的作用 [C] //河流生态修复技术研讨会，2005.

[13] 程军，韩晨. 湿地的生态功能及保护研究 [J]. 安徽农业科学，2012 (18)：9851－9854.

[14] 后晓燕. 对卓尼县境内沼泽湿地及水库河流湿地保护的研究 [J]. 中国科技纵横，2015 (6)：10.

[15] 陶晓东，严志程，崔勇. 滨海平原水库的主要水环境问题及对策分析 [J]. 水利规划与设计，2012 (4)：17－18.

[16] 张秋佳. 对水库环境生态问题的探讨 [J]. 中国水运（下半月），2011，11 (1)：156－157.

[17] 丁疆华，舒强. 人工湿地在处理污水中的应用 [J]. 农业环境科学学报，2000，19 (5)：320.

[18] 石静，刘春光，斯东林. 生态环境需水量在湿地保护中的应用进展 [C] //中国水环境污染控制与生态修复技术学术研讨会，2008.

[19] 衷平，杨志峰，崔保山. 白洋淀湿地生态环境需水量研究 [J]. 环境科学学报，2005，25 (8)：1119－1126.

[20] 吴春山. 青龙山水库下游河道内生态环境需水量及调控研究 [D]. 哈尔滨：哈尔滨工业大学，2009.

[21] 冯爱斌. 黄壁庄水库水源地保护现状与对策 [J]. 河北水利，2013 (11)：29.

[22] 黄鹏. 流域生态环境需水量研究——以鹤山市沙坪河流域为例 [D]. 广州：中山大学，2008.

[23] 宋兰兰. 南方地区生态环境需水研究 [D]. 南京：河海大学，2005.

[24] 逄勇，范丽丽，汤瑞梁. 晋江流域河道水库最小生态需水量计算研究 [J]. 河海大学学报（自然科学版），2003，31 (6)：612-615.

[25] 殷会娟. 河流生态需水及生态健康评价研究 [D]. 天津：天津大学，2006.

[26] 刘丽君，邓国立. 北方寒区河流水利工程下游最小生态需水量确定方法研究 [J]. 黑龙江水利科技，2012，40 (3)：70-71.

[27] 俞科慧，王浩. 杨溪水库下游河道生态需水量分析与计算 [J]. 浙江水利科技，2010 (3)：7-9.

[28] 张晓雨，张春红. 上游用水对青年水库来水量的影响分析及计算 [J]. 黑龙江水利科技，2010，38 (1)：198.

[29] 吉林省松辽平原突发性暴雨洪水灾害预报及对策的研究课题组. 吉林省松辽流域突发性暴雨洪水浅析 [J]. 水利水电技术，1993 (12)：7-11.

[30] 刘金山，杜永春，魏小伟. 水库现状天然来水量分析计算 [J]. 地下水，2011，33 (6)：215-216.

[31] 忆白，邓理. 把美还给自然——成都活水公园生态解码 [J]. 公共艺术，2009 (2)：15-20.

[32] 唐勇，刘妍，刘娜. 成都活水公园：体验亲水主题 [J]. 城乡建设，2006 (3)：42-43.

[33] 闪旭涛. 城市生态公园设计实例分析——以成都市活水公园为例 [J]. 中国新技术新产品，2011 (10)：206-207.

[34] 沈博. 湿地公园的生态保护与景观设计 [D]. 南京：南京工业大学，2011.

[35] 刘佳，罗谦，刘含. 成都活水公园于城市公园建设的意义探索 [J]. 山西建筑，2011，37 (2)：2-4.

[36] 谷晓林，汤洁，谢忠岩. 新立城水库生态需水量分析 [J]. 环境经济，2010 (9)：45-47.

[37] 赵鹏程. 生态河道规划设计研究——以济宁泗河为例 [D]. 济南：山东农业大学，2011.

[38] 詹卫华. 现代水利工程要注入文化血液 [J]. 河南水利与南水北调，2006 (5)：34.

第 7 章　河流基本现状分析与评价

绪论

健康的河流系统可以在各种复杂环境的交互影响下，保持自身的结构和功能的相对稳定，水体结构畅通、生物群落完整多样、调节机制完善，并发挥其自然调节、生态服务和社会服务等功能，保持河流系统的生生不息，促进社会经济的可持续发展。

保持河流生态系统的健康是维持人类与自然和谐相处的重大问题，对河流的治理要明确河流健康状况出现问题的具体致因，有的放矢地对河流进行健康修复。基于系统论的层次分析法是目前对于河流健康评价的常用方法之一，本章遵循简单易行而又不失准确性的原则，根据河流基本现状对现有河流系统的健康评价作了相应简化分析，并概述了河流系统及其分类以及河流系统健康评价理论及方法。

7.1　基于分类—层次分析法理论的评价指标体系及方法简介

层次分析法（Analytic Hierarchy Process，AHP）是一种决策思维方法，采用“分解—判断—综合”的基本决策思维，把复杂问题分解为各个组成因素，组成有序的递阶层次结构，并利用判断矩阵的特征向量计算确定下层指标对上层指标的贡献程度（即权重）。在此基础上，根据每个指标的打分值，结合该指标的权重系数，可逐层向上最终求出目标层（如河流或河段的健康指数）的评价结果。为了得到更合理、科学的河流健康综合评价结论，尽可能克服单一指标权重的片面性，引入分类—层次分析法，即各指标权重由分类法和层次分析法综合确定，以适应不同类型河流的不同特征。基于分类—层次分析法理论的系统评价目的在于评价结果既不失一般性，又对承担了不同社会功能的河道在健康定义上有所区分，以求达到全面、客观的河流健康评价结论[1]。

具体评价步骤介绍如下：

（1）将目标体系按照具体情况和指标的属性进行分解，得到的层次结构见表7.1—1。

表 7.1−1　评价系统的层次结构

目标层	准则层（子系统）	权重	指标层	权重系数
A	B1	w_1	C1	ω_1
			C2	ω_2
			C3	ω_3
	B2	w_2	C4	ω_4
			C5	ω_5
	B3	w_3	…	…
			Cn	ω_n

（2）构造两两比较的判断矩阵。具体方法为将层次结构中的各元素相对于上一层元素（表 7.1−1 中的 B1、B2、B3 相对于 A 层，或 C1、C2、C3 相对于 B1 层）进行两两比较，按其重要性赋予标度为 1～5 的判断值，由此建立判断矩阵。判断值的标度及含义详见表 7.1−2。

表 7.1−2　判断值的标度及含义

标度	含义
1	两因素相比，同样重要
3	两因素相比，前者比后者较为重要
5	两因素相比，前者比后者十分重要
2，4	介于上述相邻判断的中间值
1，1/2，1/3，…	两因素相比，若前者对于后者的重要性赋值为 a_{ij}， 则后者对于前者的重要性赋值为 $a_{ji}=1/a_{ij}$

（3）根据判断矩阵，确定内置权重系数。求出判断矩阵的最大特征根 λ_{max} 以及对应的特征向量 $w'=(\omega_1', \omega_2', \cdots, \omega_n')^T$，将之归一化后得到权重向量 $w=(\omega_1, \omega_2, \cdots, \omega_n)^T$，即 $\sum \omega_i=1$，则 ω_i 为第 i 个元素（$i=1, 2, \cdots, n$）相对于上一层次指标所占的权重[1]。

（4）一致性检验。由于在元素两两判断的过程中难免出现次序不一致和基本不一致，为保证权重的可信度，需要进行一致性检验。具体方法为：先计算一致性指标 $CI=(\lambda_{max}-n)/(n-1)$，再计算一致性比例 $CR=CI/RI$，其中 RI 为平均随机一致性指标，RI 的取值由表 7.1−3 确定。将 CR 的值与 0.1 进行比较，若 $CR<0.1$，则判断矩阵满足一致性要求，$w=(\omega_1, \omega_2, \cdots, \omega_n)^T$ 即为权重系数；若 $CR\geqslant 0.1$，则需要调整判断矩阵中标度的取值，重复上述步骤，直到 $CR<0.1$ 为止[1]。

表 7.1−3　判断矩阵一致性指标 RI 取值

n	1	2	3	4	5
RI	0.00	0.00	0.58	0.90	1.12

（5）在求得内置权重系数后，再运用分类法，对于河流系统的健康评价而言，根据河流不同分类的实际情况，邀请专家（相关管理、设计人员或高校教授等）进行座谈商讨或专家打分，得到不同类型河流相对于指标体系的分类权重，以体现各类型河流在健康评价过程中不同的侧重性。最后按照组合权重的方法，内置权重与分类权重相组合，即可得到最终的综合权重系数[1]。

（6）根据步骤（1）中确定的体系指标层中各指标的具体含义和计算方法，确定每个指标的指标值[1]。

（7）指标值的归一化处理。

在求得具体的指标值之后，仍需对各指标值进行处理，即利用指标值的阈值范围，将指标值归一化处理为［0，1］内的打分值，称为指标值的归一化处理。对于河流系统的健康评价体系，每个具体的指标值都有一定的阈值范围，对应到健康评价标准的三段制即为“不健康、亚健康、健康”。根据不同指标的功能性质，评价河流系统健康的指标一般分为两种，即越大越优型指标和越小越优型指标[1]。对于越大越优型指标，指标值的评价标准见表7.1－4。

表7.1－4　指标值的评价标准

评价标准	不健康	亚健康	健康
某具体指标	$<x$	$x \sim y$	$>y$

根据表7.1－4，一方面，可利用指标值的大小直接判定该指标的健康程度；另一方面，根据该指标具体的指标值可进行归一化处理。其方法为：若指标值 r 处于“不健康”或“亚健康”状态，则 r 的归一化打分值为 r/y；若指标值 r 处于“健康”状态（大于阈值上限 y），则 r 的归一化打分值为1。

对于越小越优型指标，可根据其最初的含义和计算公式做适当的变化（如计算式中分子与分母的对调），将其转化为越大越优型指标，再根据上述方法进行归一化处理。由此可见，无论是越大越优型指标还是越小越优型指标，均可以通过归一化处理得到归一化的打分值。打分值越高，说明该指标的健康程度越高[1]。

在河流系统健康评价中，每个指标值的阈值范围都是根据相关规范、类比相似河流或借鉴相关领域研究成果等方法所提供的，继而得出单项指标的健康评价标准[1]。各指标的归一化评价标准详见7.2.3节。

（8）评价系统最终得分的计算。

在求得指标归一化打分值和相应的指标权重（综合权重）之后，则可按照逐层向上的计算顺序，求出准则层每个元素的得分，最后求出目标层的总体得分情况[1]。具体方法如下：

若目标层下有 m 个子系统，每个子系统的权重为 $w_j(\sum w_j = 1)$，其中第 j 个子系统下有 n 个指标，每个指标的打分值为 S_i，权重为 $\omega_i(\sum \omega_i = 1)$，则

$$I_j = \sum_{i=1}^{n} S_i \cdot \omega_i \tag{7.1.1}$$

$$I=\sum_{j=1}^{m} I_j \cdot \omega_j \ (i=1,2,\cdots,n;\ j=1,2,\cdots,m) \tag{7.1.2}$$

式中：I_j 为第 j 个子系统（准则层）的得分；I 为目标层的得分。

依据上述理论方法进行的指标体系的系统评价，对于河流系统的健康评价而言，子系统（准则层）的得分即为河流系统中不同方面（如自然结构、生态系统、社会服务等）的健康指数，目标层的得分即为河流（或河段）的健康指数，因此上述理论方法可以定量地求出河流（或河段）的健康评分。

若采用分河段的方法分段评价河流的健康指数，则上式中的 I 即为某河段的健康指数，整个河流的总体健康指数采用算术平均数的计算方法即可。其计算公式为：

$$I_{总}=\frac{1}{t}\sum_{p=1}^{t} I_p \tag{7.1.3}$$

式中：$I_{总}$ 为河流总体健康指数；I_p 为第 p 河段的健康指数；t 为河段数。

(9) 根据目标层的得分和评价标准，确定目标系统的等级。

对于河流系统的健康评价，仅定量化地求出健康指数的得分是不够的，还需要根据河流系统健康分数的评价标准，确定河流系统的健康等级，从而将健康指数转化为更加直观的印象。

经统计，国内外大多以 1 分评分分段制作为评价标准，由于在上述计算方法中，权重系数和指标打分均采用归一化处理，总体健康指数也必将位于区间 [0，1] 内，符合标准。目前评价的分段制有三段制（不健康 [0～0.33]、亚健康 [0.34～0.67]、健康 [0.68～1]），四段制（不健康 [0～0.25]、亚健康 [0.26～0.50]、基本健康 [0.51～0.75]、健康 [0.76～1]）和五段制（不健康 [0～0.20]、较不健康 [0.21～0.40]、亚健康 [0.41～0.60]、基本健康 [0.61～0.80]、健康 [0.81～1]）。从不失一般性的角度分析，以上 3 种评价标准被采用的频率比例大致为 4∶3∶3，可见三段制的应用更为广泛。成都地区河道大多为一般河道，海拔、年均气温、年均降水、土壤侵蚀等因素差异并不明显，且基本不存在湖泊、沼泽、海洋、冰川等特殊水文现象，因此，选取三段制评价标准作为成都地区河流系统的健康评价标准是较为合理的[1]。

从河流健康概念和内涵的角度分析，到底什么样的河流才能够被定义为“健康”或“不健康”，这是人类对河流生命特征及社会特征的认知所总结而来的描述。这种“描述”因人而异，不同的人各持己见。

纵观国内外对河流健康的认识，现代河流健康定义大致可归纳为以下三类：一是以保护生物多样性为目的的河流生态系统健康概念；二是以关注河流本身生命体系为目的的河流生命系统健康概念；三是以满足河流管理为目的的河流管理系统健康概念。国外学者倾向于第一类，而我国学者更倾向于第二、三类[1]。

也就是说，评价标准既要严格地划定健康范畴，又要便于河道管理部门日常管理。从 3 种评价标准“不健康”临界点划分来看，分别为 0.33、0.25 和 0.2，显然三段制对河流是否健康有着更严格的界定。同时，只划分三段更加便于河道管理部门制定相应的管理措施及治理手段[1]。

四川地区河流健康评价标准（健康等级的划分及含义）见表 7.1−5。

表 7.1−5 四川地区河流健康评价标准

总体健康指数	健康等级	含义	治理重点
[0，0.33]	不健康	河流系统的自然结构严重破坏，生态系统无法保持良好运转，并且无法提供正常的社会功能，只可维持少部分功能或功能全部丧失，需要进行全方面治理	全面治理
[0.34，0.67]	亚健康	河流系统受到较大程度的破坏，自我组织与恢复能力明显下降，部分功能退化明显，表现为子系统中的一个或两个健康指数过低，河流整体状态尚可维持，但需要进行专项治理	专项治理
[0.68，1]	健康	河流系统受到人类干扰，系统活力与完整性受到部分影响，但各项功能仍可正常发挥，系统的协调性较强，功能完备，满足社会经济发展对河流资源的合理需求	预测预警

综上所述，利用基于分类—层次分析法构建的系统评价模型，可定量求出河流总体的健康指数，判定河流的健康等级，为河流管理工作提供定量化的数据支持；又可以根据各子系统的健康指数分析河流各方面的具体健康状况，总结之前河流建设管理工作的得失，明确河流在各方面受到人为影响的情况，从而对症下药，进行有目的性的河流治理，避免重蹈覆辙[1]。

7.2 不同分类河流系统的现状分析（健康评价）

上节介绍了基于分类—层次分析法的系统评价方法，对于成都地区河流现状的分析，亦可应用该理论方法对河流系统进行健康评价。由于不同功能的河流健康评价具有不同的计算精度（河流分段情况），评价体系中指标的阈值范围也有差异，本节着重介绍不同功能河流的健康评价分析问题。

河流系统的健康评价涉及范围大小的选择，即所谓的尺度选择的问题。由于河流管理方所处的地位级别不同、管理的范围不同，河流健康评价的尺度也有所不同，河流评价的细致程度也有差异。在河流系统的评价中常使用面尺度、线尺度和点尺度三种精度尺度。其中，面尺度是对于流域水系范围（如长江流域、黄河流域、西南诸河流域等）或国家自然区划范围（如东北地区、华北地区、西南地区等）而言，具有较大的尺寸范围，其河流健康的评价方往往是流域委员会等单位；线尺度是对于流域内某条具体河流的健康评价，比如对河流的全长评价（河源、上游、中游、下游、河口）或河流的某条河段的评价（如河流在某市境内河段、河流的工程河段、景观河段等特定范围），其河流健康的评价方常为当地的水务管理部门；点尺度是指河流某断面的健康评价（如水质、微生境评价等）有具体的指向性，也可作为河流河段的健康评价的数据基础。对于成都地区河流的健康评价，其尺度选择为线尺度，评价范围为河流在当地河流管理部门所管辖的河段。本书以线尺度为评价精度标准，建立一套适用于四川地区河流的健康评价指标体系[1]。

7.2.1　评价指标体系的确定

对于河流健康评价的指标体系，可从河流系统的功能出发，基于自然结构、生态系统和社会服务三大方面的健康，建立一个丰富、完整、全面的指标体系。根据现代河流系统理论，河流系统的健康分为自然结构、生态系统和社会服务三个方面，其健康评价也可从这些方面来刻画。而对于评价体系内指标的选择，个数宜少不宜多，因为在判断矩阵的计算中，如果指标太多，则很难通过一致性检验。在指标选取的时候，尽量考虑每个子系统的各个方面，选择客观且可操作的指标进行统计（对于有重复概念的指标，可按照易操作化的原则进行取舍）。在实际的河流系统健康评价过程中，可以根据河流的实际情况，在尽量满足全面的基础上，适当减少指标个数[1]。

河流系统健康评价体系中的指标与河道管理目标密切相关。如何选取既易于量化，又能合理体现河道健康状况，还便于河道管理部门日常监测的指标，是成都地区河流系统健康保护的重点。经国内外核心以上文献统计，河流健康概念诞生至今，相关文献已逾千篇。根据成都地区河流特点，统计国内外 1980 年至今 213 篇相关文献、57 个评价模型、1099 个评价指标及四川大学 11 名教授、学者的意见，应用统计分析法、内容分析法和专家咨询法等方法，最终选取了适应于成都地区河流系统的准则层的 2 个主要方面：B1（自然生态指标）、B2（社会服务指标），以及与描述这 2 个功能相关的 8 个评价指标层指标：C1（河势稳定性）、C2（植被覆盖率）、C3（径流变化率）、C4（水质达标率）、C5（生物多样性指数）、C6（防洪综合指数）、C7（水资源利用率）、C8（土地利用率）[1]。

成都地区河流系统健康评价体系指标详见图 7.2－1 及表 7.2－1。

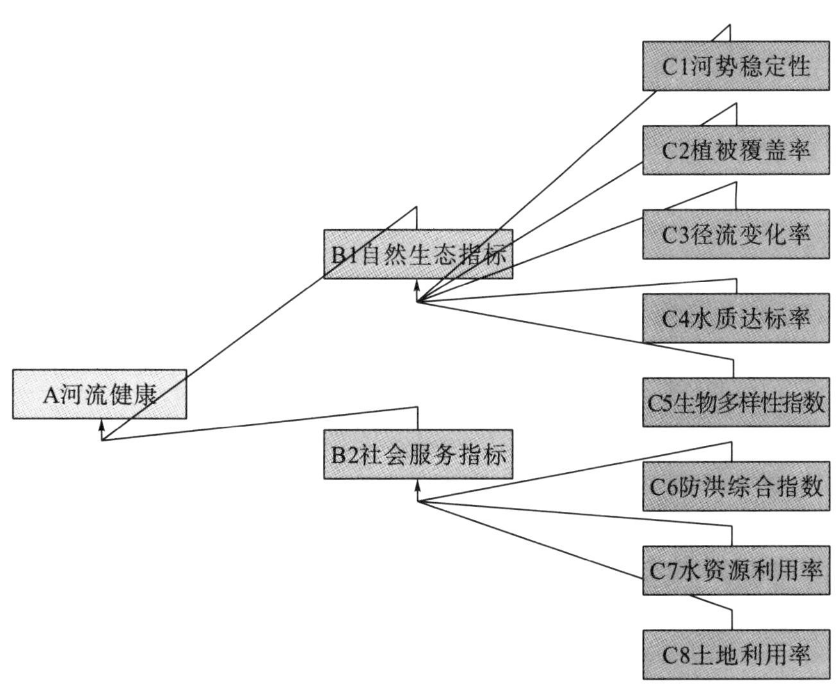

图 7.2－1　成都地区河流系统健康评价体系指标

表 7.2—1 河流系统健康评价体系指标

目标层	准则层	权重	指标层	权重系数
河流健康 A	自然生态指标 B1	w_1	河势稳定性 C1	ω_1
			植被覆盖率 C2	ω_2
			径流变化率 C3	ω_3
			水质达标率 C4	ω_4
			生物多样性指数 C5	ω_5
	社会服务指标 B2	w_2	防洪综合指数 C6	ω_6
			水资源利用率 C7	ω_7
			土地利用率 C8	ω_8

7.2.2 不同分类河流系统综合权重的确定

7.2.2.1 内置权重系数的确定

根据 7.1 节中 AHP 评价方法的步骤（1）～（4），将成都地区河流系统评价体系中的 8 个指标进行两两比较，构造判断矩阵，通过一致性检验后形成的权重系数即为内置权重系数，详见表 7.2—2。

表 7.2—2 成都地区河流系统健康评价内置权重系数

目标层	准则层	权重	指标层	权重系数
河流健康 A	自然生态指标 B1	0.75	河势稳定性 C1	0.2026
			植被覆盖率 C2	0.2026
			径流变化率 C3	0.2026
			水质达标率 C4	0.0932
			生物多样性指数 C5	0.049
	社会服务指标 B2	0.25	防洪综合指数 C6	0.152
			水资源利用率 C7	0.0646
			土地利用率 C8	0.0262

7.2.2.2 河流系统的分类及综合权重的确定

周边山区和丘陵过渡区河道，以山洪多发和清水冲刷特征为主。平原区河道则以乡镇田园河道为主，不但发挥着行洪排涝、蓄水抗旱的功能，还有农业灌溉、分渠供水的重要作用。而城区的河流更偏重于自然河流与人类文明社会的衔接，彰显城市宜居性，以生态休憩河道的城市河流为主。因此，可将河道按其特征和功能不同，分为以下四类[1]，见表 7.2—3。

表 7.2-3 河流分类

<table>
<tr><th>常见地区</th><th>河流类型</th></tr>
<tr><td rowspan="2">周边山区、丘陵过渡区</td><td>山洪多发型</td></tr>
<tr><td>清水冲刷型</td></tr>
<tr><td>平原区</td><td>乡镇田园型</td></tr>
<tr><td>城区</td><td>城市景观型</td></tr>
</table>

需要说明的是，上表中河流类型与常见地区并非严格的一一对应的关系，比如城区的诸多河流并非全是景观型河流，也有以排洪为主的河流和生态田园型的河流[1]。

根据各种类型河流系统不同的侧重点，邀请相关专家学者确定不同类型河流的分类权重，最后得到每种类型河流的综合权重，见表 7.2-4～表 7.2-7。

表 7.2-4 山洪多发型河流权重系数

<table>
<tr><th>目标层</th><th>准则层</th><th>权重</th><th>指标层</th><th>权重系数</th></tr>
<tr><td rowspan="8">河流健康 A</td><td rowspan="5">自然生态指标 B1</td><td rowspan="5">0.8342</td><td>河势稳定性 C1</td><td>0.3558</td></tr>
<tr><td>植被覆盖率 C2</td><td>0.3045</td></tr>
<tr><td>径流变化率 C3</td><td>0.0931</td></tr>
<tr><td>水质达标率 C4</td><td>0.0318</td></tr>
<tr><td>生物多样性指数 C5</td><td>0.049</td></tr>
<tr><td rowspan="3">社会服务指标 B2</td><td rowspan="3">0.1658</td><td>防洪综合指数 C6</td><td>0.152</td></tr>
<tr><td>水资源利用率 C7</td><td>0.0078</td></tr>
<tr><td>土地利用率 C8</td><td>0.006</td></tr>
</table>

表 7.2-5 清水冲刷型河流权重系数

<table>
<tr><th>目标层</th><th>准则层</th><th>权重</th><th>指标层</th><th>权重系数</th></tr>
<tr><td rowspan="8">河流健康 A</td><td rowspan="5">自然生态指标 B1</td><td rowspan="5">0.721</td><td>河势稳定性 C1</td><td>0.3558</td></tr>
<tr><td>植被覆盖率 C2</td><td>0.1336</td></tr>
<tr><td>径流变化率 C3</td><td>0.1149</td></tr>
<tr><td>水质达标率 C4</td><td>0.0677</td></tr>
<tr><td>生物多样性指数 C5</td><td>0.049</td></tr>
<tr><td rowspan="3">社会服务指标 B2</td><td rowspan="3">0.279</td><td>防洪综合指数 C6</td><td>0.0511</td></tr>
<tr><td>水资源利用率 C7</td><td>0.0144</td></tr>
<tr><td>土地利用率 C8</td><td>0.2135</td></tr>
</table>

表 7.2—6　乡镇田园型河流权重系数

目标层	准则层	权重	指标层	权重系数
河流健康 A	自然生态指标 B1	0.5493	河势稳定性 C1	0.0125
			植被覆盖率 C2	0.1336
			径流变化率 C3	0.1115
			水质达标率 C4	0.1369
			生物多样性指数 C5	0.1548
	社会服务指标 B2	0.4507	防洪综合指数 C6	0.0111
			水资源利用率 C7	0.2236
			土地利用率 C8	0.216

表 7.2—7　城市景观型河流权重系数

目标层	准则层	权重	指标层	权重系数
河流健康 A	自然生态指标 B1	0.4536	河势稳定性 C1	0.0368
			植被覆盖率 C2	0.2136
			径流变化率 C3	0.0115
			水质达标率 C4	0.1369
			生物多样性指数 C5	0.0548
	社会服务指标 B2	0.5464	防洪综合指数 C6	0.0215
			水资源利用率 C7	0.1586
			土地利用率 C8	0.3663

7.2.3　单项指标的计算方法及归一化评价标准

7.2.3.1　自然生态功能

1）河势稳定性 C1

冲积河流稳定性指标是反映来水来沙变化时表现出来的局部的、暂时的相对变幅。只要对原有河流的稳定性参数改变不大，河床经过一定的调整，将恢复到原有的平衡状况，而不致发生较大的河型转化，形成大规模的再造床过程[2]。

一般地，可用包含稳定河宽 B、纵向稳定系数 K_s 和横向稳定系数 K_w 的综合指标 K 来描述。其计算公式如下：

$$K = K_s K_w^2 = \frac{d}{hJ}\left(\frac{Q^{0.5}}{BJ^{0.2}}\right)^2 \tag{7.2.1}$$

稳定河宽采用如下公式：

$$B_s = \frac{K Q^{\frac{6}{11}}}{n^{\frac{32}{33}} J^{\frac{3}{11}}} \tag{7.2.2}$$

纵向稳定系数 K_s 采用如下公式：

$$K_s = \frac{d}{hJ} \tag{7.2.3}$$

横向稳定系数 K_w采用如下公式：

$$K_w = \frac{Q^{0.5}}{BJ^{0.2}} \tag{7.2.4}$$

式中　B_s——横向稳定河宽，m；

K——　$(1/100)^{30/33}$，$K=0.0151$；

Q——造床流量（m^3/s），取 2 年一遇的流量；

J——比降，取枯水期水面比降；

n——糙率；

d——床沙粒径，m；

h——造床流量对应水深，m。

根据综合稳定系数 K 的定义，$K>5$ 即为基本稳定河床，$K>15$ 即为稳定河床。因此，河势稳定性 C1 评价标准见表 7.2－8。

表 7.2－8　河势稳定性 C1 评价标准

评价标准	不健康	亚健康	健康
河势稳定性 C1	<5	5～15	>15

2）植被覆盖率 C2

良好的河岸带植被覆盖可以有效地改善河流周边小气候，减少水土流失，截留吸纳污染物，提高水体的自净能力，提高生态环境质量。植被覆盖率是指河流控制范围内植被覆盖面积占河流控制范围面积的比例[1]。该指标综合反映了河流的绿化程度。其计算公式为：

$$C2 = \frac{F_{植}}{F} \times 100\% \tag{7.2.5}$$

式中　$F_{植}$——河流控制范围内植被覆盖面积，km^2；

F——河流控制范围面积，km^2。

根据 C2 的定义，结合《2009 年四川省林业资源及效益监测年度报告》，我国植被覆盖率为 21.63％，四川省森林覆盖率为 34.41％，高于全国平均水平，并计划于 2015 年达到 38％。因此，植被覆盖率 C2 评价标准见表 7.2－9。

表 7.2－9　植被覆盖率 C2 评价标准

评价标准	不健康	亚健康	健康
植被覆盖率 C2	<21.62％	21.63％～37.99％	>38％

3）径流变化率 C3

河流维持一定的径流量是河流系统具有生命力的基本保障，同时由于河流系统的动态性要求，河流系统也维持一定的径流变化。其变化程度通过径流变化率来表示[1]。径流变化率是指径流变化量与多年平均径流量的比值，它表示了河流径流量年际年内变化的剧烈程度，在一定程度上反映了洪水频率、洪峰流量等洪水特性。它是河流系统动力条件的一个重要参数。由此可见，径流变化率指标体现了健康河流的水动力内涵与流畅性要求。其计算公式为：

$$C3 = \frac{\overline{Q_N}}{\overline{Q}} \tag{7.2.6}$$

式中　C3——径流变化率；

$\overline{Q_N}$——评价期平均径流量，m^3/s；

$\overline{Q}$——多年平均径流量，m^3/s。

一般地，径流变化 0.5～1 是符合统计学规律的。因此，径流变化率 C3 评价标准见表 7.2－10。

表 7.2－10　径流变化率 C3 评价标准

评价标准	不健康	亚健康	健康
径流变化率 C3	＜0.35	0.36～0.5	＞0.51

4）水质达标率 C4

水环境状况直接影响着人们日常生活、生物生存以及社会生产。良好的水环境是河流健康的基本要求。河流的水环境要求与水功能区密切相关。对于某条河流的不同河段，根据其结构和社会经济情况的差异，将会被划定为不同的功能区。每一功能区都有其一定的水环境要求。功能区的水环境要求通过水质达标率来表征，用满足功能区水质要求的监测次数与取样总次数的比值来表示[1]。其计算公式为：

$$C4 = \frac{m_s}{m_t} \tag{7.2.7}$$

式中　C4——水质达标率；

m_s——取样达标次数，次；

m_t——取样总次数，次。

水质达标率 C4 评价标准见表 7.2－11。

表 7.2－11　水质达标率 C4 评价标准

评价标准	不健康	亚健康	健康
水质达标率 C4	＜0.39	0.4～0.7	＞0.71

5）生物多样性指数 C5

生态系统动态平衡、结构组成以及丰富程度，多用生物多样性指数 C5 来反映。生物多样性指数是以各物种的相对多度来反映群落的物种多样性和物种丰富度。该指标表示生物群落内种类多样性程度的量纲，是用来判断生物群落结构变化或生态系统稳定性的指标[3]，一般以流域范围内物种数量占本地区物种总数的比值来表示。其计算公式为：

$$C5 = \frac{R_s}{R} \tag{7.2.8}$$

式中　C5——生物多样性指数；

R_s——流域范围内物种数量；

R——本地区物种总数。

2007 年《四川年鉴》统计表明，四川省有植物种类 10000 余种，占全国的 1/3 左右，动物 1476 种（包括鱼类 230 种），因此 R 总数约为 11500 种。一般地，以达到一半为统计标准，生物多样性指数 C5 评价标准见表 7.2—12。

表 7.2—12　生物多样性指数 C5 评价标准

评价标准	不健康	亚健康	健康
生物多样性指数 C5	<0.5	0.51～0.75	>0.76

7.2.3.2　社会服务功能

1）防洪综合指数 C6

防洪综合指数 C6 是衡量一个地区防洪压力的指数[1]。对人类活动较频繁地区，即使是较小的洪灾，也会造成不可预估的损失；相反，对人类活动稀少或无人区、天然洪泛区等，即使遇到超标洪水，也不会对人类造成过大影响。大多有记载的洪灾均发生在人类活动频繁地区，而人类活动稀少或无人区则鲜有记载，因此，为统计方便，采用现状防洪能力与应达到的防洪标准的比值来确定防洪综合指数 C6。其计算公式为：

$$C6 = \frac{Z_s}{Z} \tag{7.2.9}$$

式中　C6——防洪综合指数；

Z_s——现状防洪能力，其值应根据统计的历史洪灾、是否有保护对象等因素确定；

Z——应达到的防洪标准。

防洪综合指数 C6 评价标准见表 7.2—13。

表 7.2—13　防洪综合指数 C6 评价标准

评价标准	不健康	亚健康	健康
防洪综合指数 C6	<0.2	0.21～0.79	>0.8

2）水资源利用率 C7

水资源利用率 C7 是反映一个流域地表水、地下水开发利用程度的指标。四川省水资源总量相对较丰富，水资源总量 2615.69 亿立方米，全省人均水资源量 3026 m^3，但由于时空分布不均、年际变化大等，四川水资源利用率远低于全国平均水平，实际灌溉效益只达到设计能力的 70%左右[1]。水资源利用率 C7 评价标准见表 7.2—14。

表 7.2—14　水资源利用率 C7 评价标准

评价标准	不健康	亚健康	健康
水资源利用率 C7	<0.09	0.10～0.19	>0.2

3）土地利用率C8

土地利用率C8是一个沿岸用水、工农业发展水平、沿岸景观服务业发展水平以及周边居民对河流亲和度的综合反映[1]。土地利用率C8评价标准见表7.2－15。

表7.2－15　土地利用率C8评价标准

评价标准	不健康	亚健康	健康
土地利用率C8	<0.69	0.7～0.901	>0.902

7.2.4　河流系统现状分析（健康评价）的评价流程

综上所述，成都地区河流的健康评价，具体流程见图7.2－2。依照此流程图，可系统、定量地对指定河流的健康状况进行量化，并依据评价结果进行有针对性的河流治理[1]。

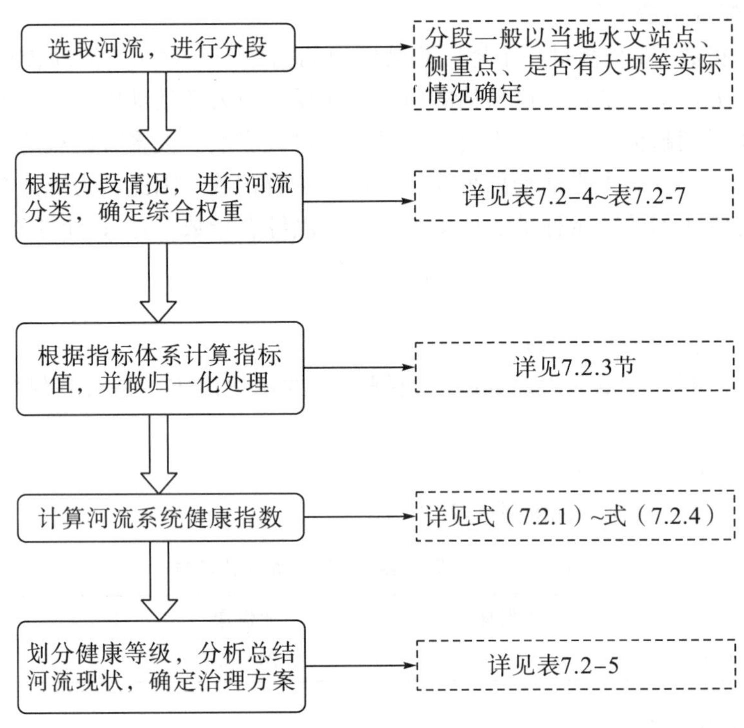

图7.2－2　河流健康评价流程图

在河流治理后期，河流系统健康状态的监控工作依旧是河流管理部门的一项重要职责，旨在通过科学的方法保持河流健康的长期发展。河流系统综合治理后期的河流健康评价方法也可以参照上述评价流程，对河流健康状况指标做定期数据采集并做系统评价分析，得出河流在不同方面（自然结构、生态系统和社会服务）的健康指数以及河流整体健康等级，将数据入库作为河流健康状况的历史数据，并可根据近期健康状况的变化预测短期内河流健康状态的变化趋势。因此，建立河流健康现状评价的长效机制对于河流健康的可持续发展是十分必要的[1]。

7.3　河流评价系统实例分析

7.3.1　山洪多发型河流

山洪多发型河流以湔江上游白水河为例。白水河为湔江右岸支流，发源于彭州市九顶山系神仙岩西南麓。上源三岔河，东南流经铜厂湾、钟银庵，至大宝镇汇入湔江。大宝镇宝山村有桂花树水电站，装机 5000 kW，为全国村办电站容量之最。河长 20 km，流域面积 138 km^2，流域内矿藏较多，沿程有矿物质溶入，水流多呈乳白色[1]。

“5·12”汶川地震后，湔江两岸山岩震裂松动，地震后的岩土堆积体、滑坡沿岸密集分布，导致流域内山洪泥石流灾害多发。大粒径推移质在河段落淤后易形成主流摆动，产生倒滩横流[1]。

根据其特点，定义该河流为山洪多发型河流。按表 7.3－1 权重系数评价其健康状况。

表 7.3－1　白水河现状指标值及归一化值

目标层	准则层	指标层	指标值	归一化值
河流健康 A	自然生态指标 B1	河势稳定性 C1	3.79	0.253
		植被覆盖率 C2	0.147	0.387
		径流变化率 C3	0.377	0.377
		水质达标率 C4	0.667	0.667
		生物多样性指数 C5	0.569	0.749
	社会服务指标 B2	防洪综合指数 C6	0.2	0.2
		水资源利用率 C7	0.318	1
		土地利用率 C8	0.334	0.334

将上表中的归一化值与表 7.2－4 山洪多发型河流权重系数相乘，得到白水河现状河流健康评价值，见表 7.3－2。

表 7.3－2　白水河现状河流健康评价值

指标层	评价值	健康等级
河势稳定性 C1	0.090	不健康
植被覆盖率 C2	0.118	不健康
径流变化率 C3	0.035	亚健康
水质达标率 C4	0.021	亚健康
生物多样性指数 C5	0.037	亚健康

续表7.3－2

指标层	评价值	健康等级
防洪综合指数 C6	0.030	不健康
水资源利用率 C7	0.008	健康
土地利用率 C8	0.002	不健康
河流总体健康指数	0.341	亚健康

从评价结果可以看出，白水河评分较低，仅 0.341，为亚健康河流等级下限，处于不健康河道边缘，属“河流系统受到较大程度的破坏，自我组织与恢复能力明显下降，部分功能退化明显，表现为子系统中的一个或两个健康指数过低，河流整体状态尚可维持，但需要进行专项治理”河流。

7.3.2 清水冲刷型河流

清水冲刷型河流以湔江下游（湔江拦河坝以下）为例。本河段因过量采砂，在遭遇洪水时，河床易下切，岸坡垮塌，两岸堤防堤脚损毁严重[1]。根据其特点，定义该类河道为清水冲刷型河流。按表 7.3－3 权重系数评价其健康状况。

表 7.3－3　湔江拦河坝以下河段现状指标值及归一化值

目标层	准则层	指标层	指标值	归一化值
河流健康 A	自然生态指标 B1	河势稳定性 C1	4.86	0.324
		植被覆盖率 C2	0.249	0.655
		径流变化率 C3	0.468	0.468
		水质达标率 C4	0.8	0.8
		生物多样性指数 C5	0.587	0.772
	社会服务指标 B2	防洪综合指数 C6	0.25	0.25
		水资源利用率 C7	0.255	1
		土地利用率 C8	0.786	0.786

将上表中的归一化值与表 7.2－5 清水冲刷型河流权重系数相乘，得到湔江拦河坝以下现状河流健康评价值，见表 7.3－4。

表 7.3－4　湔江拦河坝以下现状河流健康评价值

指标层	评价值	健康等级
河势稳定性 C1	0.115	不健康
植被覆盖率 C2	0.088	亚健康
径流变化率 C3	0.054	亚健康
水质达标率 C4	0.054	健康

续表7.3－4

指标层	评价值	健康等级
生物多样性指数 C5	0.038	亚健康
防洪综合指数 C6	0.013	亚健康
水资源利用率 C7	0.014	健康
土地利用率 C8	0.168	亚健康
河流总体健康指数	0.544	亚健康

从评价结果可以看出，湔江拦河坝以下河段河流健康状况好于上游支流白水河，评分为 0.544，为亚健康河流，属“河流系统受到较大程度的破坏，自我组织与恢复能力明显下降，部分功能退化明显，表现为子系统中的一个或两个健康指数过低，河流整体状态尚可维持，但需要进行专项治理”河流。

根据以上两例，也是湔江流域主要的两种河流特征类型，可以看出，湔江目前河流健康状况并不理想，上游亟须治理的目标主要为河势稳定性、植被覆盖率、防洪安全以及土地利用，究其原因还是“5·12”汶川地震的后遗症，即对滑坡、泥石流的治理，下游由于河流从山区进入平原区，河道开阔，人类活动较多，各指标有所改善，但河势稳定仍然是湔江下游亟须治理的主要目标。

7.3.3　乡镇田园型河流

乡镇田园型河流以毗河为例。毗河为青白江右岸支流，上段称柏条河，为古代岷江引水工程都江堰宝瓶口以下的主要分支之一，起始于都江堰市蒲柏闸，与蒲阳河左右分水。东转东南过胥家、天马，右分柏木河，出都江堰市境，而为彭州市与郫都区之界河。过郫都区唐昌镇后，即入郫都区境。南过三道堰，经 4000 年前先蜀遗址，东南有石堤堰枢纽闸，右纳都江堰内江水系走马河左支徐堰河（过闸分为府河、毗河二支，府河往成都市城区后汇入岷江）。石堤堰以上称柏条河，以下称毗河[1]。

毗河起始于石堤堰枢纽闸。东有石堤堰水文站，控制区间流域面积 174 km^2，实测多年平均流量 27.3 m^3/s，水位变幅 3.3 m。过站东南行于新都与郫都区界上，继入新都境，东偏南过龙桥镇、斑竹园镇、上河湾，曲折向东，过三河镇北、二江沱、泥巴沱、苟家滩、王爷庙，转东偏北入成都市青白江区；过祥福，右纳西江河，继过姚渡，东入金堂县境；过杨柳，于金堂县赵镇西汇入青白江。

自蒲柏闸至汇入青白江，河道总长 108 km，区间流域面积 1196 km^2。其中，柏条河自蒲柏闸至石堤堰，河长 44 km，河口 25～45 m，平均比降 4‰，常年流量 80 m^3/s，主要为东风渠输水，满足成都市用水及漂运，下分支渠 20 条，斗渠 110 条，灌田 11 万亩。毗河自石堤堰汇入青白江，河长 64 km，河口 15～70 m，平均比降 1.5‰，为联通岷沱二江的重要水道，下分支渠 9 条，斗渠 41 条，灌田 10 万亩。

毗河曾是连通岷江与沱江的物资运输重要航道，由于陆路交通发展，水资源利用部门增多，水运逐渐停止，近年来沿河以旅游开发为主[1]。

根据其特点，定义该类河流为乡镇田园型河流。按表 7.3－5 权重系数评价其健康状况。

表 7.3−5　毗河现状指标值及归一化值

目标层	准则层	指标层	指标值	归一化值
河流健康 A	自然生态指标 B1	河势稳定性 C1	18.96	1
		植被覆盖率 C2	0.369	0.971
		径流变化率 C3	0.755	0.755
		水质达标率 C4	0.8	0.8
		生物多样性指数 C5	0.56	0.737
	社会服务指标 B2	防洪综合指数 C6	0.88	0.88
		水资源利用率 C7	0.319	1
		土地利用率 C8	0.729	0.729

将上表中的归一化值与表 7.2−6 乡镇田园型河流权重系数相乘，得到毗河现状河流健康评价值，见表 7.3−6。

表 7.3−6　毗河现状河流健康评价值

指标层	评价值	健康等级
河势稳定性 C1	0.013	健康
植被覆盖率 C2	0.130	亚健康
径流变化率 C3	0.084	健康
水质达标率 C4	0.110	健康
生物多样性指数 C5	0.114	亚健康
防洪综合指数 C6	0.010	健康
水资源利用率 C7	0.224	健康
土地利用率 C8	0.157	亚健康
河流总体健康指数	0.841	健康

从评价结果可以看出，毗河现状河流健康状况较好，评分为 0.841，为健康河流，属"河流系统受到人类干扰，系统活力与完整性受到部分影响，但各项功能仍可正常发挥，系统的协调性较强，功能完备，满足社会经济发展对河流资源的合理需求"河流。对毗河的管理目标主要为在保持现状的基础上，加大沿河土地利用的开发，这与现阶段毗河的发展规划是一致的[1]。

7.3.4　城市景观型河流

城市景观型河流以成都市中心城区以内府河为例。成都市中心城区府河水系主要河流为府河，府河的一级支流有沙河、小沙河（沙河排洪渠）、沱江河、金牛支渠、茅草堰排洪渠（下游为北饮马河）、南堰河、火烧堰、朱家沟、高攀河、洗瓦堰等 13 条河流，其余的22条河流为府河的二级和三级支流[1]。

府河是成都市市管河流。府河发源于石堤堰分水枢纽府河闸，其水源来自都江堰干渠柏条河及走马河分支徐堰河。柏条河及徐堰河相汇后流至郫都区团结镇石堤村，经石堤堰枢纽分为二支：北支为毗河，流入金堂赵镇后汇入沱江；南支为府河，流入彭山区江口镇注入岷江[1]。

府河流经郫都区团结镇、安靖镇，进入成都市区，绕城北而城东，出九眼桥，经望江楼、成昆铁路大桥、三瓦窑、永安大桥、五岔子大桥后，进入双流区境，流经双流区中和、中兴、正兴、永安、黄佛、彭山区顺河、双江等乡镇，于江口镇注入岷江。府河干流全长115 km。其中，郫都区段23 km，成都市区段29 km，双流区段49 km，彭山区段14 km。府河河道平均纵坡1.4‰，全流域面积2090 km^2。

绕城高速公路以内，府河区间长度39.2 km，在区间河段上设立了望江楼水文站，该站控制府河流域面积505 km^2，占府河全流域的24%。望江楼水文站以上流域有柏条河、走马河两大来水河道及东风渠、沙河两大引出水干渠。望江楼水文站以下绕城高速公路以内有沙河、火烧堰、朱家沟、高攀河等区间入流河道。

府河西北桥以上河段尚未整治，行洪能力仅为5～10年一遇洪水，西北桥以下至外环路大桥河段已按200年一遇的洪水标准整治完毕。外环路下游的府河总出口河段没有整治，仅能防御5～10年一遇的洪水[1]。

根据其特点，定义该类河道为城市景观型河流。按表7.3－7权重系数评价其健康状况。

表7.3－7　府河现状指标值及归一化值

目标层	准则层	指标层	指标值	归一化值
河流健康A	自然生态指标B1	河势稳定性C1	17.64	1
		植被覆盖率C2	0.219	0.576
		径流变化率C3	0.533	0.533
		水质达标率C4	0.3	0.3
		生物多样性指数C5	0.42	0.553
	社会服务指标B2	防洪综合指数C6	0.75	0.75
		水资源利用率C7	0.11	0.55
		土地利用率C8	0.904	0.904

将上表中的归一化值与表7.2－7城市景观型河流权重系数相乘，得到府河现状河流健康评价值，见表7.3－8。

表7.3－8　府河现状河流健康评价值

指标层	评价值	健康等级
河势稳定性C1	0.037	健康
植被覆盖率C2	0.123	亚健康

续表7.3-8

指标层	评价值	健康等级
径流变化率 C3	0.006	健康
水质达标率 C4	0.041	不健康
生物多样性指数 C5	0.030	不健康
防洪综合指数 C6	0.016	亚健康
水资源利用率 C7	0.087	亚健康
土地利用率 C8	0.331	健康
河流总体健康指数	0.672	亚健康

从评价结果可以看出，府河现状河流健康状况不甚理想，评分为 0.672，为亚健康河流，属“河流系统受到较大程度的破坏，自我组织与恢复能力明显下降，部分功能退化明显，表现为子系统中的一个或两个健康指数过低，河流整体状态尚可维持，但需要进行专项治理”河道。对府河的治理目标主要为水污染指标，即水质指标的治理[1]。

本章小结

本章主要讲述了河流基本现状分析与评价方法，并结合成都地区不同分类河流系统的现状进行分析，归结不同类型河流的健康评价方法。本章主要结论归结如下：

（1）分类—层次分析法是河流健康评价的基本方法，通过不用的评价指标设定，可以适应不同类型河流的不同特征，其评价结果既不失一般性，又对承担了不同社会功能的河道在健康定义上有所区分，可得到全面、客观的河流健康评价结论。

（2）评价指标体系的确定是河流健康评价的关键。不同分类河流系统的评价指标需根据河流特点分别设置，以达到河流健康针对性评价。

（3）河流评价系统实例分析说明不同特征河流的健康评价方式应有所区别，可针对河流类型与特征分别进行评价，从具体河流出发，了解整个评价过程与评价体系。

思考题

1. 分类—层次分析法的特点与评价过程是什么？
2. 不同分类河流系统综合权重应如何确定？
3. 河流健康评价的单项指标包括哪些内容？如何进行计算？
4. 河流系统现状健康评价流程是什么？

参考文献

[1] 姚睿宸. 项目前评价体系在河流系统治理工程中的应用 [D]. 成都：西南交通大学，2016.
[2] 高明军. 大渡河沙湾水电站开发方式及其长尾水渠水力学特性研究 [D]. 成都：四川大学，2005.
[3] 谢余初，巩杰，齐姗姗. 基于综合指数法的白龙江流域生物多样性空间分异特征研究 [J]. 生态学报，2017 (19)：163-171.

第 8 章　治河与海绵城市

绪论

李克强总理在 2017 年的政府工作报告中指出：统筹城市地上地下建设，再开工建设城市地下综合管廊 2000 km 以上，启动消除城区重点易涝区段 3 年行动，推进海绵城市建设。海绵城市也称为低影响雨水开发系统，是指城市在适应环境变化和应对雨水带来的自然灾害等方面具有良好的“弹性”，是新一代的城市雨洪管理概念[1,2]。随着生态文明建设理念的深入人心，经过多年的探索与实践，各地方城市规划管理者已逐渐摒弃了河道护岸硬质化、河流断面规则化和河道形态直线化的传统河道治理模式，而对河道开展生态修复，使其恢复近自然状态已在全社会形成广泛共识。在全国推进海绵城市建设和黑臭水体整治的大背景下，基于海绵城市的建设理念来进行河道治理的新方法逐渐发展。这种河道的海绵型治理模式在杜绝污染进入河道的同时，发挥了海绵设施的污染削减能力和景观效益，也全面提升了周边居民住区的滨水环境。综观各城市河道治理情况，对比各类整治模式，这种海绵型河道治理模式虽成本较高、技术复杂，但却具有截污彻底、水质提升显著、环境改善明显、市民满意度高的特点和优势，已然成为河道综合治理的新趋势[3]。

8.1　海绵城市的概念与特点

海绵城市的核心理念是城市可以像海绵一样，能够在适应环境变化和应对自然灾害方面具有良好的弹性，即在降雨时能够对降水进行吸收、净化和储存，以此来对地下水进行补充；在城市需要水的时候，可以将已经净化并储藏的水释放出来，以此来满足城市发展的水资源需求。海绵城市的理念代表了一种与生态环境相平衡的调节方式，对雨水、地表水和地下水的循环体系进行完善，对供水和排水的各个环节进行水资源的合理调配，从而能够使城市在发展中更加从容地面对各种环境的影响，提高城市预防洪涝灾害的能力。海绵城市以低影响的开发建设模式为基础，以防洪排涝体系为支撑，充分发挥绿地、土壤、河湖水系等对雨水径流的自然积存、渗透、净化和缓释作用，实现城市雨水径流源头减排、分散蓄滞、缓释慢排和合理利用，减缓或降低自然灾害和对环境变化的影响，保护和改善水生态环境[4]。图 8.1-1 为海绵城市水循环收集与释放示意图。

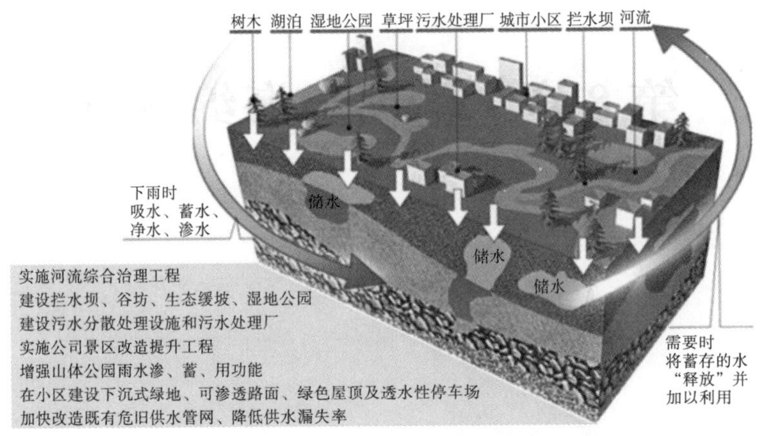

图 8.1-1　海绵城市水循环收集与释放示意图[5]

海绵城市理论的概念和发展形势决定了海绵城市建设与传统城市建设具有较大的不同，其具体特点体现在以下几个方面：对于传统城市建设中的给排水来说，主要是依靠市政管道给排水工程来对城市的水资源进行调配，利用各种管道和泵站等基础设置来对雨水进行收集或者排放，这样的城市建设方式和水资源调配理念在一定程度上增加了市政管网和排涝设施的压力，同时由于城市各个区域地质情况的不同，在对给排水管线进行铺设的过程中，需要更加复杂的施工技术和更多的施工成本，浪费了城市建设中的财政支出，而且会对城市水资源造成较大的浪费。而海绵城市理论将保障城市建设中拥有更多的排水方式，在对自然环境进行保护的基础上，通过对水资源的收集、储存和合理使用，来解决目前城市所面临的内涝问题。此外，海绵城市还能够对城市建设中的基础设施进行充分利用，对城市的生态环境进行保护和修复，在减少市政给排水管线施工的情况下，能够减少城市的财政支出，改善城市建设环境，提高人们生活的舒适程度[4]。

海绵城市是我国城市建设的新理念，它完善了城市给水、排水、利用雨水、储存雨水等能力，改变了以往粗放型的建设模式。以海绵城市理念对城市径流雨水实行下沉式绿地、生物滞留池、雨水花园、植草沟等方式进行排放，以源头分散和慢排缓释为原则，建设绿色基础设施，实现对雨洪资源的合理规划、科学利用和有效控制，从而促进城市中河道水系、绿地、公园、广场、道路、小区与建筑等载体对雨水的自然渗透、存积和净化作用的形成，能够缓解河道存在的问题，起到治理河道的作用，加强城市河道水系统、绿地、建筑、道路等对雨水的蓄渗、缓释和吸收的功能。海绵城市建设还能改变以往城市建筑的末端集中与快速排除的方式，既能够对城市环境起到净化和保护的作用，又能改善城市中河道、沟渠、池塘、湿地、湖泊等敏感生态问题，利用自然微生物、土壤、自然植被、水生植物和水生动物对水质进行净化、治理和修复，减少开发城市建设时对城市生态环境的破坏，促进城市生态建设，发挥海绵城市建设中减少热岛效应、调节城市小气候、涵养水源、保护自然、净化水质、城市绿肺等功能[6]。图 8.1-2 为海绵城市理念实施前后对比实例。

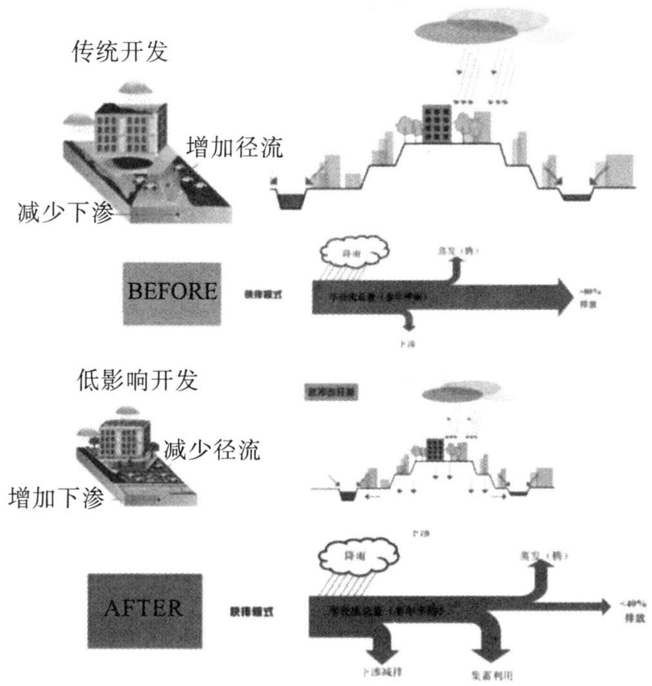

图 8.1－2　海绵城市理念实施前后对比图[7]

8.2　海绵城市与河道治理的关系

城市水系是城市内降雨径流自然排放的重要通道、受纳体及调蓄空间，河湖综合治理是海绵城市建设水利工作的重要内容。根据水利部《关于推进海绵城市建设水利工作的指导意见》提出的工作总目标，结合海绵城市建设评价指标，河湖水系综合治理的目标围绕水安全、水环境、水资源和水生态 4 个方面展开。水安全方面的主要内容是完善城市防洪排涝体系，合理安排洪涝水出路，提高城市防洪排涝标准；水环境方面的主要内容是加强城市河湖综合整治和水系连通，控制河流污染，改善城市水环境；水生态方面的主要内容是保护和修复河湖水生态系统，提升河流自净能力；水资源方面的主要内容是加强雨水、再生水等水源利用，提高城市水资源水环境承载力，保障海绵城市建设的水环境承载能力[8]。

建设海绵城市的核心内容是以水为主线，着力解决城市规划和建设中存在的河湖水系、湿地坑塘等水域严重萎缩、内涝加剧、面源污染加剧等问题，以维护水的良性循环及城市生态安全，促进城市绿色生态发展为最终目标。因此，维持河湖水系健康在海绵城市建设中至关重要，并具体表现在以下几个方面[9]：

(1) 河湖水系是构成完整城市海绵体的主要结构框架，河湖水系将城市小区、建筑、道路、绿地等系统串联起来形成完整的海绵城市。

(2) 河湖水系是囤蓄、排放、循环利用城市雨洪径流的主要场所和路径，也是地表汇流、地下径流循环的主要场所，具有大容量调蓄、快速吐纳的特点，是实现海绵城市渗、滞、蓄、净、用、排各项功能的基本条件。

(3) 河湖水系的保护、修复与科学开发利用是解决城市水安全问题的核心，维持城市河湖水系健康完整、水流通畅、水质良好、生态多样性是海绵城市建设的重要基础、保障和目标。

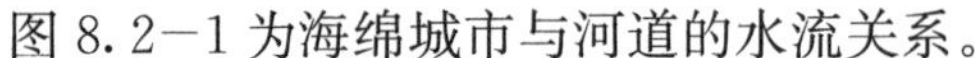

图 8.2－1 为海绵城市与河道的水流关系。

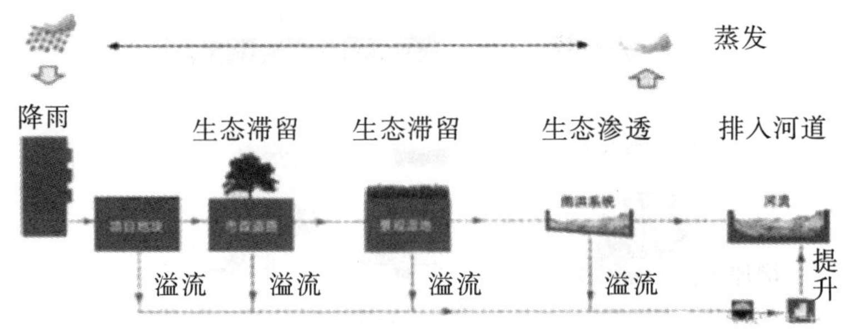

图 8.2－1　海绵城市与河道的水流关系[7]

8.3　基于海绵城市理念的水系规划设计要求

8.3.1　尊重水的自然条件

习近平总书记在《中央城镇化工作会议》的讲话中强调："提升城市排水系统时要优先考虑把有限的雨水留下来，优先考虑更多利用自然力量排水，建设自然存积、自然渗透、自然净化的海绵城市。"可见，海绵城市建设意味着从改造自然到顺应自然的策略转变，遵循并利用自然力量实现恢复城市良性水文循环，因此对水系规划设计提出了如下要求[10]。

(1) 尊重水系自然形态：加强对自然水系的保护，如坑塘、河湖、湿地等水体自然形态的保护和恢复，充分尊重水系的自然形态，实现"以水定城、以水定地、以水定人、以水定产"，避免填湖造地、截弯取直等行为。

(2) 尊重水系自然格局：具有水村相连、湖光山色的自然环境是"山水林田湖"生命共同体的最佳体现。在水系规划设计中，应充分尊重自然格局，与周边生态本底构成完整的系统。

(3) 尊重水流运动自然规律：水系规划设计应充分考虑河流动力学原理，即遵循河道在自然状态及人工控制条件下水流运动的发展规律，充分利用自然的力量，在不需要采用硬质护岸的河段尽量维持现状，节省投资；在需要加强防护的河段予以保护，确保安全。

(4) 尊重雨水的自然补给：对于季节性河道，水系补水、蓄水是维持其水面景观的重要措施。在海绵城市建设中，需强调利用雨水的自然净化和积存，应避免利用自来水作为补水水源，不提倡利用中水作为补水水源。在水系范围内，充分考虑设置雨水滞留设施，保护地下径流的补给通道，优先利用雨水作为河道的补水水源。

图 8.3－1 为海绵城市的雨水利用系统示意图

图 8.3－1　海绵城市的雨水利用系统示意图[11]

8.3.2　水系规划设计的系统性要求

海绵城市建设的实质，是城市水资源和水环境的综合整治，而不是对单点进行治理或采取碎片化的方式推进。与传统的水系规划设计的系统化范围不同，水系的系统化考虑应从海绵城市建设的整体要求出发，结合区域、建筑小区、道路广场、绿地等海绵体综合考虑，系统性要求更强。针对此要求，水系规划设计具体措施如下[10]。

（1）水系平面布局的系统规划原则：水系作为海绵城市系统中的重要组成，首先应识别水、林、田、湖等生态本底条件，探索不同区域海绵城市建设重点，坚持生态为本、保护优先、自然恢复，以河湖为骨架，作为构建区域性的生态连通廊道。蓝线是水系河道平面控制要素。河道平面控制主要指五条线，即河道中心线、河道两侧河口控制蓝线，以及蓝线外侧的河道安全防护控制绿线。在平面布局的系统规划中，应体现河道及周边区域发展的特点，注重与沿线整体风貌相协调，河道生态景观与周边景观相协调，在线形的处理上尽可能地采用自然曲线，水系、动物、植物自然地形成一个完整的水生态循环系统，并尽可能地串联起水系沿线的各类海绵体。

（2）水系在竖向布局的系统规划原则：河道立面控制主要是河道断面控制，即根据水力计算确定的河道过水能力要求而拟定的最小河道断面，可将其概化为梯形断面来进行控制，即由河底高程、河底宽度、河道边坡和河口高程等主要要素控制。对于满足过水能力要求的河段，可以进行优化断面形式，结合陆上规划进行局部放大断面。在海绵城市建设中，充分结合周边地块、绿地的竖向条件，综合考虑“蓄、滞”的作用，对边坡竖向进行微地形设计。对于竖向有条件的区域，还可以系统布置雨水花园、下凹式绿地，发挥蓄存雨水的作用。

8.3.3 水系规划设计的量化指标要求

海绵城市建设具有完整的一套指标体系。在住建部的海绵城市考核体系中，共 6 方面 18 项指标。年径流总量控制率作为核心控制指标，是海绵城市建设指标考核体系的关键。该指标由建筑与小区、绿地、道路与广场、河道与雨水系统共同决定，其中河道与雨水系统在年径流总量控制率中承担了“托底”的作用。因此，海绵城市的水系规划应考虑如下因素[10]：

（1）雨污分流地区的水系应承担雨水调蓄的功能，根据海绵城市建设年径流总量控制指标，充分发挥和挖掘水系的调蓄空间，通过优化控制水位、扩大水体面积、构建水系绿化范围内的海绵体实现规划的指标要求。

（2）雨污合流地区的水系不宜承担管网设计标准内的调蓄功能，但可以作为超管网设计标准时降雨的调蓄空间。

8.3.4 水系规划设计的径流污染控制要求

径流污染控制是海绵城市建设的控制目标之一，水系作为径流污染的末端，承担着径流污染控制的重要作用。因此，在水系规划中，需要强化相应的措施和效果，具体包括如下几方面[10]。

（1）点：对雨水排口进行改造，设置碎石过滤带等，并设置排口在线监测措施。

（2）线：构建沿河生态缓冲带和海绵生态驳岸。利用生态缓冲带，在水底铺垫一定数量的填料，构建一个由多种群水生植物、动物和各种微生物组成并具有景观效果的多级天然生物生态雨水净化系统，对雨水径流进行生物与植物净化，净化后的水直接进入水系，有效地去除湖体内的富营养元素，并可以防止雨水径流造成的雨水径流污染。建设海绵生态驳岸，通过植被拦截及土壤下渗作用减缓地表径流流速，去除径流中的部分污染物。

（3）面：建设滨水生态湿地，打造具有水质净化功能的生态湿地。

图 8.3−2 为生态湿地示意图。

图 8.3−2 生态湿地示意图[12]

8.4　海绵城市的河道治理模式

一般来说，河道治理主要从提升水环境容量和控制污染两个方面入手。水环境容量的提升主要是对河道本身的治理，各地主要采用的是清淤、水系沟通、活水引流、生态修复等技术措施。而基于海绵城市理念的河道治理模式在河道本身治理的基础上，更多地强调地块、管网、岸线和上游的污染控制，从“源头—过程—末端”三阶段实现入河污染的全面控制，更好地发挥河道的自净功能，实现河道“长治久清”的目标[3]。

8.4.1　源头海绵建设

在分流制区域进行初雨污染控制，一般采用源头污染削减措施。源头污染削减措施是指在地表径流产生源头采用一些工程性和非工程性的措施以削减径流量，减少进入雨水管网的污染物总量。常见的工程源头控制措施包括 BMPs 和 LID 等。从各海绵城市建设试点城市的建设探索情况看，城市管理者对于地块的内涝问题和初雨径流污染问题大多选择在建设地块层面布置 LID 设施，并将净化后的雨水导入雨水管网，达到径流量控制和污染削减的目的[3]。

8.4.2　过程传输调蓄

过程污染控制主要用于老城区面源污染控制，指的是雨水进入管网后，采用截流管道、调蓄池和利用水处理设施等方式进一步削减污染。海绵型河道整治模式中常见组合为合流制排水系统溢流技术（CSO）、调蓄池初期雨水收集系统和雨水初步处理工艺联用。这种联用模式采用旱流污水处理、初雨收集处理、应急行洪排放三级截流方案。晴天时，污水直接排入污水处理厂；降雨初期，在保障污水处理厂最大处理量的情况下，部分混合污水进入污水处理厂，剩余混合污水进入调蓄池中积蓄，经初步处理后溢流到湿地或河道中；暴雨时，调蓄池达到最大水位高度，超标雨水通过应急行洪管道直接排入河道。从各地的建设情况看，采用的技术原理较为一致，大部分采用河道两侧布置截流管、调蓄池并与污水处理厂相连的建设方式，也均取得了良好的截污效果[3]。

8.4.3　末端灰绿蓝处理

末端处理措施既是防止面源污染的技术措施，也是提升入河雨水水质的有效手段，主要采取“灰色”预处理、“绿色”生态净化、“蓝色”原位处理等技术措施。“灰色”预处理为在上游建设水源厂，通过格栅、絮凝、物理过滤沉淀等方式提升水质；“绿色”生态净化主要是人工湿地和生态修复建设；“蓝色”原位处理主要为内源治理和河道生态修复。采用以上方式进行末端处理能够有效截留上游来水污染和提升河道自净能力，可最大限度地降低河道黑臭风险[3]。

8.5 海绵城市的河道治理措施

8.5.1 加强河道生态护岸建设

根据国家相关要求，在进行城市水系设计过程中，城市河道要设计生态驳岸，然后根据水位变化，因地制宜地种植合适的水生植物。一方面，在海绵城市理论的前提下，河道治理要坚持生态性和低影响开发，最大限度地减少人为改造，保证生态护岸工程建设的长期性和稳定性，保持河流两岸蜿蜒的岸线和自然的河岸基底，充分发挥河岸土体与河道水体的交换调节作用，维护城市生态平衡；另一方面，为了保证河流周围生物丰富性和多样性，在生态护岸建设过程中，要尽量采用天然材料，在岸坡上设置一些多孔质构造，保证河流的生态系统完整性，促进水生植物的生长。另外，还可以结合实际情况，积存部分降水，从而减少地表径流量。在进行生态护岸结构设计过程中，要选择新技术和新材料，如采用固土植物护坡、网石笼结构、植被型生态混凝土护坡、水泥生态种植基以及自然型护岸等。在进行硬质护岸改造过程中，设计人员可以在护岸临水侧河底、外墙等设置种植槽，或者填充一些生态袋、种植土草皮等[12—13]。

8.5.2 加强河道两岸植物建设

在城市河流两岸，陆域植物可以充分发挥缓冲作用，做好水土保持，可为动植物提供良好的栖息地，改善城市内部环境，净化城市空气。因此，在进行规划设计过程中，要结合实际区域，合理配置周围陆域植物，要优先种植本地植物，重视不同植物的不同习性，科学合理地搭配时间和空间，最大限度地提高植物群落的净化能力，从而创造良好的河道生态景观效果。其具体要求包括：第一，在平面布置上，要充分利用原有植物，结合植物特性进行种植，建立错落有致的立体化结构，增加植物的层次性和多样性；第二，在断面布置上，要建设适应实际水陆梯度变化的植物群落。对水生植物而言，可以根据其生态习性分为挺水植物、漂浮植物以及沉水植物，在种植水生植物过程中，要结合河道的水深、水质以及流速，构建长期稳定自然生长的水生植物群落，掌握生物生长的规律，体现不同植物不同的生态类型，提高城市河道水系净化能力，保证水生植物的稳定性和群落的多样性[12]。

8.5.3 改造河道生态环境

根据城市中河道布局的情况，对河流分布密集地方可以建造一个生态湿地，将湿地水深度保持为 20～40 cm，增加植物覆盖面积，并根据植物的生物特性，使污水流过植物表面时，发挥植物根茎对污物的拦截作用和降解作用，提高水体对污染物的去除和净化能力。可对河道在实际地段进行开挖、疏拓，并根据水生植物对河水深度的生长要求进一步对河底进行微地形的改造和重新设计河底的形态。对作为水陆交接处的岸坡，根据坡度大小进行改造，可改造为浅滩、岛屿及生态湿地等岸坡状态[6]。

8.5.4 构建生物多样性

要加强城市河道的治理力度，就要构建河道生物的多样性，建设河道的完整生态系统，使其具有水生植物系统、陆生乔灌草系统、生物配置、河道主槽及岸边带的生物恢复，形成一个自然过渡、完整有序的河道生态系统。利用植物对污染物的吸收和根茎修复、去除、固定污染物的能力，要大面积种植耐受性较强、吸收能力较强的水生植物，增强河道水体的自我修复及净化能力。根据水位的变化进行不同阶段的沉水、挺水植物种植，配置成带状或块状混交的方式，使河道岸边形成一个变化有序、曲折的水岸线。对于在水中种植的植物可根据目的和作用进行选择，要结合当地的气候条件，选择常绿型、冬绿型或者夏绿型的植物进行搭配种植。沉水类植物可选择种植金鱼藻、苦草、轮叶黑藻等；浮叶类植物可选择种植萍逢草、睡莲等水生植物；挺水植物可选择种植黄菖蒲、香蒲、芦苇等水生植物。打造一个四季常绿的生态湿地，在种植水生植物的同时，还要将水生动物投入水中，根据动、植物和食物链的关系，以达到对植物净化水质、去除污染物功能的辅助作用。水生动物可选择河蚌、螺等底栖动物，还可选择一些食用悬浮藻类的鱼类，能够减少河道中污染物的悬浮面积，起到净化水质的作用，使河道的生物呈现出多样化结构，以自然的方式治理自然，使生态效果到达最佳[6]。

8.5.5 做好水系沟通

对城市水系来说，中小河道分布最广，数量最多。但是随着城市化水平不断提高，城市规模不断扩大，用地日益紧张，出现任意填堵河道或者先填后开的情况，导致城区水面面积不断减少。因此，在实际规划过程中，严格按照海绵城市理论，做好河道填堵的审批管理，严格规定填堵河道水面补偿，完善相应的验收制度，实现填堵河道水道审批的规范化和现代化。另外，还要做好河道疏浚工作，对于影响河道流通的断头河要做好水系的沟通，通过疏通河道，不断扩大城市内部的水域面积，提升城市水体自我净化能力，为城市以后排洪减涝创造良好的前提条件[12]。

8.5.6 合理降低水位

在城市发展过程中，由于受到各方面因素的影响（如岸坡稳定性、通航条件等），河道防洪除涝水位很难达到设计标准和要求。在城区一些低洼地区，防洪除涝风险大。另外，在引水调度的情况，对城区水质要求越来越高，引水量越来越大，使得引水调度的水位不断上升，再加上河道淤积等因素，导致常水位不断上升，在很大程度上增加了除涝的风险。因此，对城区低洼区域，首要的就是做好水利工程调控运行，最大限度地提高水位预降能力和排洪除涝能力，并根据城市规划设计的标准，控制好常水位，尤其要加强对低洼地区水位的控制。在进行引水调度过程中，不能超过上限，要做好城区防洪除涝工作[12]。

8.5.7 做好城市河道日常管理维护工作

为了保护河道水生生态环境，发挥城市河道环境效益、社会效益以及经济效益，需要对河道进行日常的维护管理，要对河道周围的护岸、河床、绿化等附属设施进行科学合理的养护和管理，要定期检查河道堤防，在发现问题以后，进行必要的修复和保养；要及时有效地清理河床内部淤泥，做好河道疏浚工作和保洁工作；要对河道的水质进行监测，做好基本的生态修复工作，尤其要加强对河道周围绿化景观的养护；要做好河道排水设施、护栏栏杆以及警示牌的保护，使河道更好地发挥其综合作用[12]。图 8.5－1 为城市河道综合治理解决方案示意图。

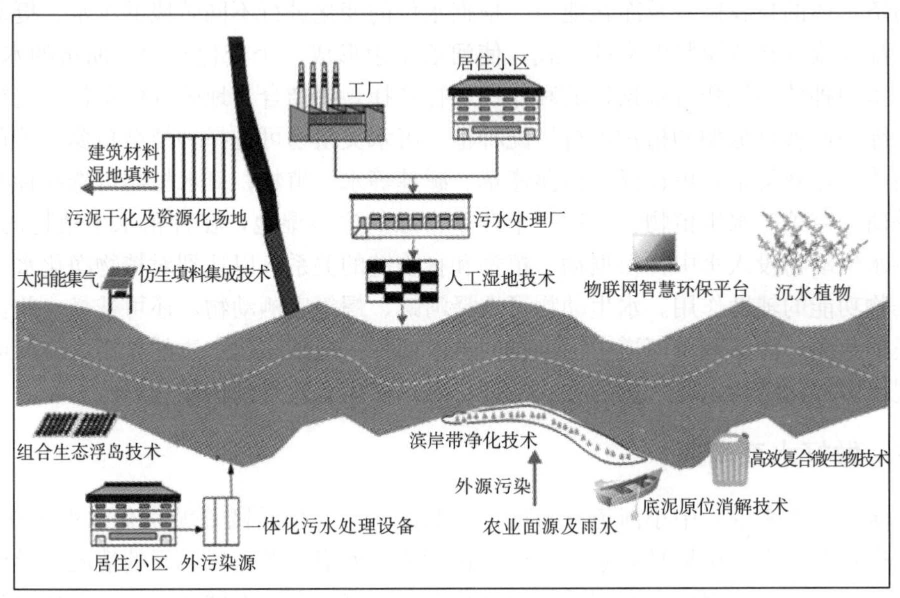

图 8.5－1　城市河道综合治理解决方案示意图[14]

8.6　海绵城市的河湖水系保护与生态修复措施

随着我国城市化进程的加快，大部分城市存在河湖、水塘、洼地、排水沟渠等水系被侵占、填埋、毁损的问题，致使城市失去了自然调蓄水和分流滞洪排水、净水等功能，对于这些问题可通过如下方法实现河湖水系保护与生态修复[12]。

8.6.1　保护现有河湖水域海绵体

（1）城市河湖水域空间管控。根据城市水系分布及相互关系，明确河道、湖泊、湿地、坑塘及沟渠等自然水域的范围、边界、规模；根据相关法律法规、城市总体规划及水工程管理相关规范，划定河道、湖泊、湿地、坑塘、沟渠等管理范围和保护范围；提出维护海绵体的长度、宽度、容积、植被、水生环境的相关管理规定和保护要求；推进管护范围确权划界，防止填埋、占用城市蓝线内水域及其他对城市水系海绵体造成破坏的建设活动。

（2）确权划界及涉水敏感区保护。查明河湖管理范围和水利工程管理与保护范围的确权划界情况，以及界桩、界碑和警示牌的数量与位置；根据相关管理规范要求，增补和设置必要的界桩、界碑和警示牌，加强对河道、湖泊、湿地、坑塘、沟渠的保护要求，限制城市开发活动中对天然河湖海绵体的影响，保持其滞留、集蓄、净化雨涝功能；确定城市饮用水水源地、河流水系、湿地及滨水区的特殊或稀有植物群落、部分水生动物栖息地等涉水生态敏感区，根据城市总体规划布局，结合城市社会经济发展和城市总体规划布局，依据生态敏感区完整度和损害程度，界定涉水生态敏感区保护范围，并提出保护措施。

(3) 重要区域的隔离防护。分析城市河流水系、湖泊等岸坡工程地质条件及水文情势，对迎流顶冲地段以及抗冲性能较差、水深较大、水流湍急的凹岸、受船行波影响崩岸地段进行防护，防护措施首选安全、生态的形式，并应设置警示标志，注意监测与管理。

(4) 监测监控措施。对受保护的海绵体，结合非工程措施，布设必要的监控点或监控断面，提出监控位置、监控信息、监控方案要求，实时监控保护情况，检查漏洞及时弥补，收集、积累海绵体运行基本信息，提升保护水平。有效保护现有河湖水域海绵体，加强城市水域岸线用途管控，维持城市良性水文循环必要的空间和水域，保持其滞留、集蓄、净化洪涝水的功能，保护、恢复城市河湖水域空间和生态功能。在海绵城市的建设过程中，建议采用河湖水面率、河湖水系滞蓄雨水能力等作为该项措施的重要考核指标[12]。

8.6.2　修复受损河湖水域海绵体

(1) 重建生态友好型水利工程。摸清城市现有河道、湖泊、湿地、坑塘、沟渠水工程的种类、位置、规模，在满足防洪和排涝安全的前提下，对已渠化的河道、刚性护岸护坡、衬砌河床等进行生态化改造；适当建设滨水广场、码头、亲水平台、步道等亲水设施，构筑具有亲水功能的生态景观河道，改善城市水生态环境。

(2) 恢复河湖水系。恢复原有排水沟渠数量、长度及管护范围，退出被侵占的河湖滩地，拆除废弃和阻断水流连通的部分闸坝设施，恢复河湖水系滨水带自然状态，修复河湖及滨水带的自然形态和生态功能，发挥河湖自然渗透、滞留、蓄水及净化水体和生态景观作用。

(3) 修复污染严重水体。按照控制点源污染、减少面源污染、治理内源污染、截导外源污染的原则，加大治理力度，尽快修复流域生态环境。采取控源截污工程拦截陆域污染物，通过人工湿地、生态浮岛、河滩地自然恢复或人工种植水生植物等水生态修复和保护措施，提高水域自净能力和水源涵养能力；开展入河排污口的综合整治，合理布置城市入河排污口，削减污染物入河量，治理污染严重水体，保证河湖水系“城市之肾”功能的正常发挥。

(4) 城市清洁小流域治理。根据城市雨水汇流特征，对城市建成区以小流域为单元开展清洁化治理，通过雨水收集存储、雨水花园建设、再生水景观营造等一系列城市清洁小流域综合治理措施，削减城市面源污染、净化水质、美化环境，延滞径流形成时间，提高城市应对极端天气能力、雨洪资源利用能力和水源涵养的能力。大力修复受损河湖水域海绵体，旨在消除城市黑臭水体，改善城市水环境。在海绵城市的建设过程中，建议采用主要污染物入河量与重要江河湖泊水功能区水质达标率达到各地纳污红线要求作为该项措施的重要考核指标[12]。

8.6.3 适度拓建河湖水域新海绵体

（1）河湖水系海绵体拓建。根据城市规划和城市水利建设的要求，分析城市水文情势、空间布局及城市河道、沟渠水系过流、蓄水能力，采取清除堆积物及河道底泥、扩大沟渠宽度等措施，解决河流水系淤堵、底泥污染及过流蓄水能力不足问题，增加河流水系集蓄、承泄能力；结合河道整治工程建设，采取河湖堆积物清除及河道底泥清淤、沟渠扩宽、河岸滩地生态缓冲带建设，在主要江河中下游地区建设林灌草相结合的河岸生态缓冲带，于支流入河口恢复滩地湿地；在城市河湖水系沿岸，因地制宜地布设旁侧湖、滞水塘、调蓄池、蓄水池等设施，有条件的可考虑建设地下蓄水储水设施、排洪通道，增加对雨洪径流的滞蓄和承泄能力；在城市低洼地段开辟人工湖，规划建设低运动场、低公园、低草地等城市蓄水滞水设施，大雨时作为拦截、调蓄雨洪设施，形成小、多、分散的集水体，增加城市水面，减轻城市排涝压力，改善城市小气候。

（2）河湖海绵体连通。根据城市地形地貌、河湖水系分布及雨洪蓄泄关系，以提高防洪排涝能力为前提，研究河湖连通的可能性及连通方案，构建河流、洼地、湿地、湖泊串并连通的线性廊道及羽状扇面，沟通城市河湖水系。以城市河湖水系为主体，提出与城市“渗、滞、蓄、净、用、排”各类海绵体之间的连通措施，提高城市水体流动性和水资源调配灵活性。

（3）蓄滞洪区海绵功能开发。根据流域、区域防洪规划总体布局及洪水安排，在保证防洪安全的前提下，研究城市近邻的蓄滞洪区与上下游水系的非汛期连通问题，在非汛期将蓄滞洪区作为特殊海绵体，发挥滞留、承泄、净化能力，起到生态海绵作用。

（4）海绵体整合。加强入河排污口整治，种植净水植物，兼顾河湖生态净水及亲水景观营造。在城市河湖滨水区，设置亲水设施如滨水广场、码头，亲水平台、步道等，体现滨水区的渗滞蓄净功能和亲水性等特色。适度拓建河湖水域新海绵体，旨在增强河湖连通性，提高水体循环能力，增加水体自净能力，提高水环境的承载能力，增加河流水系集蓄、滞留能力，维护河湖滨带生态环境多样性和稳定性，实现城市水系综合治理多功能目标。海绵城市建设中建议采用河湖水域蓄积量、河湖水系连通比例、水系生态护岸比例等作为重要考核指标[13]。

8.6.4 科学调度管理河湖水系海绵体

（1）标准修编。结合新工艺、新技术的理念，完善城市河湖水域空间管控相关的规程规范，包括对防洪排涝、河湖水体边坡设计等标准的修订，完善河湖滨带生态保护工程及景观营造建设规范等。

（2）调度管理。在服从流域、区域、城市防洪排涝安全调度运用的前提下，结合城市功能定位、市政建设和城市水资源配置方案，研究提出城市景观用水与水资源配置、非常规水资源利用、水生态环境保护等有机协调的可行方案；在厘清各部门职责的条件下，研究海绵体调度多部门合作的可能性与分工，以及海绵体个体与群体之间、上下游及左右岸之间分散滞蓄、缓释慢排的调度方案；研究通过海绵体渗、滞、蓄、净、用、排实现城市河道生态补水的长效机制。

（3）高效利用。雨洪资源和再生水利用。充分利用河道、沟渠、湿地、洼淀等蓄水功能，实现雨洪资源化纳入城市水源统一配置。

（4）监测预警。摸清现有非工程措施基本情况，依托流域水文自动测报、水利防汛预警、城市防汛抗旱指挥系统，与国家正在开展的智慧城市建设试点工作相结合，完善雨、洪、涝信息的监测、收集、预警、预报以及运算、传输系统，提高决策指挥能力[12]。

图 8.6—1 为海绵城市示意图。

图 8.6—1　海绵城市示意图[15]

可见，河道治理既要有科学的、系统的规划方案，还要有合理的布局。在规划时要根据河流的总体布局制定多目标体系修复与治理生态，建设好水景观，其中的重点为河流水生态的修复技术与治理方法，并根据河道特殊的布局、受破坏程度和现存的问题，结合河道的地理特征、水文特征、地貌条件等因素，将海绵城市理念应用到城市河道治理工作中，做好城市河道的治理、修复等工作。同时需要完善引水、排水、防洪、排污等措施，使河流的综合效益发挥到最大，实现多专业协调、多个目标同时控制，使河流的治理与修复工作既能够解决存在的问题，又能因地制宜地发挥河流本身净化环境、调节自然生态、促进生物结构恢复的作用，使城市的经济建设与环境保护实现可持续发展。海绵城市建设结合了先进的设计理念，对城市建设起到优化和完善的基本作用，提高了城市的环境质量，保护了生态环境，促进了经济生产活动与生态保护的可持续发展，对治理河道中的问题起到缓释与辅助的作用。海绵城市建设涉及很多方面，对环保产业能够起到一定的带动作用，加强了城市规划与建设管理，提高了对城市建设的新要求，对城市河道综合治理模式的应用起着关键作用。

本章小结

本章主要介绍了基于海绵城市的河道治理模式与具体措施，为在新一代的城市雨洪管理体系下如何应对河道已经存在或未来可能会出现的问题提供了参考。自然河道整治与修复旨在恢复河道自然形态、促进水体与岸坡的水体交换。基于海绵城市水系对于雨水吸蓄扮演的“海绵体”理念，河道作为城市水系的重要组成部分，对于城市的行洪排涝起着至关重要的作用。因此，建立良好的水系沟通，加强护岸与绿化建设、养护河道生态至关重要，也是降低城市内涝风险、改善城市居住环境的重要一环。河流治理设计要因地制宜地提出方案，不能盲目套用，基于海绵城市特征，制订多目标体系，不断提高河流水生态治理与修复技术。根据不同河段的水文、地貌特点，具体分析其存在的问题，因地制宜地制订防洪、排涝、生态治理与恢复等具体措施。

思考题

1. 海绵城市的主要规划设计理念是“慢排缓释”“源头分散”，具体可通过哪些措施实现?

2. 海绵城市是一个系统、精细工程，不应以是否取得立竿见影的效果来评价。结合我国的国情、民情，请谈谈可以通过采取什么措施使相关部门、老百姓更好地了解和支持海绵城市的建设。

3. 海绵城市规划设计主要涉及哪些学科？结合我国水利水电工程的规划设计模式，海绵城市应该采取怎样的规划、设计、施工与后续的管理、监督模式?

4. 海绵城市的建设应该因地制宜，请你谈谈这“因地制宜”主要体现在哪些方面。

5. 案例

案例 1

某河道是一乡镇水系的重要组成部分。河道穿过乡镇的两大生态功能区和 3 块公共绿地。河道总长约 5 km，其中约 3 km 需要实地开河。河道存在的主要问题如下：现状河道小且不贯通，岸坡坍塌，河道淤积，蓄泄能力不足，影响乡镇防汛安全；另外，河道内水体浑浊，含盐度较高，对水生态系统造成不利影响。针对上述问题，将通过水域保护、水系沟通、生态修复、增设提高蓄水能力设施（如湖泊、湿地等），提高乡镇水系的防洪排涝能力，从而改善乡镇的生态环境。

思考：结合海绵城市建设中河道治理的模式和内容，谈谈该河道治理设计应遵循哪些原则。

案例 2

某河道为一级支流，流域面积约 28 km^2，其中 18 km^2 为蓄水工程控制面积。河道总长约 6 km，位于某水库的下游，是水库泄水行洪的主要通道，也承担着两个社区的排洪重任。现在部分河段已经进行了防洪整改，但另一部分河段主要还存在以下问题：首先，河道防洪能力不达标，河道中游的 1 km 河段由于泄洪断面较小，防洪标准较低，中下游 1.1 km 河段将原防浪墙改为防洪墙，但结构安全系数不满足规范要求；其次，许多居民和企业将生活污水直接排入河道，导致水质较差，影响河道健康；最后，河道动植物种类单一，河道局部淤积，水循环不通畅，给河道生态带来负面效应。

思考：对该河道的整治，可以采取哪些工程措施?

参考文献

[1] 催广柏，张期成，湛忠宇，等. 海绵城市建设研究进展与若干问题探讨 [J]. 水资源保护，2016，32 (2)：1－4.

[2] 何造胜. 论海绵城市设计理念在河道水环境综合整治中的应用 [J]. 水利规划与设计，2016 (1)：39－42.

[3] 万震. 浅谈基于海绵城市理念的城市河道综合整治模式 [J]. 江苏城市规划，2018 (4)：42－43.

[4] 张春伟. 海绵城市理论在河道治理中的运用 [J]. 农村经济与科技，2017，28 (10)：72－74.

[5] 凤凰网. 青岛推进海绵城市建设，李沧试点整体城市环境将改善 [EB/OL]. http：//qd. house. ifeng. com/detail/2016 _ 12 _ 01/50948371 _ 0. shtml.

[6] 梁懿. 海绵城市建设与河道综合治理模式探讨 [J]. 住宅与房地产，2017 (9)：222.

[7] 筑龙博客. 图文解说—海绵城市 [EB/OL]. http：//blog. zhulong. com/u11030951/blogdetail 7855623. html.

[8] 王芳，刘小梅. 海绵城市建设与河道综合治理模式探讨 [J]. 水利规划与设计，2016 (6)：1－4.

[9] 王晓红，张艳春，张萍. 海绵城市建设中河湖水系的保护与生态修复措施 [J]. 水资源保护，2016，32 (1)：72－74.

[10] 严飞. 海绵城市建设中水系规划设计的思考与措施 [J]. 给水排水，2016，42 (7)：55－56.

[11] 搜狐网. 2020 年的新津河"一河两岸" [EB/OL]. http：//www. sohu. com/a/199690610 _ 498943.

[12] 邰肇悦. 海绵城市理论在河道治理中的应用 [J]. 水能经济，2016 (2)：213.

[13] 张敬. 海绵城市理念在河道治理中的应用构想 [J]. 中国水运，2015，15 (9)：191.

[14] 北京光彩福稳能源管理有限公司. 城市河道综合治理解决方案 [EB/OL]. http：//www. fwemc. com/fuwen/information/86. html.

[15] 1024 商务网. 海绵城市你必须知道的三大认识误区 [EB/OL]. http：//www. 1024sj. com/news/news－156612. html.

第9章　立体城市防洪减灾环保体系

绪论

立体城市最早起源于1945年，世界著名建筑大师勒·柯布西耶为解决欧洲房屋紧缺的状况，提出“城市必须是集中的，只有集中城市才有生命力”的理念。随着经济的快速增长，城市化速度逐步达到顶峰，大量人口由农村涌入城市，盲目的地域性迁移和城市缺乏理性思考的野蛮生长模式造成了诸如土地资源紧缺、环境污染、生态破坏、交通拥挤等一系列城市化矛盾和挑战。立体城市正是基于对城市发展问题的深入思考和积极探索，为了满足有限空间里日益增长的人口生活需要，在产业主导和可持续发展原则下的一种综合解决方案。立体城市是城市化的发展方向之一，它适合在地少人多的城市开发，是实践集约化利用土地的最好载体[1]。

与一般城市建设类似，立体城市在城市发展过程中也必定面临洪水灾害和环境破坏影响城市安全、健康运行的两个关键问题。改革开放后，我国城市发展进入稳定发展时期。至目前，在城市发展过程中积累了很多关于这两个方面的治理经验和教训。立体城市因其共有占地面积小、建筑物高、容积率大等特点而有别于普通城市。如何充分利用普通城市已经建立的防洪减灾、环境保护的方法理论和应对措施，结合立体城市自身的独有特征，构建适用于立体城市的防洪减灾环保体系是一个非常有实际意义和科学趣味的命题。

图9.0−1为城市化进程造成的城市洪涝问题。

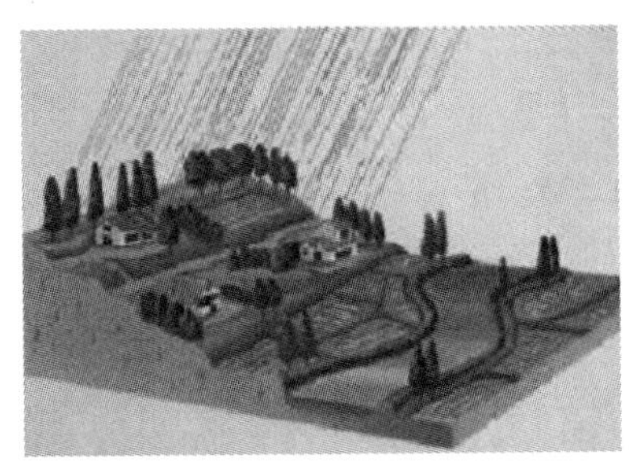

(a) 城市化前

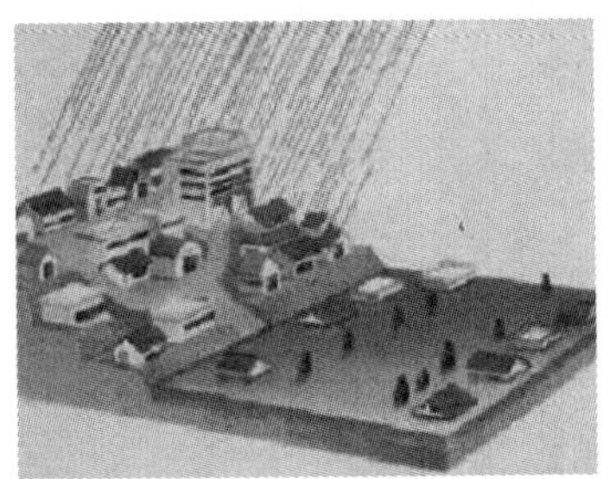

(b) 城市化后

图9.0−1　城市化进程造成的城市洪涝问题示意图[2]

9.1 立体城市的概念与特点

在城市化的进程中，许多城市将选择高密度、高容量、垂直发展的方案，以限制城市的过度扩张、保护农业用地、优化资源配置，为城市及居民创造更加包罗万象的社区，降低碳排放。“立体城市”（又称“垂直城市”）正是一个云端上的梦想，如果成为现实，定能极大地改变城市的面貌，乃至改变人们的整个生活习惯。“立体城市”是指一种能将城市要素（包括居住、工作、休闲、医疗、教育等）一起装进一个建筑体里的巨型建筑类型，它可以提供所有的城市功能。土地稀缺、交通拥堵、环境破坏等问题都可使用立体城市的理念有效克服。立体城市的特点主要包括以下几个方面[1]。

（1）竖向发展：立体城市就是把城市往高处发展，把空间做大。在立体城市的建造成本中，土地成本大幅度下降。建设垂直城市，既可以减少通勤交通流量，又可以增加区域人口密度，有利于部分服务性行业的发展，将城市的发展从“摊大饼式”向“三维立体式”转变。与传统城市建设模式相比，立体城市将把以平面方式分散在地面上的各种设施沿垂直方向分布在立体空间的各个结构里，利用垂直空间的集约化设计优化城市运行模式。联合国在 1996 年人居会议就指出，紧凑城市是低碳城市的未来方向，即把原有平面无序延展的城市，集中并向空间方向拉伸，高效利用土地，将被解放出来的城市空间还原于自然与城市农业，有效节约耕地，因地制宜，尽量保留场地原有的地貌及优良植被，为当地的动植物保留生态通道、湿地，保持生物多样性，突出“生态、健康”的理念。

（2）大疏大密：立体城市的高密度人口聚集区是很可能出现的。城市的发展是否集中取决于人口的发展、资源的配置与城市管理的理念与发展定位等方面。根据目前的发展推断，由于城市人口密度越来越高，城市土地越来越少，城市内的建筑容积率也将越来越大，因此城市功能集中的趋势越来越明显。立体城市总体分为两部分：在外围田园区范围内，是农民集中居住、公共配套完善的现代农业为主的新型现代农村；在都市区范围内，是集高端服务业、绿色低碳、和谐生活、持续发展、先进技术于一体的微型城市。相比传统开发项目，立体城市核心区集中紧凑、密度适中。

（3）产城一体：立体城市遵循产城一体的规划理念，是一种将包括居住、工作、休闲、医疗、教育等各要素一起装进一个建筑体里的巨型建筑类型。立体城市可以提供所有的城市功能。这种结构一般拥有庞大的体量、超高的容积率、惊人的高度、少量的占地、爆炸性的居住人群等特征。

（4）资源集约：立体城市在提供舒适健康的建筑环境的同时拥有更高的能源资源利用效率，从而具有更强的可持续发展能力。立体城市不仅集中了城市便捷的功能，更是将绿色生态理念融入其中。这里有一系列完整的生态系统与能源计划，透过自然界中的雨水、太阳、风力和人工种植的藻类来供给能量，把社区对外界的依赖降到最低，同时在城市中规划避难场所与粮食生产的基地，确保在危机之时还能维持城市的正常运作。因此，立体城市还可以做到自给自足。

（5）绿色交通：立体城市能否立足还要以轨道站为核心。为了实现城市土地与环境资源利用最大化，必须考虑交通系统与土地利用，立体城市正是交通系统与土地利用开发相协调的完美诠释。立体城市需要通过城市公共空间和交通体系组织将不同的功能单位连接在一起。立体城市鼓励绿色出行，其交通规划的基本原则就是以步行环境为主旨，绿色代步工具为辅助。街道的设计理念立足于方便步行、骑车、交流，步行时间在几分钟到十几分钟便可到达目的地，保证步行的舒适安全，降低事故，减少噪音和废气排放。

（6）智慧管理：在立体城市管理中嵌入前沿智能管理系统，为城市提供交通、电力、建筑、安全等基础设施和医疗健康、都市农业等支柱产业，同时为城市居民生活提供全域性智能化服务，从而提升城市生产、管理、运行的现代化水平。它是一个高密度的绿色智能建筑群，内部高速电梯纵横交错，能够同时节省土地和能源，是一座舒适便捷的宜居社区。

然而，要建设真正意义上的“立体城市”，且不论其优势能否被有效实现，目前关于超高层建筑本身是节能还是耗能的问题还存在较大争议，因为摩天大楼仅竖向交通就需要庞大数量的通道（电梯）。另外，当前的技术水平还无法完全实现空中水平移动。一方面，要解决安全问题，目前的救灾设备及技术还无法完全应对洪灾、火灾、地震等灾害；另一方面，从设计理念而言，“立体城市”作为一个集合体，人们在其中不仅仅是解决居住、工作问题，而且这个建筑本身也应包含医院、学校、花园等公共设施，同时又能满足交通集散的要求。然而就现实而言，规划和开发水平比起理想的垂直模式尚有很大差距。很多高层建筑垂直分工不理想，交通集散的要求也难以满足。作为一个建筑综合体，除了可以集合办公楼、住宅、商场、花园等功能，如何综合解决垂直交通、水平交通疏散的问题也应考虑其中[1]。钢筋混凝土有使用寿命，长时间的服役会使其黏结力降低，近十年、二十年密集地建高楼，未来高楼拆除、建筑垃圾回收也是一个问题。但也有观点认为，立体城市具有规模效应，可以设立体系内部的废物循环利用措施实现节能效果。

图 9.1−1 为立体城市示意图。

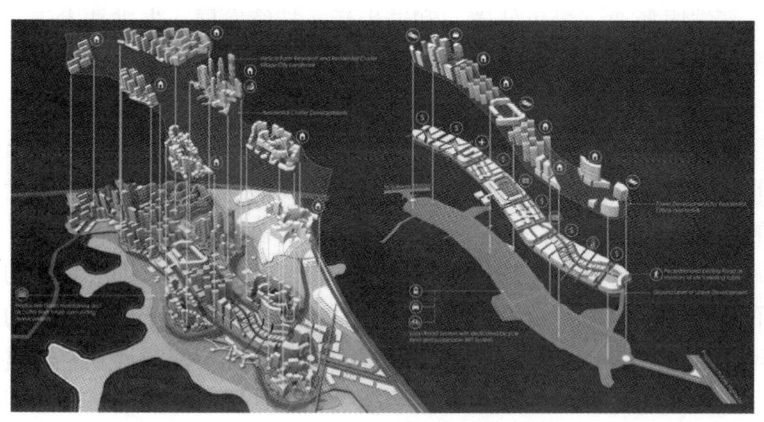

图 9.1−1　立体城市示意图[4]

9.2 城市防洪减灾

城市人口密集，财富集中，是一个国家或地区的经济文化或政治中心，历来是防洪工作的重要对象[5]。城市是流域内一个点，范围小，涉及面广，防洪标准要求高[6]。现阶段，我国的经济水平得到了进一步提升，城市化进程也不断加快，然而城市的洪水等灾害对人们的生命财产安全仍构成巨大威胁。由于城市人口比较密集，在发生洪水灾害时通常会造成很大程度的人员伤害和经济损失。洪水发生时，若生命线中电、水、气等设施遭到破坏，则将进一步加重受灾程度。因此，对城市进行科学规划，将防洪减灾的工作和城市规划紧密结合就显得尤为重要。

9.2.1 城市水灾产生的原因

城市的水灾发生可由多种因素造成。现代化城市进程的加快使得人口数量激增，同时对用地的需求不断增大，因此在城市的选址过程中将较容易出现失误，进而在满足暂时用地需求的同时，也对水灾发生时造成重大破坏埋下了隐患。在造成城市水灾发生的原因当中，城市水系的退化以及微缩也是另一个比较突出的原因。城市的水系是城市复合生态系统的组成部分，并发挥多种生态功能，在防洪中能有效起到调蓄洪水和排水泄洪的作用。但是在实际的水系建设中，通常为能扩大用地面积就盲目地进行填河以及填湖等，造成水系的破坏，从而可能降低城市的洪灾抵御能力[6]。除此之外，城市水灾发生的原因还可能是由于城市排水系统以及防洪设施没有完善所致。

9.2.2 当前城市防洪工作存在的问题和挑战

城市防洪工作的开展在当前还需要进一步加强，在很多方面还存在着问题有待解决。这些问题主要体现在城市的防洪标准相对比较低，不能结合实际的需求来制定科学的防洪标准，这就必然会对城市的建筑以及居民的生命财产安全带来很大的安全隐患。同时，在对防洪体系的建设规划层面没有加强，有的城市防洪河段缺少防洪工程，而诸多的城市在防洪工程体系方面还没有完善化，甚至没有进行防洪规划工作。另外，城市防洪工程存在诸多的问题，例如有的防洪工程是带病运行，起不到积极防洪的作用。一些城市的河道违章建筑比较多，存在着严重的淤积现象[6]。随着城市地表不透水面积的增加，造成了地表的汇流速度加快，这样就必然会增加市区的涝灾。此外，随着城市化发展进程加快，城市防洪中可利用的城市土地面积比较少、地价比较高，单位面积的经济损失也在不断地扩大化，因此对土地进行综合利用就显得尤为重要。

9.2.3 城市防洪减灾决策

城市防洪减灾决策的成功与否直接影响着未来洪水灾害所造成的损失大小。如何应用自然经济和社会信息，通过超前分析确保实施优化方案之后所造成的损失最小是防洪减灾决策的核心问题[7]。防洪减灾决策是为了防止和减轻洪灾损失所做出的决定，属于事前决策、风险决策和群体决策，是一个非常复杂的过程。首先需要及时、准确地监测、收集所辖区域的雨情、水情、工情和灾情，对灾情形势做出正确分析，对其发展趋势做出预测和预报。一旦预测可能出现灾害性洪水，需要对洪水过程做出预报，根据现有防洪工程情况和调度规则指定调度方案，做出防洪决策，下达防洪调度和指挥抢险的命令，并监督命令的执行情况、效果，根据雨情、水情、工情和灾情的发展变化，做出下一步决策。在决策分析中，不但要用行之有效的模型、方法对确定性问题求解，还要根据协议、规则、规定和防洪专家的经验，解决半结构化和非结构化的问题。由于洪水的突发性、历史洪水的不重复性和复杂的社会政治经济等条件，还要能按决策者的意图，迅速、灵活、智能地指定出各种可行方案和应急措施，使决策者能有效地应用历史经验减少风险，选出满意方案并组织实施，以达到在保证工程安全的条件下，充分发挥防洪工程效益，尽可能地减少洪灾损失[8]。防洪减灾决策具有以下几个特点[5,8-9]。

（1）复杂性：防洪系统具有水库、分蓄洪工程、堤防、河道、湖泊等要素，调度决策涉及天气、水雨情、工情、灾情等信息的收集和传递，众多因素的影响和制约构成了问题的复杂性。

（2）动态性：影响防洪减灾决策的因素随时间的变化而变化，如流域降雨信息是随时间的推移而逐渐变化的，与这种实时降雨信息的动态性相适应，必须采取向前滚动的方式开展洪水预报作业及适时调整调度决策。

（3）不确定性：防洪减灾的决策环境中含有大量不确定因素，对一场洪水减灾的决策，不可能预先知道全部降雨信息及洪水发生全过程，实时决策中必须在只获得不完全的部分信息条件下开展雨情、水情预报，并且在预报不完全准确的情况下进行决策。此外，河道冲淤变化影响河道断面的水位流量关系，河道洪水演进、分蓄洪区的进洪能力及行洪能力都存在不确定性。这些不确定因素增加了防洪减灾决策的难度，带来了决策的风险。

（4）紧迫性：防洪减灾决策有强烈的时效性要求，如防洪减灾决策系统根据洪水预报做出分类蓄洪区分洪的决策，必须提前做好区内群众的安全撤离工作，可是洪水预报的预见期并不长，还要扣除决策过程和下达撤离命令的时间，因此分洪前决策的时间往往是十分紧迫的。

（5）区域性：城市所在具体位置不同，防洪特性各异。沿河流兴建的城市，主要受河流洪水如暴雨洪水、融雪洪水、冰凌洪水以及溃坝洪水的威胁；地势低平有堤围防护的城市，除河、湖洪水外，还有市区暴雨涝水与洪涝遭遇的影响；位居海滨或河口的城市，有潮汐、风暴潮、地震海啸、河口洪水等产生的增水问题；依山傍水的城市，除河流洪水外，还有山洪、山体塌滑或泥石流等危害。

9.2.4 城市防洪减灾的工程措施

城市防洪减灾的工作开展，是保障城市居民生命财产安全的重要举措，在具体的工作开展中，要求做到实事求是，有针对性地解决实际问题。为防治洪水危害，保护城市安全，加强对城市防洪减灾措施的实施，就要从实际出发，结合实际对城市的防洪减灾制定措施，具体包括如下方面的要求[6]。

（1）加强工程措施的科学实施：在城市防洪减灾的措施实施中，要注重从工程措施层面加强重视，对城市防洪堤坝的稳定性详细分析，然后有针对性地采取加固措施实施。对工程地质的勘探工作详细落实，对各地段的稳定性进行计算，没有满足稳定性要求的地段就要采取科学措施进行加固。

（2）充分重视完善城市防洪减灾保障体系的建立：城市防洪减灾措施的实施需从实际出发，这是城市可持续发展的重要举措，因此在防洪减灾保障体系的建立上要加强重视。在城市发展过程中，对水资源的开发利用以及防洪减灾的工作和生态系统保护等层面，都必须结合城市的发展现状进行优化，要将人和资源的和谐相处统一起来。在防洪减灾工作实施中，重点工作要突出，同时照顾到全面。

（3）落实防洪减灾工作责任：为保障防洪减灾工作的顺利实施，需要结合相应的法规，将防洪抗洪的工作实施以首长负责制加以管理。在工作展开后对规划以及建设和管理等诸多的部门间的关系要能良好协调，将基本的工作扎实做好。在防洪减灾工作实施中，对内涝也要加强防御，这就需要结合实际、因地制宜地制定排涝体系和标准，并严格地按照相应的标准加以实施。

（4）加大对防洪减灾的投资：防洪减灾的工作开展需要有充分的资金支持，资金问题也一直是城市防洪工程建设的一个重要制约因素。地方政府需要加大对城市防洪工程建设的投资力度，不仅局限于政府拨款，也可通过向银行贷款的方式，妥善完成防洪工程建设工作。只有保障了防洪工程建设的质量，才能有助于促进城市的可持续发展。

（5）构建完善统一的防洪管理体系：在城市防洪减灾工作中，为保障工作顺利实施，需建立统一化的城市防洪管理体系，各个城市都要建立完整的防洪规划以及城市防洪管理法规，对城市的综合性防洪管理水平能力进行提高。

9.3　立体城市防洪减灾

9.3.1　立体城市防洪面临的挑战

洪水灾害仍然是城市遭受的主要自然灾害之一，如何防洪减灾是全球面临的一个重要课题。立体城市，特别是首先尝试建设立体城市的位置，可能会处于江河湖海之畔的特殊地点，经常会受到暴雨和洪水的袭击，直接威胁着人类的生存和发展[7]。因此，进行方案优化以防止洪水灾害的发生和减少因洪水灾害所造成的损失具有重要意义。

立体城市的立体开发模式虽然在提高城市容量、优化城市空间结构、提高土地利用率等方面有一定的优势，但与传统城市建设模式相比，立体开发模式对城市水文循环带来的负面影响更为剧烈。主要表现在以下几个方面：①立体开发的整体架空模式增加了城市下垫面的硬化比例，导致区域原有的自然生态本底和水文特征发生变化，严重破坏了自然水平衡，导致城市区域范围内雨洪径流增加、洪峰加大、洪峰时间缩短，进而加剧了城市本身及其下游地区雨洪灾害的威胁。②立体架空模式隔断了地表径流与地下水的交换路径，自然水文循环受到阻碍。硬化面的增加和雨水下渗通道的阻断，还可能会导致雨水资源流失的加剧。

我国在城市防洪工程体系和城市防讯应急管理体系的建设方面付出了巨大的努力，并取得了显著的成效。然而，随着立体城市的提出，城市暴雨的水文特性与成灾机制均不断发生着变化，立体城市暴雨灾害的孕灾模式、成灾机理与以往的水灾特性已经有了明显的不同[10]。由于立体城市防洪体系与城市快速平稳发展期望及安全保障需求之间不相适应的矛盾，以及极端气象事件、经济社会转型、城市人口膨胀、城市交通、外围环境等因素的影响，立体城市将面临新的城市型水灾害所带来的压力与挑战。立体城市竖向的发展模式一方面将面临高空极端气候的考验，雨水、风力、气压等都与一般的海拔地面存在很大的差异；另一方面，高空城市水域和植被面积可能减小，雨洪蓄滞能力相对减弱，为保障安全，雨水经排水系统排向地面，迅速排入河道，导致河道水位涨速加快、洪峰流量倍增、峰现时间提前，不仅加大河道的防洪压力，而且反过来也容易造成外围排水受阻，城外的行洪河道压力加大。受全球气候变化影响，极端气象事件和海平面上升亦使地面洪水风险呈加重趋势，统计显示，极端暴雨和外洪的发生频度有所增加。已经存在的大规模城市扩张过程中人为造成的水土流失、水系紊乱、水面缩减以及河道与排水管网阻力等问题，会导致立体城市外围防洪排洪能力下降。因此，应制定严格的管理制度，综合运用法律、行政、经济与教育的手段，增强避免因人为因素而降低立体城市本身和外围地区抗洪风险的能力。同时，必须针对立体城市防洪工作面临的新形势转变治水理念和模式，以理性规范人类对洪水的调控行为和提高城市对洪水灾害的适应与承受能力为综合治水策略，进而实现城市快速平稳发展与防洪安全保障之间的协调和平衡[11]。

此外，需要制定较高的立体城市防洪标准，有效降低城市内排水设施的排洪压力，同时降低河道洪水的成灾概率。然而，超标准洪水一旦发生，其致灾威力可能给立体城市和外围地区带来更加严重的后果。暴雨洪水一旦导致外围地区受淹，不仅直接损失大增，而且还可能诱发一系列次生、衍生灾害，并影响立体城市整个系统的有效循环与运行，其导致的间接损失所占比重甚至可能超过直接损失。立体城市水灾的承灾体在社会单元、人口等高密度的情况下，承灾体的脆弱性比一般城市或许更大，主要表现为：①时空立体城市运行的经济命脉和正常运行社会单元高度集中，其高速运转及正常秩序的维护对水、电、气、通信、交通及计算机网络等工程的依赖程度高，安全保障难度大。水灾的影响区域将会远远大于受淹区域，间接损失也可能远远高于直接损失[10]。②城市建成区空间立体化开发程度高，由于生命线系统的破坏或瘫痪而导致高层建筑的损失亦在所难免。③城市除了包括基础设施、人口、财物等有形资产之外，还包括信息、电子资料等重要的无形资产，无形资产若遭受损失，便可能因难以恢复而带来不可估算的损失。

9.3.2 提升立体城市防洪减灾能力的手段

立体城市应当在适度提升调控洪水能力的同时增强自身对洪水的适应能力。洪水管理的调控性策略、适应性策略和应急性策略等的发展能极大地促进立体城市水灾防灾力的提高，主要表现为：①工程措施是城市防御洪水与重点设施保护的基本依托，通过对防洪工程体系的合理规划、科学管理、优化调度，综合运用防、排、蓄、滞、渗等手段，使得立体城市的防洪能力显著地提升；②借助于先进的洪水风险管理应用技术（包括水文气象监测、洪水模拟等），对城市开展洪水风险分析和预警预报，加强城市应急响应与协调联动体系建设，科学制定防洪应急预案，辅助城市做好前期准备与演练、有效组织抢险救援、快速修复水毁设施、恢复正常秩序等，增强了城市预见与承受洪水风险的能力；③依据洪水风险分析成果，通过立法的形式对城市不同等级洪水风险区的开发、利用和保护活动进行规范管理，科学制定城市发展规划和高度控制，采取建筑物耐淹防护及洪水保险等措施，使城市对洪水风险的适应能力得到增强[12]。

特别地，立体城市的架空模式为海绵城市的建设带来一定的优势条件。在海绵城市的建设过程中，可以利用立体城市在竖向上的立体分置特点，对雨水径流进行分层控制，充分利用垂直绿化设计及架空层屋面绿化，以及滞、净、用、排等不同措施相结合，辅以合理的工程设施，构建层层控制海绵城市。基于立体城市架空开发的特点和建设单元的规模，海绵城市建设的指标选取应以源头控制方面为主。在水生态方面，立体开发条件下，大面积的硬化架空平台剧烈改变了原有的水文状态，阻断原有水流的下渗通道；同时，大面积的硬化使得热岛效应加剧。因此，除了年总径流量控制外，还应选择地下水位和热岛效应作为开展海绵城市建设的重要控制指标，同时应增加绿化面积进而增加透水下垫面面积。在水资源方面，基于立体城市的特点，雨水资源的回收利用可以作为立体城市海绵城市建设的一个重要指标。首先，大面积的架空平台阻断了雨水的下渗通道，使得年径流量总量控制缺少重要一环，但可以通过雨水的存储与利用辅助实现雨水径流量的控制目标[13]。同时，大面积的架空硬化平台及其绿化需要大量的喷洒浇灌用水，这成为一个蓄水利用的重要途径。此外，立体开发的分层设置模式为雨水的回收利用提供了便利，因此，立体城市可以在雨水存储方式、雨水利用运输路径、雨水使用等环节上加强，从而有效地提高立体城市的防洪减灾能力。

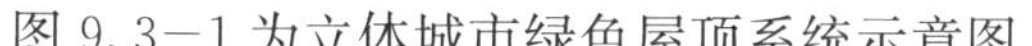

图 9.3-1 为立体城市绿色屋顶系统示意图。

图 9.3−1　立体城市绿色屋顶系统示意图[14]

图 9.3−2 为立体城市透水铺装道路示意图。

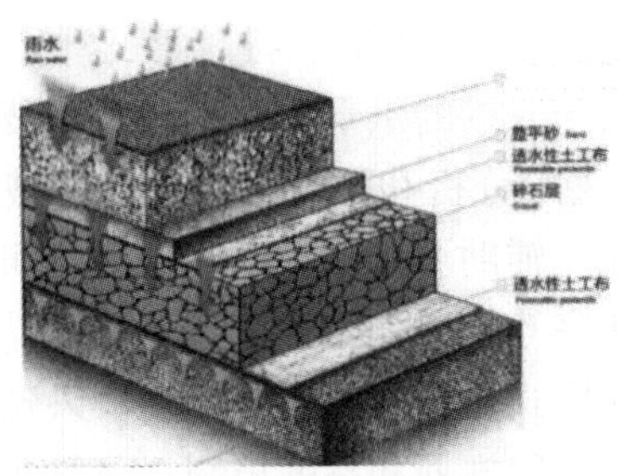

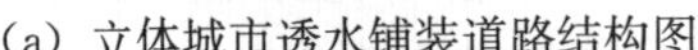

（a）立体城市透水铺装道路结构图　　（b）立体城市透水铺装道路效果图

图 9.3−2　立体城市透水铺装道路示意图[14]

图 9.3−3 为立体城市雨水综合利用系统示意图。

图 9.3−3　立体城市雨水综合利用系统示意图[15]

9.4　立体城市环保

互联网与各种产业融合的发展优势为立体城市环保建设带来了极大助力。借助互联网进行网络监控、智能操作等环保基础设施建设，利用大数据云计算搭建网络信息处理平台。建设一个集实时监控、及时预警、智慧决策、多方评估、高效处理于一体的智慧环保体系，使之成为协调立体城市安全稳定、防灾减灾与环境保护的系统，推动立体城市绿色经济发展。智慧环保建设成本投入较高，政府财政承受能力有限，政府应作为主导力量，充分调动社会力量的参与，通过 PPP 模式来吸引社会资本投入，利益共享，风险共担，从而实现减少政府在智慧环保建设的成本投入，降低政府在项目建设与运营中的风险，同时由于社会资本的某些专业技能强于政府，因此更能有利于智慧环保项目建设质量的提高[16]。

国外智慧环保发展较早，纽约曼哈顿的哈德森河常年受居民的生活废水与工厂的工业废水污染，逐渐成为一条含有大量有毒化学物质与沉积污物的“毒河”。纽约州政府采取在全河段安装监控设备，将河流浊度、盐度等信息上传到云计算平台，在云计算平台，数据将实时收集、处理。然后根据以上数据分析出该河何时被污染，被何物污染，从而提出治理方案并评估，从源头上治理了哈德森河的污染问题。瑞典首都斯德哥尔摩在汽车上安装接收器，对汽车进行自动识别，并以此为依据向车主征收“道路堵塞税”，期望从减少私家用车使用、增加公共交通工具使用的角度来降低道路拥堵，减少废气污染。最终，斯德哥尔摩取得了道路拥堵水平降低 25％、温室气体排放量减少 40％的成果。根据上述案例，可以从国外智慧环保建设推广及立体城市的智能环保体系的建设中汲取经验。首先，网络平台与环境监测的基础设施是必要的；其次，需建立信息化平台；最后，还需结合实际情况用创新性思维去解决存在的问题。总而言之，一体化全方位的智慧环保网络能够成为智慧环保建设的有力工具[16]。

为实现立体城市智慧环保，首先应明确目标，全面规划。这将包括建设全方位的外部感知监测设施、信息化平台，培训提升工作人员的专业技能与业务水平，建设大气环境自动监测站、径流水水质自动监测站等自动站，以此来保证环境数据及时全面的收集。只有环境数据的来源有了保障，才能为下一步的大数据分析与处理、治理计划制订与决策提供足够支持。其次，应优化结构，转变理念。优化结构的目的是建成一个将监控、预警、决策、评估、处理一体化的平台。这要求我们从根本上来优化环保体系结构，完善各个环节流程，结合信息技术手段使之成为紧密的一体化的智慧结构。例如改变传统的环保预警机制，利用预警系统可以根据检测设备得出的环境污染进行实时监测预警，对于亟待治理的重点污染区域，利用云计算等手段分析出污染成因，并结合实际情况评估处理方案，从而进行高效的根本治理。转变理念和优化结构是必须同步进行的。这要求每个智慧环保的工作者必须转变理念，站在大数据、信息化的角度思考来问题，充分认识智慧环保，能最大化地利用互联网的优势，使之成为智慧环保建设的强大动力。此外，应整合资源，共建共享。智慧环保建设往往存在投入较高的问题，对于这种情况，可以采取共建共享的方式来降低成本。例如网络基础设施，无论是智慧税务、智慧医疗还是智慧养老，网络平台建设都是必不可少的，因此可以与之进行合作，共同建设与维护总网络平台，从而减少建设与维护成本。对于环境监测的基础设施建设也可以采取该方法，例如在某河段安装的水质监测装置、某区域的空气监测装置得出的数据，不仅被智慧环保使用，也能作为智慧税务中对该区域企业征收环境保护税的数据支持。因此与智慧税务进行合作共建此类基础设施。可整合资源，减少重复建设，极大幅度地降低基础设施建设成本。共建共享不只是政府各部门之间的共建共享，还应是“政府引导，社会参与”的政府与社会的共建共享。政府采用 PPP 模式，通过公开招标等手段来吸引社会资本参与到智慧环保的建设中来，并与之签订合同，建立伙伴关系。目前 PPP 项目越来越受到社会大众重视，它充分发挥了政府与社会资本的优势，不仅能够为社会资本带来可观收益，更能减少政府建设成本投入，减轻政府财政负担，降低智慧环保项目风险，提高智慧环保项目质量。同时相应的法律法规也在不断完善并陆续出台，这也逐渐降低了项目以往难以避免的法律风险[16]。

图 9.4−1 为立体城市与环境关系示意图。

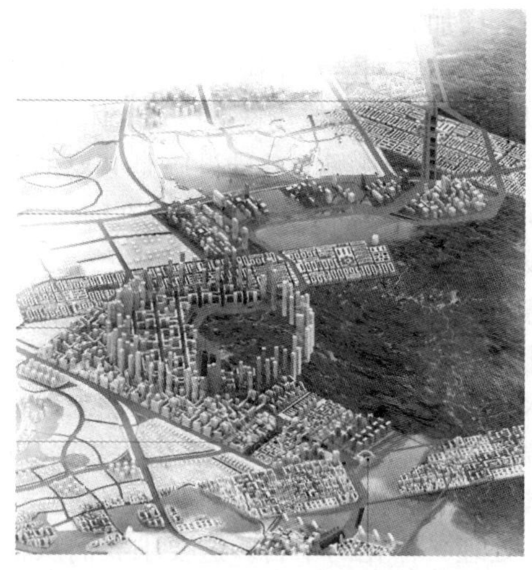

图 9.4-1　立体城市与环境关系示意图[4]

9.5　关于未来立体城市建设的思考

绿色城市是社会各界推崇的一种城市发展理念，绿色生活抓领跑，绿色生产抓循环，绿色生态抓环评。为留住绿色，必须将环保科技引入现在城市发展中。环保科技的运用能够保证经济健康有序的发展，能够提高人们的环保意识，促进精神文明发展，能帮助我们正确处理好人类赖以生存的环境与城市发展之间的关系。对于竖向发展架空结构的立体城市，由于其综合性、纵向性、复杂性等，亟须重视环境保护。环境保护应积极利用现代科技，尤其是互联网和人工智能科技，使立体城市的环境设计、施工、运行科学化，优化资源配置，保障城市健康发展，营造一个绿色可持续发展的世界。

目前城市环境污染破坏问题日益严重，生活垃圾、工业废料、噪声垃圾以及工程垃圾等已经严重影响着人们的生产和生活，对环境问题若不进行处置处理，或者处理不当，则会影响人们的生活质量和健康。对于独立性和系统性极强的立体城市，更需要注重环境保护，通过环保科技来保护环境，保证经济的平稳健康发展是非常必要的。通过改善环境来发展生产力，提倡绿色经济和循环经济，正确处理环境保护和城市发展之间的辩证关系，建设人与自然和谐相处的人文和经济环境[17]。这将首先要求全民加强环境保护意识，不因个人利益和个体经济的发展而破坏环境。同时应制定符合环境保护的立体城市发展规划，且不能再走盲目扩大城市规模的老路。其次还应完善环境保护法案，加强环评审批，确保污染有效处理，从法律层面确保环境保护的重要性。此外，还需增加城市绿地，在一定程度上缓解和吸收工业生活污染，并改善能源结构，发展新能源。

本章小结

本章对立体城市的结构和运行特点、防洪减灾环保应对措施以及未来发展的思考进行了介绍。立体城市一方面要改变传统“摊大饼”式的城市发展模式，另一方面要在有限的用地范围建设绿色、低碳、自给自足的空中之城。防洪减灾与环境保护是城市安全健康发展的两个关键问题。如果立体城市是未来的新愿景，那么建立有效的防洪减灾环保体系是立体城市可行性必须考虑的关键问题，是实现立体城市“微城市、好生活”理念的重要一环。洪水产生的原因、洪水预测与计算、洪水利用与治理以及伴随产生的环境问题的预估、应对措施等应该作为立体城市总体规划、模拟运行工作中不可或缺的模块。

思考题

1. 立体城市重在“立”，除了向空中发展，同时向地下发展是否也是一种可行方法？向地下发展会面临哪些突出的人居环境问题？

2. 立体城市的竖向交通除了依靠众多数量的电梯，想一想还有其他可实现的途径吗？

3. 你认为立体城市的排水体系与传统城市的相比最大的不同在哪里？立体城市的防洪减灾可从哪些方面着手？

4. 立体城市运行后产生的生活、工业、医疗等方面的垃圾能否自我消化？如果可以，有哪些方法？

5. 如果住进构想的立体城市，会对人际交往产生哪些影响？

6. 案例

案例 1：

立体城市是对区域范围内不同功能空间的组合，公共空间是至关重要的一部分。某立体城市方案，以绿带环绕的街道连接住宅区与写字楼，设置水景视觉的广场作为住宅区与商业区的过渡场景，广场融入山水主题景观，以河流与绿植为主。在商业区整体布局上融入自然庭院设计理念，屋面设置了酒吧、清吧等休闲场所，保持 24 小时对外开放；最高楼层加建屋顶会所，是俯瞰城市全貌的观景胜地；商业区在东、南、西、北 4 个方向分别设置了门前广场或公园，与城市相呼应；内部以圆形下沉广场来打造多功能人文艺术空间，车展、艺术展等都可以在里面举办。

思考：请联系现代城市居民的生活习惯和工作状态，针对案例中商业区的功能设计特点，谈谈你的看法。

案例 2：

某项目是关于建造一个高密度、无机动车的卫星城的构想，计划建于城市附近的郊区，能满足 8 万人的居住条件。第一个卫星城计划从某城市周边的郊区着手，在较小面积的用地上最为引人注目的是中间的高层建筑群，周边则作为景观缓冲带，形成开放的空间。居民从城中心步行至城外只需要十分钟。设计试图形成一个拥抱周围广阔景观的垂直城市。设计者认为，这个设计与传统社区相比将会减少 48％的能量消耗、58％的水资源消耗、89％的垃圾和 60％的碳排放。这个城市将会利用大型交通运输系统与其他人口密集的大城市进行对接。

思考：假设存在这样一个卫星城，与你现在的居住环境相比较，你愿意去居住吗？为什么？

参考文献

[1] 袁业飞. “云端梦想”能否照进现实？——聚焦“立体城市”[J]. 中华建设，2015 (7)：6—10.

[2] 中华文本库. 规划引领海绵城市建设 [EB/OL]. http：//www. chinadmd. com/file/r33voauacso3weozwc3ezvre _ 6. html.

[3] 张熙，徐彦彬. 垂直城市：寻求现代人的可持续生活之道 [J]. 中国房地产业，2016 (20)：8—11.

[4] 网易. 首届亚洲垂直城市竞赛作品展 [EB/OL]. http：//bj. house. 163. com/photonew/1OQR0007/116607. html＃p=7ACNMCMN1OQR0007.

[5] 邓玉梅. 城市防洪简要概述 [C]. 无锡：2001 全国城市水利学术研讨会，2001.

[6] 邢经纬. 城市防洪减灾对策的研究 [J]. 城市建设理论研究（电子版），2017 (4)：54—55.

[7] 阎俊爱. 城市防洪减灾决策方案优化研究 [J]. 数学的实践与认识，2009，39 (7)：97—104.

[8] 阎俊爱，钟登华，李永林. 城市防洪减灾非工程措施的研究与展望 [J]. 水利水电技术，2003，34 (1)：66—69.

[9] 刘健. 城市防洪标准的模糊优选研究 [D]. 济南：山东大学，2006.

[10] 程晓陶，李帅杰，王珊. 城市型水灾害及其应对方略 [J]. 中国水利，2010 (13)：5—6.

[11] 施俊辉. 可持续发展理念在城市防洪中的应用 [J]. 城市建设理论研究（电子版），2012 (33)：77—79.

[12] 张情. 河流洪水灾害风险评价及对策研究 [D]. 大连：大连理工大学，2014.

[13] 廖馨，莫子南，林同云. 绿色建筑雨水的收集利用在广西地区的应用分析 [J]. 建筑工程技术与设计，2017 (7)：3658.

[14] 中国筑业建筑网. 海绵城市建设六大要素 [EB/OL]. https：//diyitui. com/content—1514013146.73184239. html.

[15] 利迪环保工程有限公司. 海绵城市——浅谈 [EB/OL]. http：//www. cqlidi. cn/news/437. html.

[16] 戴其明，李威，屈瑜君，等. 湖南省发展智慧城市中智慧环保体系建设路径分析 [J]. 时代农机，2017 (9)：140—141.

[17] 向毓莲. 生态环境保护与经济发展之间的关系 [J]. 吉林农业，2013 (6)：9.